『四权耦合』

推进科技创业领军人才发展研究

RESEARCH ON USING 'THE COUPLE OF FOUR RIGHTS' TO DEVELOP THE LEADING TALENTS OF ENTREPRENEURSHIP IN SCIENCE AND TECHNOLOGY FIELD

杜宏巍　许正中　王广凤 / 著

世界银行课题 《国际视域中大国治理现代化的财政战略主动研究》
教育部课题17YJC630020《创新型国家建设中的知识权力和创新网络研究》
国家行政学院课题 《政府性资产管理与国家治理现代化》
博士后基金课题2018M630042《商业孵化器服务支持、双向嵌入与孵化绩效研究》
河北省自然科学基金课题G2018209379《雄安新区人才集聚多主体系统模型构建及演化研究》
华北理工大学出版基金及博士基金

中国财经出版传媒集团
经济科学出版社
Economic Science Press

图书在版编目（CIP）数据

"四权耦合"推进科技创业领军人才发展研究/杜宏巍，
许正中，王广凤著 . —北京：经济科学出版社，2018. 8
ISBN 978 – 7 – 5141 – 9633 – 7

Ⅰ. ①四… Ⅱ. ①杜…②许…③王… Ⅲ. ①技术人才 –
人才培养 – 研究 – 中国 Ⅳ. ①G316

中国版本图书馆 CIP 数据核字（2018）第 185826 号

责任编辑：孙怡虹 何 宁
责任校对：刘 昕
责任印制：李 鹏

"四权耦合"推进科技创业领军人才发展研究

杜宏巍 许正中 王广凤 著

经济科学出版社出版、发行 新华书店经销

社址：北京市海淀区阜成路甲 28 号 邮编：100142

总编部电话：010 – 88191217 发行部电话：010 – 88191522

网址：www. esp. com. cn

电子邮件：esp@ esp. com. cn

天猫网店：经济科学出版社旗舰店

网址：http://jjkxcbs. tmall. com

北京季蜂印刷有限公司印装

710 × 1000 16 开 21 印张 420000 字

2018 年 8 月第 1 版 2018 年 8 月第 1 次印刷

ISBN 978 – 7 – 5141 – 9633 – 7 定价：75. 00 元

（图书出现印装问题，本社负责调换。电话：010 – 88191510）

（版权所有 侵权必究 打击盗版 举报热线：010 – 88191661

QQ：2242791300 营销中心电话：010 – 88191537

电子邮箱：dbts@ esp. com. cn）

编　委

摘　　要

经济学和管理学的研究起源于欧美社会，研究范式受限于欧美经验传统和实践应用，尚不能清晰理解并解决中国本土问题。知识社会正扑面而来，中国也正迈向创新型大国，科技创业领军人才成为社会发展的关键力量，涌现出许多用欧美范式不能解决的中国特有问题，亟须研判这一进程中有哪些关键因素促进或阻碍了领军人才发展。

本书开展了如下研究：

一、溯本逐源：以中国社会伦理为背景，破解创新网络资源内卷化问题

本书超越起点论和时间论，以中国伦理社会为背景，寻找束缚中国社会转型发展的约束变量。通过构建模型和实证调研，探讨中国式关系和智慧权力在创新资源配置上的应然与实然角色，破解创新网络资源内卷化问题。

二、理论补缺：发挥智慧权力配置创新资源的基础理论研究

深入研究智慧权力的概念、内涵、形成机理、权力运行等基础理论。同时，基于管理学视角，对基于智慧权力构建创新网络的机制进行分析，这些机制包括：动力机制、生成机制、合作机制、进化机制等内容。

三、质性研究：构建科技创业领军人才创新创业模型

站在科技创业领军人才视角进行研究，在深度访谈基础上根据扎根理论进行编码和模型构建，梳理出了领军人才创新创业发展的三条脉络：创新迭代、资源配置、制度保障。将三条脉络进行耦合研究，提出：创新资源配置权力是束缚中国知识社会发展的约束变量，应由智慧权力决定创新资源配置，推进科技创业领军人才发展。

四、利益分配：打破资源内卷，变革正式制度

社会转型发展与利益分配的嬗变是一个相伴相生的进程，必须站

在利益分配变革角度激发人才活力，而这需要制度变革进行保障。为保障智慧发挥权力获得应得利益，结合实证分析中领军人才认为最重要的金融股权、知识产权、税务税权变革进行研究，通过智慧权力与金融股权、知识产权、税务税权耦合推动人才发展。

目 录
Contents

第一章

导　　论

知识社会正扑面而来，我国也正迈向创新型大国，在这一进程中有哪些关键因素促进或阻碍了社会转型发展，如何破解是本书的研究内容。本章将针对全书的研究背景、问题的提出、研究目的与意义、研究内容与思路、研究方法和本书可能的创新进行论述。

第一节　研究背景与问题的提出

本书题目的提出是基于知识社会宏观背景，考虑不同层次人才的不同作用，发现在中国迈向创新强国的过程中，缺少适合中国情境的经济学和管理学研究范式，应积极探寻基于中国伦理社会大背景下的人才发展的约束变量。

一、研究背景

（一）时代变迁，迈向知识社会

农业社会以土地和劳动力为主要生产要素；步入工业社会后机器成为第一生产要素，企业家成为重要生产要素；步入信息社会后，数据也成为了重要生产要素；而今正迈向知识社会，知识将成为第一生产要素，知识型组织也将成为知识社会中的最重要组织形式。实际上，早在 1967 年，约翰·肯尼斯·加尔布雷斯（John Kenneth Galbraith）就指出，科技型专家人才正形成一个阶层，并以强有力的方式崛起，在未来社会，这一阶层将取得更大的社会地位；丹尼尔·贝尔（Daniel Bell）则在 1973 年就指出：工业社会的后期，知识将成为社会的核心要素和特质，包括科学家、工程师在内的人才将成为新的统治阶级，他们依靠自身的职业优势实现了知识的掌握和垄断，而这些关键知识帮助他们管理和控制社会中的重要组织。可见，从 20 世纪六七十年代开始，知识人才的作用就已经引起了关注。而即将步入的知识社会，将更加强调和赋予知识人才更高的权利和民主。无论是理论界还是实践界，都清楚地意识到知识社会必将摆脱官僚阶层对资源的控制，国家文化和财富的创造将依赖于各类专业知识的创新及实践。

（二） 不同层次的人才价值差异化加剧

关于人力资源、人力资本、人才管理的各类研究汗牛充栋，这些研究包括了：人力资源体系建设、人力资本投入与效益、人力资本对国家发展的作用、人才如何管理等方方面面内容。综合而言，各位学者和企业管理者均对人力资本的重要性十分认可。随着知识史的发展，知识内容的快速倍增、知识难度的跨越发展、知识综合度的不断加大，都拉大了高端人才与普通人才之间的差距。纵观人类历史，又可以发现每一个关键节点的重大改变，都是由某一两个创新人才的重要发明引爆的。国与国之间关于某一领域的领先度竞争，不是比拼的普通人才数量，而是比拼的领军人才数量和质量。中国自古就有云：三军易得，一将难求。一位领军人才的价值极其巨大，就是数百万、数千万劳动力也可能创造不了一位领军人才的创造的价值。在知识社会，这种差距将拉大而不是缩小。而现有研究，多是从人才这个普遍视角出发进行研究，罕有文献基于领军人才视角进行研究，当然这与数据采集难度大有关，但是如果可以实现数据采集，具有重要研究价值。同时考虑，科技创业人才是将科技成果实现直接转化的关键人物，他们将带领产业跨越发展，对国家发展战略新兴产业、变革传统产业具有重大意义，因此，本书遴选了科技创业领军人才这一视角进行了研究。

（三） 中国虽迈向创新强国却仍面临系列问题

国际自然科学基金委主任杨卫认为中国已到达世界科学中心的边缘，涌现了若干可称为"全球研究地图中的创新源头"的优秀成果。在基础科学研究领域，以高水平论文数量为指标进行评价，世界排名前四位的国家是美国、中国、英国和德国，其中中国和英国在第二的位置互有轮换。在科技应用领域，以 PCT 国际专利为评价指标进行观察，发现美国、日本、中国和德国排在前四位。如何结合增长速度进行分析，可发现中国在上述指标中的增长速度是全世界最快的，预计到 2018 年即可位列世界第二。过去，中国多借鉴先发国家的基础科学成果，在此基础上进行改良或集成创新，往往在基础研究领域落后美国等国家。而今，中国即将进入科技爆发期，甚至可能进入颠覆性创新和原始创新竞相迸发的阶段。但是，我们也看到科技创新资源有限，中国创新人才通过相互竞争，目前呈现的是一种近于零和博弈的状态，非此即彼（杨卫东，2017）。典型的两个问题是：环境尚不宽松自主，资源配置仍可优化。参考国际经验，应该建议适宜创新研究的宽松博弈环境，同时尽可能地优化创新资源配置。

（四） 缺少中国情境下的经济和管理研究范式

经济学和管理学的研究均起源于欧美社会，研究范式均受限于欧美经验传统和实践应用（张三保和张志学，2014）。因此，中国的经济学和管理学研究在开垦期和追赶期的过程中（许德音和周长辉，2004），均尝试用欧美研究范式解决中国问题（Barney and Zhang，2009），而在解决中国特定情境下的特色问题方面缺乏独有创新（张三保和张志学，2014），尚不能清晰理解并解决中国本土问题，应用性和实践性需进一步提高（徐淑英，2002）。如果不能基于中国情境进行问题研究，而是过多模仿欧美研究范式和研究方法，即使再严谨的研究过程也难以解决实践问题的指导建议（郑雅琴、寅良定、尤树洋和蔡亚华，2013）。

（五） 探寻建设人才发展的关键约束变量

要建构中国走向"智本为王"的知识社会路径，推动科技创业领军人才发展必须超越起点论和时间论，寻找束缚中国社会转型发展的约束变量，笔者认为这个约束就是站在中国伦理社会大背景下的创新资源配置主导权力。资源理论指出资源是创新社会发展的基本保障。饶益和施一公等指出：中国正呈现以政治权力为轴心的资源分配体制，如果具备与政治权力强关联的密切关系，将获得更多的创新资源，这种创新文化"浪费资源、腐蚀精神、阻碍创新"。显然，必须改变主导创新资源配置的权力，破除中国式关系在政治权力寻租过程中的种种问题。基于此，本书尝试引入智慧权力概念，探讨能否将智慧权力作为配置创新资源的主导力量，科学放权和规劝，以保证智慧权力的积极发挥和避免霸权，激活人才创新活力。

二、问题的提出

基于上述背景，进行进一步的现实思考：人才发展建设过程中遇到创新资源配置种种不合理行为的根源是什么？"中国式关系"在创新资源配置中的地位和作用是什么？该由"谁"具备配置资源的权力？如何优化创新网络建设、网联多个创新网络构成创新型国家？为了激发最具战略意义的领军人才活力，应该撬动哪些领域的利益改革？基于这一系列的问题，本书站在中国社会伦理视角，结合哲学、社会学、经济学、管理学等理论展开深入研究，探讨基于科技创新领军人才视角下，如何借助"四权"耦合推动人才发展。

三、研究目的与意义

（一）溯本逐源：以中国社会伦理为背景，破解创新网络资源"内卷化"问题

资源理论指出资源是创新社会发展的基本保障。饶益和施一公等指出：中国正呈现以政治权力为轴心的资源分配体制，这种创新文化"浪费资源、腐蚀精神、阻碍创新"。现有的创新网络的研究热点包括网络位置、网络界限、知识扩散等内容，这些内容都与资源配置相关，也罕有学者从资源配置的内在机理进行剖析。此外，北美研究范式为主导的管理理论并不能解决中国式关系在资源配置中的机制。因此，本书溯本逐源，站在中国社会伦理视角去剖析创新资源配置方式及渠道，探讨智慧权力在资源配置上的应然角色与实然角色。

（二）理论补缺：发挥智慧权力配置创新资源的基础理论研究

卓越的创新网络，将搭建资源自由流动通道，保障知识顺畅集聚创新资源，让智慧发挥更大的价值创造力。福柯等人提出的"知识权力"对本书有所启发，但是随着创新型国家建设中知识大爆炸，更为重要的是对智慧加以利用，因此，本书深入研究智慧权力的概念、内涵、形成机理、权力运行等基础理论。同时，基于经济学视角，对基于智慧权力构建创新网络的机制进行分析，这些机制包括：动力机制、生成机制、合作机制、进化机制等内容。

（三）实证分析：剖析人才异质性素质及外生动力

仅有理论建构远远不足，必须站在人性角度激发人才活力，而这需要制度变革进行保障。基于对科技创业领军人才的深度访谈，采用扎根理论进行过程编码及模型建构，探寻科技创业领军人才的内在异质性素质，并从模型反映出的企业成长、资源配置、制度保障三个视角，探索人才的外生动力和外在保障。

（四）利益分配：打破资源内卷，变革正式制度

仅有理论建构远远不足，必须站在人性角度激发人才活力，而这需要制度变革进行保障。基于实证剖析得到的人才外生动力，提出为保障知识发挥权力获得应得收益，结合股权、产权、税制变革进行激活创新活力的利益分配制度变革研究，以制度保障实现资源自由涌向"智本"，不断推动创新成果孵化与价值倍增，变革为能激发人才活力、提高创新浓度、密度和高度。

第二节 研究内容与思路

一、研究内容

基于前述的研究背景和提出的问题，开展下列研究。

（一） 国内外文献综述

紧扣本书研究题目和内容，对科技创业人才进行文献综述。梳理国内外有关科技创业领军人才的相关理论，从创业者异质性素质、影响人才发展的环境因素、创业者与区域发展、创业者行动过程等方面进行阐述，探寻研究脉络，为本书下一步研究奠定基础。

（二） "四权耦合"：科技创业领军人才视角下的创新创业外生动力与保障

本章首先定义了科技创业领军人才概念及作用，解析了以科技创业领军人才研究为视角切入的原因。其次，数据收集过程完全按照规范的经典扎根理论程序进行，通过开放性编码、主轴编码、核心编码、理论模型建构，完成一个完整的扎根理论应用，对科技创业领军人才创新创业发展过程进行充分研究，辨识出对智本为王的知识社会形成影响最重要的内生与外生动力及保障，提出通过四权：智慧权力、金融股权、知识产权、税务税权的耦合发展，可以激活人才内生动力，为人才发展提供外生动力和制度保障，为本书后续研究提供依据和基础。

1. 科技创业领军人才概念及作用

首先，界定科技创业领军人才概念及视角切入原因分析。在"领军"概念解析的基础上，梳理了理论界从两个不同维度对领军人才进行的概念界定；其后在万人计划中"科技创业领军人才"制定的遴选标准基础上，进一步明确了科技创业领军人才概念及内涵。为后期研究遴选调研目标界定了范围并提供了标准。

其次，本部分解析了以科技创业领军人才研究为视角切入的原因：第一，知识社会中最稀缺的资源是领军科技人才；第二，产业跨越发展亟须创新型创业人才；第三，"科技＋创业"领军人才尤为关键。

最后，进一步剖析了这类人才的关键作用：实现知识资本化、是产业乃至产业集群发展的关键力量、以创新精神带领国家经济发展、发挥"头狼效应"。

2. 科技创业领军人才创新创业编码

本部分研究基于初期整理的 160 万字材料进行数据处理，对原始资料进行开放性编码，通过对相同或相近概念的初步整合后，获得自由节点 2218 个，经过裂解、概念化为 86 个概念（e1 – e86），最终抽取 36 个范畴（E1 – E36）。

在完成开放性编码之后，本部分借助所分析事件的现象、脉络、行动/互动策略、结果，把各范畴联系起来，通过标明彼此间的关系进一步挖掘范畴含义的有效措施。采用经典模型进行分析，根据"因果条件—现象—脉络—中介条件—行动/互动策略—结果"进行主轴编码，将 36 个范畴进行继续归类、逻辑连接后得到一条证据链。

识别出能够统领其他所有范畴的核心范畴，通过典范模型将核心范畴与其他范畴联结，验证其间的关系，并把概念化尚未发展完备的范畴补充整齐，同时将关系简明扼要表达出来。遵照这一原则，确立了核心编码。

3. 科技创业领军人才创新创业过程模型构建

扎根理论是从丰富的过程分析之中发展出来的动态理论。当研究者使用过程这一个分析性的工具，来捕捉社会现象里片断地行动或互动，并将之形成具有解释效力的理论，扎根理论分析流程才完整。基于上述构建科技创业领军人才创新创业过程的理论模型，从三个不同视角对模型进行了观察和分析：创新迭代视角、资源配置视角和制度保障视角。

将上述三个视角进行融合分析，指出应打破中国式阶层和关系导致的资源配置"内卷化"困境，对智慧权力给予放权和规权，同时根据调研提出了领军人才最重视的三个涉及利益分配的外生动力及保障制度：金融股权、知识产权和税务税权。进而进行"四权耦合"的内涵和机理分析。指出存在如下传导路径："四权耦合"→提升领军人才人力资本数量和质量→人力资本系统与社会经济系统耦合→领军人才实现产业跨越发展→知识社会经济与人力资本耦合正向发展，形成了基于"四权耦合"的社会发展多维度、多层次的耦合复杂巨系统。可见"四权耦合"的目的就是实现知识社会的人力资本与经济耦合正向发展。

4. 人力资本系统与社会经济系统耦合分析

通过上述传导路径可知，"四权耦合"目的就是实现知识社会的人力资本与经济耦合正向发展。因此本部分对人力资本与社会经济系统耦合进行研究。

利用道格拉斯生产函数构建人力资本存量模型和人力资本质量模型。指出科技型创业领军人才与产业的耦合系统是典型的复杂巨系统，耦合行为受系统结构和运行机制影响，线性、简单、直观的分析方法无法破解这一耦合系统的运行机理与过程，更无法发现其可能的规律性与发展趋势。本书认为，耦合包括了发展、协调两个方面。在此基础上构建了人力资本与经济系统发展的耦合模型，分析了系统发展度、系统协调度和耦合度。最后对耦合模型适宜性进行了分析。

（三） 中国式关系、智慧权力与资源配置

1. 剖析中国创新资源配置典型困境："内卷化"

资源分配与社会分层是紧密相关的两个重要议题。社会分层的本质是对不同资源的占有、控制、使用。社会学研究指出，中国社会阶层固化现象明显，那么创新资源配置是否因为社会阶层固化而出现"内卷化"现象，是本部分重点研究内容。

2. 实证分析："关系"在创新资源配置中的实然角色及其对创新绩效的影响

（1）检验"中国式关系"连接政治权力是否是创新资源配置的轴心。本部分研究：一方面，采用深入访谈和问卷调研的方法获得创新人才对这一问题的反馈信息。另一方面，建构模型，采集数据，分析"政治关联"与人才获得创新资源的关联度。最终确定，通过建立关系获得政治权力配置资源仍是中国社会较为普遍的现象。

（2）以"政治关联"获取资源配置的创新网络绩效研究。将社会学理论、组织行为理论和创新理论结合起来，探讨关系与创新的耦合性，进而探讨政治关系是如何影响创新绩效的。对关系网络与创新绩效之间的耦合进行模型构建，中介因素包括：关系度、创新导向。广泛调研，采集数据，基于上述模型分析关系对创新绩效的正向和负向影响。

3. 应然分析：智慧权力在人才发展中的应然角色

（1）智慧权力的基础理论构建。

指出人才具有运用智慧治理社会、经营企业、进行技术智能化开发的合法权力和收益。只有通过科学发挥智慧权力才可能认清当代社会的实质和自我追求。基于此，进一步剖析智慧权力的特性：真理性、话语性、生长性和逻辑性。明确智慧权力的功能：生产力功能、政治功能、社会治理功能、主体形塑功能等。

（2）智慧权力实践效应分析。

对于智慧权力的实践效应，从多维度、多视角、多方面进行观察。包括：建构智慧体系、推动社会进步发展、变革权利运作方式、知识分子地位之矛盾、智慧权力异化、权利之滥觞等。

（3）智慧权力应然角色分析。

智慧权力作为知识社会最重要的权力，在人才发展配置资源中具有不可替代的作用，应将智慧权力作为创新资源配置的主导权。但是智慧权力作为权力的一种，也可能存在异化与寻租问题，如何解决这一问题则是在赋权给知识之外，必须关注的限权规制内容。

4. 构建基于"智慧权力"配置资源的创新网络的系列机制

本部分基于创新网络发展的全轨迹，构建基于"智慧权力"配置资源的创新

网络的系列机制：

（1）动力机制从提高创新成功率、增加创新模式、提高科技成果转化、确定行业技术标准等角度进行机理剖析及机制构建。

（2）生成机制从连接机制、搜索机制和合作机制等方面进行生成机制体系构建。连接机制将智慧权力与结构洞理论相结合，实现创新网络内行动者的桥梁搭建。搜索机制保证网络成员快速搜索到适合自己的关键资源，跳出封闭式创新造成的"能力陷阱"。合作机制包括风险管控、违约惩罚、扩散和学习、成果转化机制。

（3）进化机制基于"刺激—反应"模型的自适应机制和再平衡推动机制进行设计，在创新网络"静默"和"僵化"时，倒逼创新网络跨越生命周期"死亡谷"。

（4）保障机制要求由市场决定资源配置，避免政治权力"寻租"。研究：打破行业垄断，清除地方保护，深化要素市场改革，明确政府角色定位，屏蔽政治关联寻租。

（四）知识产权

产权主要指知识产权，这与常规的固定资产产权研究不同。调研发现创新人才最困惑于三大难题：知识产权保护、知识产权置换股权、知识产权融资，将在分析中国知识产权战略的基础上，针对这三个问题进行研究。

1. 中国知识产权战略建设研究

中国知识产权保护发展历程经历了四个阶段，现在进入全面战略主动阶段，但是仍旧面临着系列问题：国际与国内在标准与思想上难以融合统一、仍需完善法律制度和组织管理结构、不能有效应对新技术发展引发的新要求、知识产权与其他领域交叉运用经验不足。为解决这些问题，提出进一步优化国家知识产权战略的建议，包括知识产权战略应与经济战略协调支撑、完善顶层战略规划并成为国际规则制定者、完善知识产权保护的法律与行政管理体系、积极破解知识产权与其他领域交叉应用难题。

2. 知识产权保护经济效果研究

计算知识产权保护强度指数：第一，知识产权保护立法强度指数借鉴 Ginarte-Park 方法，分别计算出我国的专利权、版权和商标权指数，进而采用层次分析法进行赋权，确定知识产权保护立法强度指数。第二，根据司法保护水平、行政保护水平、经济发展水平、公众意识水平、国际监督水平等方面计算知识产权执法强度指数。第三，综合知识产权保护立法强度指数和知识产权保护执法强度指数，计算知识产权保护强度指数。

计算技术知识存量，参考自主技术知识存量和引进技术知识存量两部分数值进行计算。基于知识产权保护强度和知识存量，构建检验知识产权保护强度的经济效果的回归模型，进行中国当下知识产权保护的经济效果。

3. 技术人才知识产权入股制度优化研究

首先，进行了中国知识产权入股困境分析，包括知识产权入股法律法规制度建设不完善、估值方法及程序没有统一标准、知识产权入股的义务与责任不明确。

其次，明确知识产权入股的构成要件，包括明确性、现存性、可独立转让性、合法合理性、可评估性。

最后，提出制度优化建议，包括完善行政管理制度、完善知识产权价值评估制度、完善知识产权入股责任制。

4. 知识产权融资制度优化研究

首先，分析了中国知识产权融资实践现状，包括典型模式、典型方式和存在的典型问题。

其次，进行基于科技创业领军人才的知识产权融资模式创新。包括创新依据及机理、模式创新，提出了基于"知识产权网络互助担保 + 知识产权池"的融资体系。

（五）　金融股权

研究创新涉及的金融贷款股权研究也有典型困难：知识产权如何置换股权，国家最新政策能否有效破解现在的困境？科技型企业因缺少固定资产，能否凭借高技术创新成果获得更多的股权质押渠道和方式？

1. 对科技金融服务与产品现状进行探析

一是梳理了韩国、日本和中国的科技金融体系，分析了三个国家金融体系的特点，以其对中国科技金融体系提供参考。

二是对中国色温州、广州和杭州的区域性金融体系、运行机制、产品与服务进行了介绍。这反映了中国当下的区域性科技金融体系普遍情况。

三是为深入了解科技创业领军人才及其创办企业发展情况，及其在融资过程中有哪些问题，对融资的典型需求，笔者对国内领军创业人才展开了深入调研。通过问卷和扎根理论分析，总结出了当下的融资难题。

四是针对上述难题和企业不同阶段的融资需求，构建了基于"企业生命周期 + 市场地位"的融资障碍解决模式。

2. 区域股权交易市场建设研究

本部分对中国区域股权交易市场实践进行了分析。总结了场外交易系统的四个发展阶段：萌芽阶段、区域性发展阶段和全国性发展阶段、三板变革阶段。

基于科技创业领军人才特点和需求，进行了区域股权交易市场模式创新。首先分析了建立区域股权交易市场"高端人才板"的依据，其次结合区域股权市场中存在的问题，以《区域性股权市场监督管理试行办法（征求意见稿）》中提及的未来创新方向为依据，对"高端人才板"建设的具体内容提出了相关建议，期冀对"高端人才板"的建设与其他区域推广具有参考价值。

3. 中小企业集合债建设研究

对中国企业集合债实践进行分析，梳理中小企业集合债券申请与发行程序、企业债的典型模式和面对的问题。

基于科技创业领军人才的特点和需求进行企业集合债模式创新。首先分析了建立领军人才企业集合债依据，其次提出了模式创新的框架图和具体实施方案。

4. 科技保险研究

对中国科技保险进行实践分析，梳理了科技保险险种分类、试点城市相关政策和反映出的典型问题。

基于科技创业领军人才的科技保险模式创新。首先分析了创新依据，其次进行了模式理论框架创新和保险险种创新。

（六） 税制税权

税制问题则是最近的争议焦点。将重点研究："死亡税率"之争背后的统计口径问题，税与费如何区分看待；中国的税率与美国等国家的国际比对；创新型人才在个人所得税上是否应有鼓励政策。

1. 中国税收激励自主创新政策演进研究

在中国漫长的税收史中，税收的主要职能是为国库积累资金，对科学技术也逐步进行了税收职能改革，总体而言，中国激励自主创新的税收政策主要经历了三个阶段，在每一个阶段都根据中国国情发挥了不同效力。

2. 中国企业所得税优惠激励自主创新的经验数据分析

首先，考虑税收政策对企业自主创新的激励与阻滞作用是理论界的一个研究热点，分析了税收与自主创新关联性分析研究现状。

其次，对所得税税收优惠对企业自主创新的激励效果进行实证研究，第一步定义相关变量；第二步构建模拟模型；第三步提出相关假设。

最后，选取 2011~2015 年的中小板 838 家公司上市公司的面板数据，进行经验数据分析，发现所得税税率优惠对自主创新研发投入有正向激励作用。

3. 中国企业税负税权现状分析及改进建议

第一，进行了中美税负比较研究。当下关于中美税负比较的争论较多，本书从中美税制结构、税率和实际所得税三个维度进行分析，希望得到一个相对全面的比较分析结果，为中国税负改革提供参考。

第二，指出"费"加剧了中国企业生存压力。中美对比分析仅涉及了税，如果再加上各种名目的"费"，企业的压力则更大。因此本部分进一步分析了"费"对企业的影响。

第三，中国企业"税痛"来源分析。从流转税制结构加大"税痛"、税收法定未全面实现、缺乏回溯制度导致各种费层叠而出三个方面进行了分析。

第四，中国企业和公民存在税权缺失问题分析。指出中国偏重纳税人义务，漠视纳税人权利。

第五，提出优化中国企业税负的政策建议。包括：从财政刺激转向企业减税、从减税制度走向轻税制度、明确财税三级事权并针对性减税降费、继续推动社保降费和通过推动税收法定落实纳税人权利。

4. 科技创业领军人才个人所得税政策探索研究

第一，分析了个人所得税对领军及高端人才的影响，指出个人所得税对高端人才的流动具有"挤出"效应，同时也会影响高端人才在工作与闲暇之间的抉择。

第二，进行国际社会个人所得税比较与借鉴。从宽税基、扣除项目、税率等几个方面进行了比较研究。

第三，梳理了中国个人所得税的政策发展脉络，指出了现有政策在实践中存在的问题。

第四，针对存在的问题进一步提出改进建议。建议高端人才的个人所得税从以下方面进行优化：增加项目扣除范围；财政补贴等方法进行多地区推广；降低最高边际税率至35%左右；解决个人所得税与企业所得税的制度衔接问题。

二、研究思路

本书共分为八章：

第一章　导论
第二章　文献综述
第三章　"四权耦合"：科技创业领军人才视角下的创新创业外生动力与保障
第四章　智慧权力与资源网联的内卷与破冰
第五章　优化知识产权制度推进人才发展
第六章　优化金融股权制度推进人才发展
第七章　优化税务税权制度推进人才发展
第八章　结论

本书研究思路如图1-1所示。

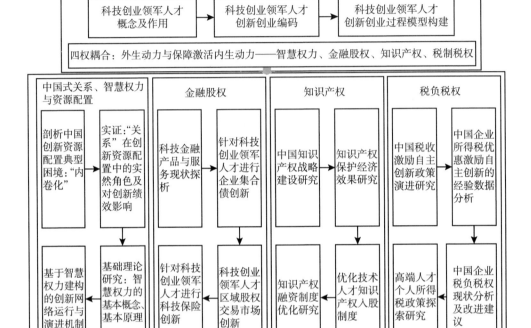

现实思考：创新型国家建设过程中遇到创新资源配置种种不合理行为的根源是什么？

提出问题："中国式关系"在创新资源配置中的地位和作用是什么？

视角切入：科技创业人才的内生及外在动力

科技创业领军人才概念及作用 → 科技创业领军人才创新创业编码 → 科技创业领军人才创新创业过程模型构建

四权耦合：外生动力与保障激活内生动力——智慧权力、金融股权、知识产权、税制税权

中国式关系、智慧权力与资源配置

剖析中国创新资源配置典型困境："内卷化" → 实证："关系"在创新资源配置中的实然角色及对创新绩效影响

基于智慧权力建构的创新网络运行与演进机制 ← 基础理论研究：智慧权力的基本概念、基本原理

金融股权

科技金融产品与服务现状探析 → 针对科技创业领军人才进行企业集合债创新

针对科技创业领军人才进行科技保险创新 → 科技创业领军人才区域股权交易市场创新

知识产权

中国知识产权战略建设研究 → 知识产权保护经济效果研究

知识产权融资制度优化研究 ← 优化技术人才知识产权入股制度

税负税权

中国税收激励自主创新政策演进研究 → 中国企业所得税优惠激励自主创新的经验数据分析

高端人才个人所得税政策探索研究 → 中国企业税负税权现状分析及改进建议

结论

图1-1   本书研究思路

第三节   研究方法和研究创新

一、研究方法

本书具备跨学科的复杂性特点，故综合运用社会学理论、管理学理论、经济学理论、哲学理论等多学科知识，围绕科技创业领军人才的"四权"展开研究。力图做到三个结合：定性与定量相结合，理论建构与实证研究相结合、动态演进

与静态分析相结合。采用文献研究、深入访谈、问卷调查、统计分析、扎根理论等多种研究方法，通过交叉验证实现理论性与实践性分析之间的有机统一。

（一）　文献研究法

因为本书涉及内容较多，包含多个学科内容，也涉及很多具体问题。因此在阅读了大量文献的基础上，进行了进一步研究。通过广泛阅读中国伦理社会理论、社会资本理论、人才战略理论、智慧权力理论、资源理论、创新创业理论、金融股权理论、知识产权理论、税制税法理论、协同论等理论，梳理了不同理论中涉及的不同流派的观点，分析了现有研究中的不足及多理论耦合研究的可能性，为本书研究打下了坚实的理论基础，确保研究内容处于学科前沿。

（二）　深度访谈法

在中共中央组织部人才工作局、中国生产力促进中心协会、多个省市组织部、国家千人计划网等单位的指导和帮助下，选取了不同行业不同经历的多名具有代表性的科技创业领军人才，采用深度访谈的方法，对被访谈者进行互动对话，让被访谈者讲述创新创业过程，探讨对影响人才和企业创新创业过程中具有重要影响的因素，对中国创新资源配置现状的看法，对激发人才活力的建议等内容。

（三）　问卷调查法

本书在"中国式关系的实然角色和其对创新绩效的影响"及"股权融资现状调查"部分，均运用了问卷调查法搜集数据。通过问卷调查明确了中国式关系是否主导了创新资源配置，这些或强或弱的关系又如何影响了创新绩效，企业家本身的创新导向是否是关系和创新绩效中的一个有效中介变量，影响股权融资的困境有哪些，是否具备解决困境的可能性等问题。

（四）　扎根理论方法

本书在获得深度访谈的一手资料和整理的大量二手资料的基础上，采用扎根理论方法对这些资料进行了逐级编码，探索了影响科技创业领军人才创新的内生和外生动力，并进行了基本模型建构与解释。

（五）　统计分析方法

本书在问卷采集数据的基础上，综合运用了 SPSS、结构方程建模等统计分析方法，对数据进行了信度和效度分析，进行了因子分析、多元回归分析、关联分析等多项研究。

二、可能的创新点

在本书研究及撰写过程中，尝试性地在理论及实证方面进行了部分创新，包括以下方面：

（一） 梳理研究脉络，发现理论缺口

本书梳理了科技创业人才发展的研究脉络。发现大量研究内容都与资源配置相关，但资源配置内在机理剖析却存在理论缺口，罕有研究。资源配置是创新网络的基础，是创新的基本保障，也应该是人才发展建设的起点与源头。同时，我们注意到北美研究范式为主导的管理理论并不能解决中国式关系在资源配置中的作用和机制。因此，本书溯本逐源，站在中国社会伦理视角去剖析创新资源配置问题，同时结合实证分析研究建立政治关联获取资源会影响创新绩效，进而基于此探索破解创新资源壁垒的方法。

（二） 对智慧权力进行基础理论研究

构建理论研究框架，尝试在定义智慧权力概念的基础上，进一步剖析智慧权力的特性：真理性、话语性、生长性和逻辑性。明确智慧权力的功能：生产力功能、政治功能、社会治理功能、主体形塑功能等。对于智慧权力的实践效应，从多维度、多视角、多方面进行观察。包括建构智慧体系、推动社会进步发展、变革权利运作方式、知识分子地位之矛盾、智慧权力异化、权利之滥觞等。并基于上述研究提出：智慧权力作为知识社会最重要的权力，在人才发展建设配置资源中具有不可替代的作用，应将智慧权力作为创新资源配置的轴心。但是智慧权力作为权力的一种，也可能存在异化与寻租问题，并提出了解决建议。

（三） 基于扎根理论构建科技创业领军人才创业模型

对科技创业领军人才进行访谈，搜集整理了160万字材料，采用扎根理论进行分析，根据"因果条件—现象—脉络—中介条件—行动/互动策略—结果"进行主轴编码，将36个范畴进行继续归类、逻辑连接后得到一条证据链，进而得到核心编码，并构建相关模型。通过模型建构展示了企业成长、资源配置、制度保障的三个视角，进一步将这三个视角进行融合分析，在人才内生动力之外，探索人才的外生动力和外在保障：知识产权、金融股权和税务税权，这三种权力的有效行使是推动智慧权力运行的制度保障。

（四） 进行通过知识产权保护提高经济发展的相关研究

构建指标及模型，进行知识产权保护强度与经济发展关联度分析。进一步修

正知识存量和知识保护强度评价指标，测度知识保护强度对自主创新绩效的影响；基于此，增加与经济发展相关的指标，实证测度发现知识产权保护强度与经济发展呈倒"U"形发展关系，中国目前尚未达到知识产区保护峰值，仍处于提高知识产权保护强度可促进经济发展阶段。

同时，针对现有担保难题，提出依托科技创业领军人才社会网络，建立知识产权担保网络，通过担保网络为知识产权价值评估、风险分担、信用增级方面起到推动及保障作用；依托科技创业领军人才社会网络建立知识产权资产池，建立基于"知识产权网络互助担保＋产业链金融"的融资体系、基于"知识产权网络互助担保＋知识产权池"的融资体系，创新融资渠道和方式，并对信用进行重新分配。

（五）　提出适宜领军科技创业人才的金融优化策略

提出建立区域股权交易市场科技创业高端人才板。区域股权交易市场作为多层次资本市场的基础层次，肩负着推动中国金融市场结构优化、落实体制机制改革的重担，笔者建议建立区域股权交易市场科技创业"高端人才板"。并对建设的具体内容提出相应建议，包括"高端人才板"组织结构、挂牌条件、服务范围、与全国中小企业股份转让系统建立合作机制、采用混合型交易制度等内容。

提出基于科技创业领军人才创新企业集合债模式。针对现有中小企业集合债存在的问题，基于创新机理及依据分析，设计基于科技创业领军人才创新企业集合债的模式。在这一模式中，政府＋企业担保基金，政府与市场机制相结合；完善了信用评级方式，对债券风险进行了分级；创新了两级担保模式。

提出基于科技创业领军人才的科技保险模式及险种创新。在现有科技保险框架上进行创新，包括以下方面：引入再保险模式；完善政府功能，尤其强调设立政府引导基金、测算财政补贴最优规模、创新财政补贴模式、完善绩效评价；增强对企业需求和行为的分析；推动保险公司完善保险体系，尤其是增加风险分担机制、融资机制、盈利途径、风险赔偿数据库等功能的完善；在强调主体功能完善的基础上，强调互相博弈，实现纳什均衡多方共赢。同时，设计了领军人才"投资＋保险"组合产品、领军人才"投资＋保险"组合产品。

（六）　提出中国企业所得税与个人所得税优化建议

中国企业所得税优惠激励自主创新的经验数据分析。构建税收及创新投入关联模型，采集2005～2015年中小板企业的面板数据基础上，分析税收政策对自主创新的激励与阻滞，发现税率每增加1个百分点，企业研发投入就会下降0.0021个百分点。此外，在同样的税收优惠政策下，民营企业更愿意投入创新资金；在同样的税收优惠政策下，营业利润高的企业更愿意投入创新资金。

　　针对企业所得税及个人所得税提出优化建议。通过分析制造业的实际所得税税率，比较中美差异，发现基于现有国情，中国制造业存在实际所得税税负过重的问题，税痛的来源既有流转税制度因素，也有费及税权缺失问题。基于此，提出了优化企业所得税的建议。并分析了高端人才个人所得税的"挤出效应"，提出降低最高边际税率、增加扣除项目等建议。

第二章

文 献 综 述

结合本书研究主题，笔者对相关文献进行了梳理及学习。在对大量文献进行阅读的基础上，梳理了创业人才的研究主题、研究脉络和研究存在的不足。为本书后续研究奠定了理论基础，也通过发现当下研究不足，探询本书下一步可行的研究方向。因为科技创业领军人才的文献较少，所以本部分主要进行创业者的文献综述。通过国内外文献梳理，发现主要可以归类为四大类：创业者异质性素质研究、影响创业者决策的环境因素、创业者与区域发展的关系研究、创业者行动过程研究。在对文献研究观点演进历程梳理的基础上，笔者进一步指出了现有研究的不足，本书将在其他章节针对这些不足，开展进一步理论与实证相结合的研究。

第一节 关于创业者的国际研究文献综述

关于创业者的研究历史悠久，有近200年历史，发展到当代已经逐渐形成了关于创业者的系列研究，主要包括：创业者异质性素质研究、影响创业者决策的环境因素、创业者与区域发展研究、创业者行动过程研究。

一、创业者异质性素质研究

研究人员初始阶段更多关注创业者具备哪些异质性素质，进而希望通过分析可以获知哪些异质性素质帮助了创业者成功。

（一）个性特质研究

大量的文献和实证研究了创业者的异质性素质。学者们致力于探讨到底有哪些异质性素质促进了创业者成功，希望为更多的后来者提供参考建议。在这些异质性素质中：创新精神、冒险精神、抗压力、敏锐观察力、决断力、强大的成就动机等是非常突出的重要因素。学者们指出正是优质异质性素质,不断激励创业者挖掘内生动力,在面对高强度和创业压力及高复杂度的创业环境时,能够坚韧不拔、积极行动、努力开拓(Homaday,1970;Bunker,1970;Lachman,1980;Shackle,2000;Jean Baptiste,2005)。个性特点研究典型代表是约翰逊(Johnson,1990)、科林等(Collins et al.,2000)、夏恩等(Shane et al.,2013),研究指出创新精神、冒险精神、抗压力、敏锐观察力、决断力等对创业均具备积极作用。管理风格研究典型代表是斯蒂芬森和古穆帕特(Stevenson and Gumpert,1985)、古朴塔等(Gupta et al.,2004),研究指出民主制、独断制风格、模糊容忍在不同创业阶段具有不同优势,而行业领导者的优质异质性素质对此有重要影响。创业导向研究典型代表研究是卢姆金(Lumpkin,1996)和戴斯(Dess,2012),研究指出创新导向和前瞻性战略导向、冒险导向等,对创业抉择和绩效均有影响。

(二) 依托个人特质研究创业动机及成功原因

自20世纪60年代心理学聚焦于创业者个人的特质研究范式试图回答"为什么某些个人创建了公司,而在相似情况下的其他人又没有?"1968年,鲍姆尔(Baumol,1968)不满足于经济学稀疏的规范分析,寄厚望于社会心理研究来回答政策制定者所关注的"是什么决定创业的供给以及能够扩展它的方式",创业研究从职能角色转移到创业者自身,开始了创业者特质研究的范式(Gartner,1988),或者"为什么是他而不是别人发现了机会"的问题(Baron,2004)。出于决定观和实证主义观点的研究思路,问出"为什么"的问题引出了"是谁"这个问题去回答:为什么某个人创建了企业?因为某个人有某些内在的素质。要么对不同经济角色的个性特质和认知特点进行实证比较以捕捉差异(Garland et al.,1984),要么比较不同经济角色的创业程度的差异以定义创业和创业者(Begley,1995;Cooper and Dunkelberg,2006)。绝大部分研究都内隐地认为:"如果能够找出创业者是谁,然后就能够知道创业是什么?"(Gartner,1988)

在尝试回答为什么创办公司、为什么是这个人创办公司的问题时,被学者广泛关注和研究的一个非常重要的因素是高个人成就动机,研究与实践均表明,个人成就动机高的人更愿意承担责任大的工作,也更愿意尝试创新创业,并从中寻找体现自身价值(McClelland,1961,1965;Fineman,1977;Johnson,1990;Collins,2009)。除此之外,学者们还总结了其他个性异质性因素,这些也决定了为什么是"他"创办了公司:内部控制点、风险倾向、自我效能感和前瞻显著地影响小企业的成功(Korunka,2003;Rauch,2003;Rauch and Frese,2015)。

二、影响创业者决策的环境因素

20世纪80年代中后期聚焦于新企业创建过程和组织创业所兴起的行为范式的研究推进了创业学、管理和组织研究的发展。

（一）　环境维度研究

关于创业环境维度的研究成果丰硕。由于行业竞争导致他们所处环境的同质性的分割，这会提高创业者处理不确定性的能力（March and Simon，1958）。将动态性、扰乱性和随机性引入环境分析，可将环境分为四种类型：平静的随机的环境、平静的聚类的环境、对组织稳定性起到相反作用的扰乱性环境、具有扰乱性动态过程的环境（Emery FE and Trist EL，1965）。也有学者将环境分为异质性/同质性和稳定性/动态性，描述环境中各要素之间是否存在相似性或者说其中的某些环境要素是否有别其他的环境要素（Thompson，1967）。除此之外，还有学者也提出了类似的环境维度定义，包括宽松性、依赖性、稳定性等，这些研究都表明环境是营销创业的重要因素（Duncan，1972；Child，1972；Miles，Snow and Pfeffer，1974；Jurkovich，1974；Osborn and Hunt，1974；Danny Miller，1983；Tan，1993；Lumpkin，2011）。

（二）　创业环境重要因素分析——人力资本

在具体研究中，人力资本成为了重要观察指标，如当人力资本越高时，越抑制创业活跃度（Lucas，1978）。或者，将创业者占区域人口总量比例作为观测经济发展的解释变量，显示呈现正相关关联性（Schmitz，1989）。其他学者进一步指出，创业企业的聚集又为知识的溢出和学习提供了好的生态环境，推动了创业经济正向循环（Krugman，1991；Audretsch，1995）。此外，学者们通过数据分析，发现在人口流动稳定的区域中，人口流动越小则创业优势越小（Iyigun and Owen，2008）。

（三）　创业环境重要因素分析——资源

学者们普遍认为资源获取是影响创业者决策的重要环境因素，并对可以充分获得资源的环境称为"丰裕性"。有的学者认为资源是创业成功和企业发展的基础；有的学者认为资源是不可缺少的创业要素，无论是哪一种观点，都证明了资源是创业的重要影响因素。资源是能够反映一个公司实力和弱点的东西（Wemerfelt，1984）。资源的价值性、稀缺性、不可模仿性和不可替代性为公司带来竞争优势（Barney，1991）。艾尔沃兹和布森尼茨（Alvarez and Busenitz，2001）

扩展资源基础理论运用于创业，认为创业者个体的认知能力，形成了创业者个人特异的催化新机会认知和资源积聚的创业资源。在企业创办和发展过程中，包括了资源发现、获取、挖掘利用、裂解、生发等系列过程，体现了企业不同发展阶段对资源的高度需求和有效利用（Stevenson，Gumpert，1985；West. P，Decastro. J，1999；Busenitz，2013）。

三、创业者与区域发展

人与创业/环境的关系上，逐渐取向于重建主义（reconstructionism）和建构主义（structuration）的思想。重建主义强调内生增长，依靠创业精神关注需求来实现价值创新。建构主义主张人与环境的对偶（duality）特性以及彼此塑造的动态作用关系。

（一）创业者推动创业区域发展

创业者推动技术创业和商业模式创新的论点得到了学者们一致认可，认为创业者的创业精神能够促进建立不断优化的创新文化氛围，建立更好的创新沟通网络，知识溢出的外部性较强，创新网络沟通更加高效等（Romer，1986；Lucas，1988；Porter，1990；Carree et al.，2002；Rocha，2004；Reynolds，2015）研究学者对创业者与科技进步之间的关系进行了各方面的研究，论证了创业者可以有效推动区域创新。

从1970年开始，创业者聚集使创业经济显现出更大的活力，对区域经济的影响力加大，原因在于大企业面对复杂的环境时，反应不够敏捷、行动缓滞，而小微初创企业则因灵活性更能适应这种复杂的环境，能更快速地开展各种应对行动，崭露出勃勃生机（Blau，1987）。随着创业经济的快速发展，涌现了越来越多的科技创新创业者，这些引起了政府部门的关注，进而获得了政府部门的政策扶持，由此创业经济进入良性循环（Audretsch and Thurik，2001）。创业经济的发展，也推动了区域经济发展，为更多的公民提供了工作机会，促进了研发创新，反之又促进了创业活跃度（Birch，1979；Stevenson，Gumpert，1985；Blau，1987；West. P，Decastro. J，1999；Shane；2011）

（二）创业区域也反之影响创业者发展

区域内的经济发展程度、人文因素、制度因素、基础设施等都深刻影响着创业者的抉择和发展。经济发展处于跨越期的区域，往往涌现大量创业者，区域经济的快速发展为这些人才提供了创业机会和相对充沛的资源。随着经济发展，产业基础设施不断完善，为产业内的人才发展提供了良好基础。因此，又进一步基于区域，逐渐引申出了产业对人才发展的影响（Thompson，1967；Child，1972；Engledow，1986；Smircich，1998；Stubbart，2008）。

此外，一些学者也站在区域环境影响创业发展的视角下进行分析。学者们发现无论是正式制度（国家政策、区域政策、法律法规等），还是非正式制度（区域内特殊的文化氛围、公民舆论等），都影响着创业者的认知和创业经济的形成。支持创业的政策、舆论导向能显著促进创新创业，此时创业者的精神压力相对减弱，身边的亲人、朋友和公众对创业失败更加包容，也更支持进行积极创业（Dill，1958；Lawrence and Lorsch，1967；Wong Soke Yin，2013）。

四、创业者行动过程研究

在创业者行动过程中比较受关注的是如下三个方面：领导风格、机会发现与创造视角、创新行为模式。

（一）创业行动中的领导风格研究

在企业创建和运营过程中，根据不同的领导风格，创业者的行动过程可以分为变革型领导行动、交换型领导行动和家长型领导行动。波恩（Burns，1978）是变革型领导行动的代表学者，他指出变革领导行动过程是创业者与下属之间互相提升成熟度和动机水平的过程，变革型创业者通过让下属意识到所承担任务的重要意义，激发团队活力[1]。根据波恩理论，巴斯（Bass，1994）进一步发展了这一理论，提出除了变革型领导行为，创业者还有交换型领导行为，而这是建立在交换过程基础上，主要包括：权变性奖励行为与非权变性奖励行为，权变性惩罚行为与非权变性惩罚行为[2][3]。此外，家长式领导行为方式都深受文化传统的影响（Hofstede，1995）。当中国台湾的经济还处于发展中水平时，斯林（Silin，1976）于20世纪70年代来到中国台湾进行深入调查，发现台湾地区的创业者的领导行为具有与西方迥然不同的且清晰可辨的特色，可总结为教诲式领导、德行领导、中央集权、上下保持距离、领导意图及控制[4]。

---

[1] Burns J M, "Leadership", Harper & Row, 1978, 145.

[2] Bass B M, Avolio B J, "The multi-factor leadership questionnaire", Consulting Psychologists Press, 1991, 158.

[3] Bass B M, Avolio B J, "Transformational leadership and organizational culture", *International Journal of Public Administration*, 1994 (3).

[4] Silin R H. Leadership and value, "The organization of large-scale Taiwan enterprises", Harvard University Press, 1976, 34.

（二） 创业行动中的机会发现与创造视角研究

关于创业者行动的研究还关注在机会发现与创造视角。彻尔森（Chiasson，2005）和桑德斯（Saunders，2005）整合创业研究中有关发现机会还是创造机会的分歧，认为机会发现和机会创造是创业硬币的两面，是一个相互补充、同时发生的过程。瑟若瓦斯（Saravasthy，2001）提出创业者与机会是共同衍生发展的，不是所有创业者都可以发现机会，只有具备经验积累的人才会"恰好"发现这些机会。杰克和安德森（Jack and Anderson，2002）指出机会是嵌入创业行动过程中的，往往是一边行动一边发现其中存在的机会，或者是为了更好地行动创造条件。布拉德伯里（Bradbury，2000）指出机会并不一定就能转化为实际价值，还需要在创业行动过程中努力践行，面对机会应理性审视并积极把握。迦伽德和卡诺亚（Garud and Karnoe，2001）提出机会的实现需要积极设计行动路径，而路径设计与创造本身就是一种创造机会的过程，二者相辅相成互相促进。李奇登斯坦（Lichtenstein，2002）指出创造机会都是基于先前知识和学习反馈实现的，没有什么机会是凭空创造出来的创造观。通过分析上述这些观点，可以发现这些观点都分布在建构理论的人—情境或者人—对象的分析框架之中。

（三） 创业行动中的创新行为模式研究

关于创业者进行创新的行为模式，研究成果最为丰硕。柯顿（Kirton，1976）研究证实创业者特质（如发明型的认知风格、主动性、内外控倾向、发散思维、自我效能感等）对创业者创新行为具有显著促进作用。学者赛博特（Seibert，2001）在调研数据分析的基础上，实证研究指出具有主动性人格的创业者更愿意尝试创新，并为创新努力行动；而被动性人格的创业者则更愿意接受既有规则和方法，对创新的兴趣不大。托伦斯和菲斯特（Torrancee，1988；Feist，1998）的研究指出具有强内控倾向的创业者在设计思维、技术变革方面的创造力更强，而外控倾向的创业者对组织变革更具有创新行动力。除此之外，还有大量关于创业者进行创新的研究，也主要是围绕人格特质、环境影响因素、创新决策能力等方面进行探讨（Osborn，1953；Parnes，1963；Polya，1977；Isaksen & Treffinger，1985；Basadur，2000；Parnes，2007）。

第二节 中国研究现状

在文献查找和梳理过程中，发现中国针对高层次创业者素质进行了一些深入研究，因此，中国研究现状分析部分，与国际研究现状分析略有不同的是，创业素质分析部分重点分析了高层次创业者的异质素质。此外，针对国内人才流失问题，关于吸引海归人才创业的研究成果也较为丰富，因此，中国研究现状中增加了此部分内容。

一、高层次创业者异质性素质

我国关于高层次创业者研究在个性特质研究基础上，进一步指出了创业者素质中存在的不足，及素质模型评价研究等内容。

（一） 优秀个性特质研究

关于个性特质的研究成果丰富，学者们多采用问卷调查、访谈录和传记分析的方法，提炼出个性特质要素。通过分析国内近十年的相关文献，发现如下因素是最被普遍认可的高层次创业者个性特质：创新、勤奋、果断、毅力、合作、责任感。除此之外，还有一些学者指出了其他不同的个性特质，如幽默感（张庆林，2002[①]）、活力（尹利，2005）、沉稳（李志、罗章利和张庆林，2008[②]）、经验（庄小将，2010[③]）、诚信（李慧，2007[④]）、目标性和正确面对（刘云、陈德棉和谢胜强，2011[⑤]）。除此之外，还有一些学者对单一素质进行针对性研究，如周霞、景保峰和欧凌峰（2012）就专项研究创新品德，指出创新品德是高层次科技创业者胜任力的根本[⑥]。施国洪、张继国和宦娟（2013）认为领军人物创业个性素质的积累决定了领军人物的创业起点高[⑦]。

综上所述，关于优秀个性特质的研究成果比较丰富，研究表明高层次创业人才确实具备优秀的个性特质，对这些个性特质也取得了共识，虽有一些非共性发现，也是对普遍认可观点的补充。

（二） 构建创业者素质模型研究

在优秀个性特质研究的基础上，一些学者进一步构建了综合性的素质模型，分别从不同维度进行了探讨。陈闻冠（2007）从创业者素质入手，对创业者必备

---

① 张庆林：《创造性研究手册》，四川教育出版社 2002 年版，第 470 页。

② 李志、罗章利、张庆林：《国内外知名企业家的人格特征研究》，载于《重庆大学学报》（社会科学版）2008 年第 1 期。

③ 庄小将：《高新技术企业科技人才激励机制研究》，载于《财会通讯》2012 年第 1 期。

④ 李慧：《创新型企业家的核心个性特征研究》，载于《消费导刊》2007 年第 4 期。

⑤ 刘云、陈德棉、谢胜强：《创业者素质的不同境界研究》，载于《现代管理科学》2011 年第 1 期。

⑥ 周霞、景保峰、欧凌峰：《创新人才胜任力模型实证研究》，载于《管理学报》2012 年第 7 期。

⑦ 施国洪、张继国、宦娟：《领军人才创业企业培育机制研究——以江苏常州为例》，载于《科技进步与对策》2013 年第 18 期。

要素进行探讨，构建了创业者素质构成模型（核心素质、综合管理素质＋专业素质）①。朱永跃、胡蓓和杨辉（2012）结合对产业集群创业人才素质的理论分析，并基于"资本"的视角构建了由心理资本、关系资本和能力资本三个维度组成的产业集群创业人才素质模型②。郑琦（2013），将高端创新创业者的素质分为资本力、个性、能力、思维和知识五个维度，构建了产业集群中创新型创业者的素质模型③。潘建林将传统素质"冰山模型"与创业能力结构相结合，构建中小企业创业胜任力的素质与能力双维度"冰山模型"④。除此之外，还有其他学者也进行了类似的研究，总体而言，这些素质模型的构建都是为了更好地从一个系统、全面的视角观察高层次创业者的综合素质。

（三）高层次科技创业者素质不足

高层次科技创业者虽然具有很多优秀的个性特质，但是也存在一些典型的素质不足问题，这主要包括：商业经营能力有待提高（商业模式、股权结构设计、商业渠道建设、团队运营等），把握政策红利能力不足（以往经验对科技研发政策了解较多，但是对产业发展的政策红利把握不足）、创业生涯规划不足（存在不合理性、不科学性）、战略能力不足（对商业未来变化把握不足）等（吴冰、王重鸣，2006⑤；王爱凤，2013⑥；施国洪、张继国和宦娟，2013⑦；庄小将，2014⑧；叶伟巍、高树昱和王飞绒，2012⑨）。学者们的研究均指出这些素质的不足将束缚高层次创业者的进一步发展，需要积极针对自身不足进行学习和改进，才能带领团队在关键瓶颈期取得突破。

二、影响创业者决策的环境因素

中国学者们不仅研究了影响创业者决策的环境因素，还进一步研究了面对国际竞争中，如何更好地吸引海归回国创业。

---

① 陈闻冠：《创业人才的素质和识别方法研究》，同济大学博士论文，2007 年。

② 朱永跃、胡蓓、杨辉：《产业集群创业人才素质模型构建》，载于《企业经济》2012 年第 4 期。

③ 郑琦：《创新型创业者素质模型构建——基于中山市创业孵化基地的分析》，载于《科技和产业》2013 年第 12 期。

④ 潘建林：《中小企业创业胜任力的素质与能力双维度冰山模型》，载于《统计与决策》2013 年第 9 期。

⑤ 吴冰、王重鸣：《高新技术创业企业生存分析》，载于《管理评论》2006 年第 4 期。

⑥ 王爱凤：《浅析中关村科技创业人才发展的特点》，载于《中国科技产业》2013 年第 6 期。

⑦ 施国洪、张继国、宦娟：《领军人才创业企业培育机制研究——以江苏常州为例》，载于《科技进步与对策》2013 年第 18 期。

⑧ 庄小将：《高新技术企业科技人才激励机制研究》，载于《财会通讯》2012 年第 1 期。

⑨ 叶伟巍、高树昱、王飞绒：《创业领导力与技术创业绩效关系研究——基于浙江省的实证》，载于《科研管理》2012 年第 8 期。

（一） 环境测评与改进建议

对于环境测评普遍采用构建指标体系和评价模型进行测评的方法，其中一部分学者测评了多个地区，并进行比对分析，而另外一部分学者则针对性地测评了某一地区并提出对策建议。进行多地区比对分析的典型研究，如买忆媛和甘智龙（2005）分析了我国典型地区创业环境因素对创业机会、创业技能和创业意图的影响程度的差异。徐凤增和周键（2013）对我国创业环境与美国、韩国、德国和阿根廷等国的均值进行比较，建议我国在构建创业服务体系、丰富融资渠道、加强创业人才队伍建设、推动产、学、研合作以及培育创业文化氛围方面要继续优化创业环境。进行单一区域测评研究的典型研究，如王秀峰、李华晶和张玉利（2009）基于2009年开始的中国创业动态跟踪调查项目的调查数据，首次对创业环境对创业的支持性、环境中可感知的创业者、环境中存在的创业资本、个体创业动机水平、新企业竞争优势之间的关系进行了实证性的研究。张秀娥、王勃和张峥（2013）分析了东北地区创业环境对创业导向和创业绩效的影响。胡玲玉、吴剑琳和古继宝（2014）基于社会认知理论，探讨创业环境中市场资源环境和制度规范环境对个体创业意向的影响，并考察创业自我效能对以上影响效果的调节效应。

（二） 从吸引海归人才回国创业的环境角度出发

人才流失问题一直受到关注，如何吸引海外人才回国发展方面的研究日益增多，但是针对海归人才回国创业的文献尚不丰富，典型的代表研究如贺翔（2015）通过搜集数据整理出海归人才创业的经济环境、中介机构服务能力、创业环境的基础设施和创业环境中的知识产权保护四个指标，并对浙江省进行了评估分析[1]。徐丽梅（2010）总结了吸引海外人才回国创业的成功经验：（1）坚持政府作用和市场机制相结合；（2）政府和创业者共担风险；（3）对创业失败提供制度保证；（4）加强与外部的联系；（5）创造良好的环境[2]。彭伟和符正平（2015）以千人计划为样本，分析了领军人才的创业过程，梳理了影响创业进程的关键要素[3]。万玺（2013）分析了海归科技人才创业政策对吸引海归创业的意义，提出政

---

[1] 贺翔：《基于主成分分析的宁波"海归"高层次人才创业环境评价》，载于《宁波大学学报（人文科学版）》2015年第6期。

[2] 徐丽梅：《我国引进海外创业者的实践与思考——基于台湾、深圳、无锡的案例研究》，载于《科学管理研究》2010年第3期。

[3] 彭伟、符正平：《基于扎根理论的海归创业行为过程研究——来自国家"千人计划"创业者的考察》，载于《科学学研究》2015年第12期。

策满意度的重要性居于首位①。胡渠（2012）通过研究三种人才集聚模式（1）美国硅谷的市场主导模式；（2）日本筑波的单一计划模式；（3）中国台湾新竹市的政府扶持模式，构建了海归创业者集聚环境评估的指标体系。② 高子平（2012）分析了在美华人归国创业的意愿，并对人才创业政策提出了建议③。

三、从区域及产业对人才创业的影响角度分析

本部分基于区域和产业的视角，归纳总结现有的研究成果。

（一）基于区域视角进行分析

创业活动表现在个体、组织、行业、社区、地区和国家等多个水平，从经济领域拓展至广泛的社会领域和政治领域。围绕着创业人才与区域发展互动的典型研究如张玉利（2004）指出创业已不再仅仅是传统意义上的小企业创建的范畴，而是与区域发展密切相关。叶伟巍、高树昱和王飞绒（2012）基于浙江省的数据，对创业领导力与技术创业绩效关系进行了实证分析，认为提高远景能力是当前技术创业企业优化领导力结构、提振创业绩效的主要途径④。詹星和李纲（2015）指出区域人才素质不会受自然环境和区域历史文化传承因素的直接影响，会直接受教育环境、经济社会发展水平、个体自我预设因素的影响⑤。赵强强、陈洪转和俞斌（2010）指出创新型科技人才作为区域核心竞争力发展的推动者在不断更迭⑥。高子平（2013）认为在创业型人力资本形成过程中，宏观制度环境是关键性的，中国的创业型人才的成长具有明显的制度环境特征⑦。

（二）基于产业和产业集群的视角进行分析

从产业和产业集群视角进行分析，主要包括产业与人才的协调度、人才发展阶段、人才和产业互为孵化机理及方法等。

---

① 万玺：《海归科技人才创业政策吸引度、满意度与忠诚度》，载于《科学学与科学技术管理》2013年第2期。

② 胡渠：《海归创业者集聚环境建设的政府主导模式研究》，苏州大学，2012年。

③ 高子平：《在美华人科技人才回流意愿变化与我国海外人才引进政策转型》，载于《科技进步与对策》2012年第19期。

④ 叶伟巍、高树昱、王飞绒：《创业领导力与技术创业绩效关系研究——基于浙江省的实证》，载于《科研管理》2012年第8期。

⑤ 詹星、李纲：《区域人才素质的影响因素与作用机理——基于多水平结构方程模型的分析》，载于《西北人口》2015年第5期。

⑥ 赵强强、陈洪转、俞斌：《区域创新型科技人才系统结构演化模型研究》，载于《科学学与科学技术管理》2010年第3期。

⑦ 高子平：《全球经济波动与海外科技人才引进战略转型》，载于《科学学研究》2012年第12期。

较为典型的代表研究包括：刘容志、翁清雄和黄天蔚（2014）分析了产业集群对高端创业者孵化的协调机理。他们将集群创业孵化分成"政府主导型""行业协会主导型"和"高校主导型"三种①。杨艳和胡蓓（2013）归纳总结了创业者嵌入产业集群的层次结构为制度嵌入、网络嵌入和个人关系嵌入②。徐永其、王吉春和张宏远（2013）提出了高端人才集聚的三个阶段：高端人才形成的萌芽阶段、高端人才集聚阶段、高端人才集群化阶段；与之对应的则是示范效应、人才优势效应和人才协同效应③。蔡弘（2010）分析了产业集群创业者保留因素和保留模式④。陈芳（2011）提出了创业者孵化链的基础支持、发展支持、环境支持和智力支持四大支持体系⑤。胡蓓和陈芳（2013）分析了产业集群发展与创业者积聚与孵化、孵化机理⑥。杨莹莹（2015）认为人才联盟是推动产业高端化从量的转化向质的转变的重大举措⑦。李胜文、杨学儒和檀宏斌（2016）指出技术创新的经济效应取决于创业者是否识别、开发技术创新所隐含的创业机会⑧。罗月领和何万篷（2014）指出人力资源结构不能满足产业结构升级的表现为：人力资源的产业和职业分布与产业发展不匹配、人力资源结构优化速度滞后于产业结构优化速度、高层次复合型人才满足不了现代服务业发展的需要、高技能人才和人才团队不能支撑先进制造业的快速发展、国际化经营管理人才与产业链全球化不匹配⑨。

四、创业者行动过程研究

创业者行动过程研究主要包括三个方面的内容：行为过程及特点、决策过程研究、创新行为模式及绩效测评等。

---

①　刘容志、翁清雄、黄天蔚：《产业集群对创业人才孵化的协调机理研究》，载于《科研管理》2014年第11期。

②　杨艳、胡蓓：《产业集群嵌入对创业绩效的影响研究——创业能力的视角》，载于《科学学与科学技术管理》2012年第12期。

③　徐永其、王吉春、张宏远：《基于层次递进耦合的高端人才集聚的形成机理研究——以江苏连云港市为例》，载于《科教文汇（上旬刊）》2013年第11期。

④　蔡弘：《产业集群创业者的保留因素分析》，载于《河南科学》2010年第8期。

⑤　陈芳、胡蓓：《产业集群创业者孵化作用机理——基于中国五大产业集群的实证研究》，载于《中国科技论坛》2012年第12期。

⑥　陈芳、胡蓓：《产业集群对创业者孵化的作用机理研究》，载于《生产力研究》2012年第1期。

⑦　杨莹莹：《人才联盟促进我国产业高端化作用机理研究》，云南大学博士论文，2015年。

⑧　李胜文、杨学儒、檀宏斌：《技术创新、技术创业和产业升级——基于技术创新和技术创业交互效应的视角》，载于《经济问题探索》2016年第1期。

⑨　罗月领、何万篷：《基于HRS - IS螺旋发展模型的人力资源结构优化研究》，载于《中国劳动》2014年第12期。

（一）创业中的行为过程及特点

研究者们为了更好地探讨创业者是如何开展创业的，对创业行为过程和过程中展示出的特点进行了分析。典型研究包括：张维迎等（2002）认为创业者不仅仅是企业中负责经营管理的管理者，还是需要对自身乃至企业的决策承担经营风险的人[①]。辛向阳（1999）则认为创业者需要在经营中进行战略性决策[②]。魏杰等（2002）认为创业者不仅拥有货币资本，还在创业过程中表现出极强的经营管理能力[③]。李慧（2007）指出"果断行动"是创新型创业者的典型行为[④]。刘志成等（2012）则从社会功能和行为过程对创业者的内涵进行分析，认为承担风险是创业者的重要行为，除此之外，他们还是具有超出常人创造和发现才能和行为的人[⑤]。陈燕妮和王重鸣（2015）采用多案例研究方法提炼了创业者行动过程概念模型，包括体验搜集、交互反思、系统整合和行动验证四个要素[⑥]。

（二）解决问题及决策过程研究

基于行为过程研究，研究者们进一步构建了描述及分析决策过程的模型。典型研究包括：张茉楠和李汉铃（2005）指出解决问题过程遵循创造性问题解决的逻辑过程，分为创意、酝酿、实施、反馈思维阶段，是一个螺旋式运动的信息增值过程。而决策策略则包括平衡式范式策略、扩展式范式策略和超越式范式策略。曾照英和王重鸣尝试运用展望理论分析创业融资决策过程中的感知风险[⑦]。周劲波和古翠凤（2008）对创业团队决策模式进行研究，确定了基于头脑风暴、愿景驱动、情感支持和专家参谋的四种创业团队决策模式特征[⑧]。段锦云、田晓明和薛宪方（2010）以马奇、明兹伯格、韦克和西蒙（March, Mintzberg, Weick and Simon）的理论为基础，指出效果过程是关注局部和强调开发偶然性的近可分解过程，它关注可承受的损失和低代价实验、注重策略联盟而非竞争分析、控制未

---

① 张维迎、刘晓光、刘永行、丁健、张醒生、陈峰：《本土企业的活力不可低估——张维迎与企业家对话》，载于《中国企业家》2002年第2期。

② 辛向阳：《"五九现象"与中国的企业家制度》，载于《东岳论丛》1999年第3期。

③ 魏杰、赵俊超：《关于人力资本作为企业制度要素的思考》，载于《哈尔滨市委党校学报》2002年第1期。

④ 李慧：《创新型企业家的核心个性特征研究》，载于《消费导刊》2007年第4期。

⑤ 刘志成、吴能全：《中国企业家行为过程研究——来自近代中国企业家的考察》，载于《管理世界》2012年第6期。

⑥ 陈燕妮、王重鸣：《创业行动学习过程研究——基于新兴产业的多案例分析》，载于《科学学研究》2015年第3期。

⑦ 曾照英、王重鸣：《创业融资决策过程中的感知风险分析——展望理论在创业融资决策领域的应用》，载于《科技进步与对策》2009年第8期。

⑧ 周劲波、古翠凤：《创业团队决策模式研究》，载于《研究与发展管理》2008年第1期。

知未来而非预测它①。韦雪艳和闫雅翠（2014）深入解析小微企业创业决策过程，构建了创业学习、差错取向、机会识别与决策关系的理论模型②。唐晓婷（2015）在转型升级情境下，从连续创业决策模式的决策机理入手，探究构建连续创业决策模式的内在机理和决策过程，并运用实证方法探讨其与企业绩效的关系③。

（三）　创业行动中的创新行为模式及绩效测评

创新是高层次创业者的典型特点，也是推动企业发展的核心基础。一部分学者针对创新过程进行了观察和建模分析，关于这方面的典型研究包括：张茉楠和李汉铃（2005）认为创新决策过程是创业者通过对资源的重新组合而产生新颖独特、有经济和社会价值的复杂的心智过程和实践活动。张玉利和李乾文（2009）关注创新导向对创新的前因作用，通过实证研究证明，创业导向对创新的不同方面（机会开发能力和机会探索能力）都具有正向影响作用。陈伟（2001）认为创业者行为在创新时，会改变市场资源配置的方式、创造新的能力以便为企业未来的市场定位增加可能性④。梅德强和龙勇（2010）指出机会能力与突破性创新正相关，而运作能力与突破性创新负相关，技术不确定性、市场不确定性和组织不确定性与突破性创新负相关，其中组织不确定性加强运作能力与突破性创新的负相关关系，而技术不确定性减弱机会能力与突破性创新正相关关系⑤。叶江峰、任浩和郝斌（2013）基于创新知识的流程观，解构分布式创新的动态演化过程，对创新过程中各节点的异质性、结构性和动态性知识进行治理⑥。

研究者们不仅关注创新过程，还对创新绩效的研究也较为关注，这方面的典型代表研究包括：苏敬勤、李召敏和吕一博（2011），识别出影响整个管理创新绩效的13个关键因素，并进一步考察了它们在管理创新创造、决策和实施3个阶段的影响情况和变化趋势⑦。何一清、崔连广和张敬伟（2015）指出互动导向只有通过信息的有效吸收、筛选和转化才能确实提高创新绩效⑧。蒋军锋、韩明

———————————

①　段锦云、田晓明、薛宪方：《效果推理：不确定性情境下的创业决策》，载于《管理评论》2010年第2期。

②　韦雪艳、闫雅翠：《小微企业创业决策过程模型研究》，载于《科技进步与对策》2014年第3期。

③　唐晓婷：《转型升级情境下连续创业决策模式研究》，载于《科学学研究》2015年第7期。

④　陈伟：《失败英雄》，载于《中国创业者杂志社》2001年第6期。

⑤　梅德强、龙勇：《不确定性环境下创业能力与创新类型关系研究》，载于《科学学研究》2010年第9期。

⑥　叶江峰、任浩、郝斌：《企业内外部知识异质度对创新绩效的影响——战略柔性的调节作用》，载于《科学学研究》2015年第4期。

⑦　苏敬勤、李召敏、吕一博：《管理创新过程的关键影响因素探析：理性视角》，载于《管理学报》2011年第8期。

⑧　何一清、崔连广、张敬伟：《互动导向对创新过程的影响：创新能力的中介作用与资源拼凑的调节作用》，载于《南开管理评论》2015年第4期。

君和程小燕（2015）总结了战略导向转换和创新过程整合的相关内容及其关系的研究进展①。罗洪云、张庆普和林向义（2016）从知识、行为和技术三个维度深入分析了企业自主创新过程中知识管理绩效的表现形式，提出了自主创新过程中知识管理绩效的云评价模型②。

第三节   总   结

一、国内外研究演进过程

综合上述分析可知，国内外学者针对科技创业者的异质性素质、人才与产业、人才与区域的关系进行了深入研究。中国学者针对中国海外人才外流与回流的情况，又进一步研究了如何更好地吸引海外人才回国创业。总体而言，关于创业研究人才的研究正在逐步演进完善。根据上述文献，可以归纳关于创业者的研究呈现如表 2 - 1 的演进趋势。

表 2 - 1   创业者研究演进过程

热点问题	创业者对区域的影响	创业者行动影响因素	创业者如何行动
演进时期	200 多年以来	自 20 世纪 60 年代初期以来	自 20 世纪 80 年代中后期起
学科领域	经济学	心理学/社会学	管理科学/创业学/组织理论
主要范式	创业的经济职能/创业的影响和结果	创业者个性和认知特征/创业的动因	创业的管理特征/创业行为和认知过程
基本假设	创业对经济增长或市场过程起重要作用	创业者不同于非创业者/不同角色创业程度不同	创业主体与环境/创业过程双向互动
分析对象	职能作用	创业者和潜创业者/个体环境	创新/创建新企业的过程/组织创业的特点/组织内外环境
主导理论	实证分析	实证主义/综合社会学	建构主义/实证主义

---

① 蒋军锋、韩明君、程小燕：《战略导向转换与创新过程整合关系的研究进展》，载于《科研管理》2015 年第 1 期。

② 罗洪云、张庆普、林向义：《企业自主创新过程中知识管理绩效的表现形式，测度及评价研究》，载于《科学学与科学技术管理》2014 年第 2 期。

二、国内外研究的不足

（一） 未更完善地进行创业者分层次研究

但是无论国外还是国内，都很少针对人才进行分层次研究，尤其是关于科技创业领军人才的研究较少。虽然现有人力资本理论应用到创业领域取得了巨大进展，但是人才具有不同层次与类型，这决定了不同人才不能千篇一律地进行同一模式及方法分析。尤其是一个科技创业领军人才在技术和产业结合上带来的价值，很可能胜过万名普通人才，历史上很多产业诞生、突变、跨越都是由于某个领军人才提出了重大创新思想与实践，而不是数万名普通人集合就改变了社会前进的轨道。因此，考虑到领军人才对知识社会发展的巨大价值，本书从科技创业领军人才视角进行研究。

（二） 激发人外生动力及保障研究不足

通过梳理文献可知，国内外学者对人才异质性素养、创业创新过程、宏观环境影响进行了较为丰富的研究。但是对如何激活人才活力、提供更好的外在保障条件，并没有进行过多的深入研究。因此，本书将在国内外研究的基础上，采用扎根理论分析访谈材料，深入分析并构建科技创业领军人才创业演进模型，通过模型进一步探析科技创业领军人才的外生权利需求，为本书研究打下基础。

第三章

"四权耦合"：科技创业领军人才视角下的创新创业外生动力与保障

本章数据收集过程完全按照规范的经典扎根理论程序进行，通过开放性编码、主轴编码、核心编码、理论模型建构，完成一个完整的扎根理论应用，对科技创业领军人才创新创业发展过程进行充分研究，辨识出对智本为王的创新型国家形成影响最重要的内生与外生动力及保障，提出通过四权：智慧权力、金融股权、知识产权、税务税权的耦合发展，可以激活人才内生创新动力，为人才发展提供外生动力和制度保障，为本书后续研究提供依据和基础。

第一节　科技创业领军人才概念及作用

本节阐述了为何以科技创业领军人才为研究视角的原因，指出科技创业领军人才是创新型国家的最稀缺资源，同时界定了科技创业领军人才的定义与内涵，分析了科技创业领军人才的重要作用。

一、科技创业领军人才概念界定

科技创业领军人才的概念并不常见，也出现较晚，这与历史发展进程和国家宏观背景有关。本部分在"领军"概念解析的基础上，进一步根据人才内在特性，梳理了理论界从两个不同维度对领军人才进行的概念界定；其后在万人计划中"科技创业领军人才"制定的遴选标准基础上，进一步明确了科技创业领军人才的概念及内涵。为后期研究遴选调研目标界定了范围并提供了标准。

（一）领军人才概念及内涵界定

科技创业领军人才的概念出现较晚，但是就其起源与内涵而言，可以探讨领军人才这一词汇。在《文选·潘岳》中首次提出"领军"这个名词，代指在率领军队的将军。随后，领军人才一词逐步应用到不同领域，随着历史的不断发展，不同时期也增加了更丰富的内涵。发展到了今天，领军人才不仅强调个人素质和能力，也强调其通过团队合作、领导管理能力带领其他人才发展的综合能力，领军人才就是团队的核心与灵魂（韩文玲，2011）。那么科技创业领军人才就是在领军人才基础上，加了"前缀"进行进一步范围缩小和锁定的人才界定。

根据人才内在特性，理论界主要从两个维度对领军人才进行概念界定：第一种方式是通过"客体方式"（Object Approach, Eva Gallardo-Gallardo, 2013）进行界定，强调在科学研究和科技型企业管理的等领域中具备某种特征的人才，这类人才通常具有独到的战略眼光，能在复杂发展系统中"拨云见日"带领团队前进（上海公共行政与人力资源研究所，2005；张永莲，2006）。第二种方式是通过"主体方式"（Subject Approach, Eva Gallardo-Gallardo, 2013），强调这些人才是某一类群体，这类群体通常是本领域内权威学者或管理者，都曾做出巨大贡献，对国家产业或科技发展具有重要作用（李铭俊，2006；刘少雪，2009）。

（二）　基于万人计划的科技创业领军人才概念界定

在领军人才基础上，我国推出的万人计划将"科技创业领军人才"遴选标准明确为：运用自主知识产权创建科技企业的科技人才或具有卓越经营管理才能的高级管理人才，创业项目符合中国战略性新兴产业发展方向并处于领先地位。同时，笔者进一步深入分析了这一定义，认为科技创业领军人才包含两类人才：第一类是致力于进行关键问题的科学研发，研发成果解决了技术重大难题，为技术创新和产业跨越发展提供了可能，并身体力行将成果应用于生产进行创业的人才；第二类是具备敏锐洞察力，能够发现重大变革甚至颠覆社会发展的关键技术[①]，其与拥有这项技术的科技创新人才合作，调动自身可以整合的各类资源生产并应用这项技术，带领产业发展趋势的卓越管理者。

本书研究用采纳万人计划这一定义，并在后期进行深度访谈和数据采集时，主要调研中共中央组织部认定的万人计划中的科技创业领军人才，和各省认定的省重点培育的科技创业领军人才。在人才样本选择时，重点关注创办企业的成果创新度和领先性。

二、以科技创业领军人才为研究视角的原因分析

本书选择了科技创业领军人才为研究切入视角，有如下原因：

---

① 李燕、肖建华、李慧聪：《我国科技创业领军人才素质特征研究》，载于《中国人力资源开发》2015 年第 11 期。

（一） 知识社会最稀缺的资源是科技领军人才

即将汹涌而来的知识社会中，最重要的是知识人才，最稀缺的是科技领军人才，一名科技领军人才创造的价值往往比数百万、数千万普通人才创造的价值还高。无论是中国还是其他国家，都为我们提供了丰富的历史案例。如新中国成立初期，科技综合实力很低，是靠一些具备国之大义的老科学家们抛小家顾大家，殚精竭虑做出的贡献，他们包括：钱学森、邓稼先、束星北、何泽慧……当下社会，也有很多优秀的科学家为国家做出了巨大贡献，如马伟明院士被美国赞誉为：一个人超十个师。Nature 期刊指出中国有十名年轻科学家将让中国成为科技"超级大国"，他们是吴季、叶玉如、崔维成、颜宁、王贻芳、高彩霞、付巧妹、秦为嫁、陆朝阳、陈吉宁。可是就是这样一群国宝级人才，却未被社会公众普遍了解和学习，反而是年轻明星们无论走到哪里都赢得大量掌声。科技创新本身就是艰苦的事业，如果在知识社会，我们不能积极营造尊重科学、尊重人才、学习人才的文化氛围，不能让做出巨大贡献的人才获得与价值相符的精神和物质收获，年轻人将在崇拜演艺明星的氛围中更愿意选择少创新、多收入的职业，将阻碍社会向创新社会正向发展，整个中国社会将步入落后的精神文化状态。

（二） 产业跨越发展亟需创新型创业人才

从产业发展来看，中国亟需实现产业跨越发展，突破常规产业生命周期和"S"曲线束缚，而创新型创业人才是实现这类突破的主抓手，没有这些创业人才就不可能实现科技成果的转化。纵观百余年的世界经济发展史，可以发现一国从欠发达国家进入发达国家行列，通常要经历两个阶段。第一个阶段是，产业结构从劳动密集型升级到资本密集型；第二个阶段是，产业结构从资本密集型转变为技术密集型。步入知识社会后，将改变"资本为王"的格局，进入"智本为王"的格局。这里的智本强调：智能型技术的研发和技术的智慧应用。随着阿尔法狗战胜世界围棋冠军等一系列事件，我们发现世界已经开始进入人工智能社会，未来的社会更加强调智能型技术的研发与应用。而智能型技术带来的双面效应，更需要对技术的智慧应用，由此可见，知识社会将步入智本为王的社会。此时，需要具有重大战略价值的技术，更需要创造这些成果的领军人才和将这些成果转化为现实生产力的领军人才。中国必须改变过去靠低劳动力成本和高资源成本的粗放型产业模式，推动"智本为王"的创新型国家建设，推进产业结构转型发展，实现一批战略新兴产业的跨越发展。

（三） "科技＋创业"领军人才尤为关键

综合上述两者来看，将领军科技人才和创业人才结合考虑的话，科技创业领军人才则成为一个稀缺群体，并创造着其他人无法替代的巨大价值。本书在研究初期曾经构想研究科技创新和科技创业两类人群，但是这两类人群虽具有共性特质，彼此间又具备明显的异质性特质。如果将两类人群融合到一起研究，将有很多问题无法清晰定义，也无法清晰解释。而关于科技创新领军人才的研究成果相对丰富，因此，笔者尝试从科技创业领军人才视角切入研究，虽然可供参考的文献较少，调研难度也较大，但是在导师和相关部门的指导与帮助下，虽然艰辛却也顺利地采集到了数据，进行了系列深度访谈，并根据扎根理论对科技创业领军人才的创新创业的内生和外生动力及保障，进行了详细梳理及模型构建。

本书选择科技创业领军人才的这一视角进行研究，希冀更好地激活科技创业领军人才的内生动力，补足外生动力和保障，不断提高国家创新浓度、密度和高度。

三、科技创业领军人才的作用分析

在上述研究中探讨了为何遴选科技创业领军人才这一视角进行切入研究，这部分希望基于上述研究，进一步探析这类人才的关键作用。

（一）实现知识资本化

知识具有现行知识和含默知识两大类，而领先世界的高技术无一例外地富含价值巨大的含默知识。含默知识的转化是科技成果转化中典型难题，就这好似博士生导师想研究的关键点是珠穆朗玛峰，导师本身讲解出来后好似泰山，而博士生在导师指导下积极实践后展示出来的成果就很可能变成了小山丘。如果科技创新领军人才本人可以积极进行产业化实践，尝试把自己的科技成果应用到产业生产中，则可以大大避免此类问题。穆勒（Mueller，2006）通过广泛调研发现，美国国家癌症研究所里超过25%的科学家，依托自身掌握的专利积极进行创业实践。这类科学家创业人才好似知识放大器，不仅实现了技术研发的重大创新，还在实现科技成果转化中发挥了巨大效力，跨越了成果，转化"死亡谷"。由此，如穆勒犀利指出的那样：拥有创业精神的科学家是能够把研究成果实现商业化转变的沉睡巨人[①]。在上述过程中，科技创业领军人才通过创办企业，不仅创造了巨大经济效益，更重要的是建立了实现知识资本化的重要机制。而一些研究者也通过观察别的国家和城市，发现城市的生长质量和生长速度与技术型创业人才呈明显正相关（Glaeser，1992）。

---

① 王聪颖：《产业集群发展与创业人才孵化双螺旋模型与仿真研究》，华中科技大学博士论文，2011 年。

（二） 是产业乃至产业集群发展的关键力量

根据《国际创业观察》的跟踪研究，将新创企业数量作为观察世界各国经济增长的指标，发现新创企业数量与经济增长成正相关。万·思戴尔（Van Stel，2008）等学者发现现时代的科技型创业人才，通常富含丰富的知识并具备较好的创新能力，这些人才甚至可以代替大型企业的经济贡献。由上可见，科技创业人才对区域经济发展具有重要作用，如果进一步观察科技创业领军人才的价值和作用，则更加明显。拥有领先技术成果的创业人才能够实现将知识转化为资本，而且这是决定集群发展的关键力量（Feldman，2005）。观察每一个产业的生命周期，我们都无一例外地发现，在关键时点的产业拐点都是领军人才实现的，如果能够实现巨大创新变革，产业可以跨越衰退期，实现再次上升；如果不能，则产业将走向衰退期，连锁反应好似多米诺骨牌：产业边界范围出现萎缩，生产效率开始降低，人才纷纷流失，随时可能被替代产业取代。

（三） 以创新精神带领国家经济发展

从产业视角来看，在位企业在一定程度会出现产品固化、技术僵化、思维模式锁死的问题，壮士断腕似的自我毁灭式重生很难实现。产业内的新鲜视角和颠覆性思维，往往是新创企业，尤其是具备巨大创新力的新创企业。它们凭借自身的高价值创新成果，既可能是技术上颠覆了原有路径，也可能是商业模式上实现了颠覆创新，将整个产业带入新的发展轨道（Todtling Wanzenbock，2003）。熊彼特提出的"创造性毁灭"就已经论证了创业人才对产业跨越式重生的重要作用。而且在近两百年来，产业内的高比例创新均是由创业人才创造的（Baumol，2004）。

站在社会视角来看，中国社会尚没有形成良好的创新文化，这与以色列举国上下以创新为生命的文化不同。知识社会对创新强度和密度的要求更高，创新也将进一步拉开不同国家之间的经济差距。并非每一个创业者都具备创新精神，甚至可以说中国匮乏具备创新精神的创业者。大多数的创业者都是生存型创业，虽然解决了国计民生的基础生活问题，但是对推动整个社会创新文化形成，并无正向作用。唯有科技创业人才，尤其是科技创业领军人才才能极大地展示创新精神，并且通过他们的成功，给年轻人以正能量激励，逐步形成一个国家的创新文化生态环境。

（四） 发挥"头狼效应"

如科技创业领军人才内涵所述，所谓领军，并非自己卓越，更重要的是他们还能发挥团队引领和建设作用。领军人才除了创新性，往往还具备占优性、强抗压、攻克性等异质性特点，他们就好像是创新人才中的头狼，可以带领团队克服重重困难，坚持常人所不能坚持，创新常人所不能实现。在他们的带领下真正实现创新人才的"聚是一团火，散是满天星"。此外，如果我们观察公众心理，可知公众心理往往具有从众特点，如果我们在社会中形成宣传、培育、激励卓越人才的氛围，领军人才们作为行业翘楚，将更好地发挥号召力和凝聚力，公众也将积极向这些人才学习。[①]

第二节　扎根理论概要介绍及数据采集方法

在明确了科技创业领军人才的基础上，将进一步进行深度访谈，并根据扎根理论进行编码。本节将对扎根理论和数据采集方法进行介绍。

一、扎根理论概要介绍

1976 年，芝加哥大学的巴尼·格拉泽（Barney Glaser，1976）和哥伦比亚大学的安瑟兰·斯特劳斯（Anselin Strauss，1976），提出了扎根理论（Grounded Theory）。这一理论打破了质性研究缺乏系统研究方法和程序的困境，建构了一套系统化的逻辑性程序，并在此基础上运用归纳法，对调研访谈得到的现象进行进一步的分析，通过分析结果进行归类整理，建构理论模型，最终得到研究结果。这种方法既搭建了系统化过程，也实现了利用材料进行深度分析，根植于事实资料进行归纳分析，而不是靠研究者自己的经验进行逻辑推演。

（一）　扎根理论程序框架

如图 3-1 所示，扎根理论基于现实资料，对资料进行逐级深入分析。对原始材料进行三个阶段的编码方式，第一阶段，进行开放性编码（open coding），第二阶段，进行关联编码（relationship coding）或主轴编码（axial coding），第三阶段，生成核心编码（core coding），也叫选择性编码（selective coding）。

[①]　王捷民、付军政、王建民：《北京世界城市建设与高端人才发展：实践与对策》，载于《中国行政管理》2012 年第 3 期。

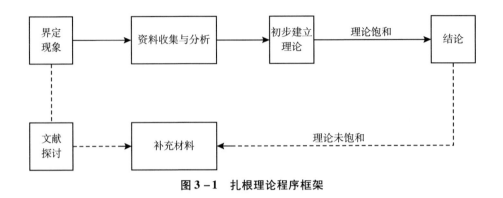

图 3-1　扎根理论程序框架

（二）　编码过程概述

1. 开放性编码

开放性编码结果主要来自文献资料。为了找到最能反映搜集资料本质的概念（concepts）和范畴（category），需要在资料和概念、范畴间不断地考查，同时，因媒介资料即时性特征，故直到最终结稿，资料都在不断地补充、归类、提取过程中。

2. 主轴编码

扎根理论方法主轴编码（axial coding）阶段的典范模型，包含了"因果条件（causal condition）、现象（phenomenon）、脉络（context）、中介条件（intervening condition）、行动/互动策略（action/interaction）、结果（consequence）"六个方面[①]。主轴编码是在做完开放性译码之后，借助所分析事件的现象、脉络、行动/互动策略、结果，把各范畴联系起来，通过标明彼此间的关系进一步挖掘范畴含义的有效措施。

3. 核心编码

核心编码（core coding）过程的主要任务：（1）识别出能够统领其他所有范畴的核心范畴；（2）用所有资料及由此开发出来的范畴、关系等扼要说明全部现象，即开发故事线；（3）通过典范模型将核心范畴与其他范畴联结，用所有资料验证这些联结关系；继续开发范畴使其具有更细微、更完备的特征。

上述步骤完成了理论雏形后，要用收集来的资料验证这个理论，才算真正完成了这个理论，在扎根理论使用过程中，一般使用原始资料对理论"深描"的过程来完成资料对理论的验证。

---

① Miles, M. B., Huberman, M. 著，张芬芬译：《质性资料的分析：方法与实践》，重庆大学出版社 2008 年版，第 132~135 页。

二、数据采集方法

为了更好地进行研究，笔者拜访了入选国家"千人计划""万人计划"、省部级领军人才里的科技创业人才 58 人，他们分别属于 3D 打印、信息技术、医药、智慧医疗智慧交通、互联网教育、互联网金融等二十余个细分领域，遍布北京、上海、天津、武汉、深圳、杭州、常州、广州、西安等二十余个城市，访谈目的是了解科技创业人才创新的内生和外生动力及保障，访谈时长总计 112 小时，访谈提纲见附录，整理出访谈文稿共逾 60 万字。此外，获得相关文献、文件、博文、个人日志、媒体访谈等资料近百万字。

为了确保数据完整性，笔者提出对访谈进行录音，为打消受访者的顾虑，笔者出具了具有法律效力的"保密承诺书"，郑重承诺：（1）访谈结束后整理的文稿和录音，需经当事者审核并同意用于研究；（2）访谈录音及整理文件不提供给任何第三方，也不得用于本研究之外的其他用途；（3）研究成果中不出现受访者个人信息及公司信息，也不能有可被联想到受访者的信息。基于上述承诺，大部分受访者同意了录音，部分受访者虽不同意录音，但是进行了充分交流和二次调研，上述工作确保了信息获取的完整性。

本部分研究严格按照经典扎根理论的数据处理程序进行编码，包括开放性编码、主轴编码、核心编码三个步骤。通过对访谈资料的充分开放性编码，获得自由节点 2218 个，经过裂解、概念化为 86 个概念（e1～e86），最终抽取 36 个范畴（E1～E36）。在采访到第 42 个访谈对象时，已经出现编码饱和，通过继续访谈余下 16 人，验证编码处于充分饱和状态，研究进入理论建构阶段[①]。根据研究中发现的核心范畴进行理论性编码，构建了科技创业领军人才创业动因模型。

第三节 科技创业领军人才创新创业编码

本部分研究基于初期整理的 160 万字材料进行数据处理，初期组建了解人才学理论和扎根理论的三名研究人员进行分析（包括笔者本人），对材料编码进行了一致性检验，一致率达 86% 后，采用经典模型进行分析，根据"因果条件—现象—脉络—中介条件—行动/互动策略—结果"进行主轴编码，将 36 个范畴进行继续归类、逻辑连接后得到一条证据链。进而识别出能够统领其他所有范畴的

---

① 贾旭东：《基于扎根理论的中国民营企业创业团队分裂研究》，载于《管理学报》2013 年第 7 期。

核心范畴，通过典范模型将核心范畴与其他范畴联结，验证其间的关系，并把概念化尚未发展完备的范畴补充整齐，同时将关系简明扼要表达出来，确立了核心编码。

一、开放性编码

对原始资料进行开放性编码，通过对相同或相近概念的初步整合后，获得自由节点2218个，经过裂解、概念化为86个概念（e1～e86），最终抽取36个范畴（E1～E36），如表3－1所示。36个范畴分别是：创造与把握机会（E1）、自我控制力（E2）、决断力（E3）、领导力（E4）、勤奋（E5）、意志力（E6）、喜欢挑战和冒险（E7）、独立自主（E8）、高成就动机与实现价值（E9）、创新思维（E10）、快速感知与反应（E11）、合作意识（E12）、询问与思考（E13）、传统文化传承与思想境界升华（E14）、专业素养（E15）、跨专业素养（E16）、持续学习（E17）、综合素养（E18）、人才与产业政策（E19）、金融制度（E20）、税务制度（E21）、国籍、户口、档案（E22）、知识产权（E23）、行政制度等（E24）、文化传统（E25）、道德伦理（E26）、社会资本（E27）、空气环境（E28）、水环境（E29）、土壤环境等（E30）、基础设施（E31）、人力资源（E32）、知识流（E33）、数据流（E34）、信息流（E35）、产业创新发展（E36）。

表3－1　　　　　　　　　　访谈编码部分内容举例

访谈原始资料（贴标签定义现象）	开放性编码		
	概念化（e）	范畴化（E）	
我也曾经经历过失败，但是这一次抓住了机会。（ee1）	发现机会（e1）创造机会（e2）抓住机会（e3）	创造与把握机会（E1）	能力物质（E1）
我发现市场对这一类计算机技术的应用还未开展，可以创造一个新领域，于是决定进入。（ee2）			
在美国，3D打印技术应用已经开展，我吸收了丰富经验，回国后发现中国3D打印产业还没培育起来，就利用经验进入这个产业并逐渐引领这个产业。（ee3）			
说起来凑巧，我是机缘结识了掌握石墨烯技术的院士，我快速介入这个领域，逐步开始了市场运作。（ee5）			
我其实不是教育领域的，我原先就是研究计算机技术的，发现了教育实践领域利用计算机技术进行虚拟仿真效果更好，就尝试进入这个领域，果然受欢迎，现在成了这个领域领军公司。（ee7）			

续表

访谈原始资料（贴标签定义现象）	开放性编码		
	概念化（e）	范畴化（E）	
机会都是给有准备的人，我觉得我之所以能把握住机会，是已经有了丰富的经验和对未来的潜意识判断，才在机会来时迅速抓住，先人一步。（ee8）	发现机会（e1）创造机会（e2）抓住机会（e3）	创造与把握机会（E1）	
因为前期大量积累，我觉得我具备一定的察觉能力，能把握产业发展态势。（ee9）			
对现有状况了解虽然重要，但是高科技行业更重要的是对未来的判断和把握。（ee10）			
做决定要控制冲动，要科学而谨慎。（ee33）	控制冲动（e4）情绪稳定（e5）拒绝诱惑（e6）	自我控制力（E2）	能力物质（E1）
不论是科研，还是经营企业，我认为保持情绪稳定都非常重要。（ee34）			
做企业不是自己一个人的事情，不能随意，更不能冲动。（ee36）			
面对压力时，我最大的优点就是保持稳定的情绪和战斗力，不让团队感到紧张。（ee38）			
经营中遇到过很多诱惑，似乎总可以看到其他更好的行业比我所在的行业好，如前几年的房地产，感觉自己苦心提高产品创新力也没那么大经济回报，但是我愿意在这个行业继续做下去，不受诱惑，努力提高企业产品创新度。（ee40）			
遇到过几次重大选择，我也很痛苦，但是痛下决心，证明决定都对了。（ee64）	痛下决心（e7）承担后果（e8）勇敢决断（e9）	决断力（E3）	
关键时刻，容不得犹豫，我来做决定，我来承担后果。（ee67）			
队伍前进中，需要有人拍板，大家都看着我，我没有犹豫和后悔的余地。（ee73）			
公司经营过程中，需要带领团队前进，凝聚力和决策力很重要。（ee98）	带领团队（e10）人才管理（e11）激励机制（e12）	领导力（E4）	
要善于发现人才，培养人才，激励人才，企业才会走得更长久。（ee102）			
采取合理的股权激励，对企业发展有好处。（ee106）			
面对危机要积极应对，带领团队灵活应变。（ee109）			

访谈原始资料（贴标签定义现象）	开放性编码		
	概念化（e）	范畴化（E）	
攻克技术产品难关时，我和团队在一起，夜以继日地干了半年。（ee112）	付出时间（e13）持续努力（e14）	勤奋（E5）	能力物质（E1）
我不是天才，我能成功，只是因为我更努力，一直不懈奋斗。（ee116）			
现在有句话说"你的时间花在哪里，你就成为什么样的人"，我觉得说得很对。我一直在信息技术方面持续学习和工作，付出比别人更多的时间，也在陆续取得一些成绩。（e120）			
未来如何，我现在说不好，但是我知道我会更加努力。（ee122）			
我相信"天道酬勤"，我不比别人更优秀，但是我比绝大多数人努力。（ee123）			
有一段时间，工作量大，每天只睡 3 个小时，保持旺盛的工作热情是我的法宝。（ee126）			
唯有努力拼搏，才有成功的希望。（ee128）			
经历了资金危机，裁员一半，心里很难受，但是熬过了当时的冬天。（ee133）	抗打击（e15）磨炼与成长（e16）	意志力（E6）	
为了钱，几乎每天都在见投资人，心里一遍遍算可以接受的估值，经历了很多打击，甚至想过放弃，但是坚持过来了。（ee140）			
经历了激烈的竞争，商战并不轻松，但是我们胜利了。（ee141）			
一直奔波，从未停止，不坚持就会失败。（ee142）			
哪有那么多幸运，都是磨出来的成功。（ee143）			
没有休息日，在最艰难的阶段，除了工作我似乎已经没有生活，但是必须坚持，一直坚持。（ee144）			
工作就是修行，在工作中磨炼，在工作中成长。（ee145）			
企业经营中遇到了很多我过去完全没有想到的问题，但是这反而激发了我的斗志。（ee146）	激发斗志（e17）喜欢挑战（e18）喜欢风险（e19）	喜欢挑战和冒险（E7）	
对于别人不看好的事情，我能坚持并为之努力，才取得了今天的成绩。（ee148）			
我喜欢挑战，做不好不放弃，要是没这股子劲，我早失败了。（ee149）			
风险伴随收益，面对风险，但是我更愿意寻求破解之道，成功之后，非常有满足感。（ee151）			

续表

访谈原始资料（贴标签定义现象）	开放性编码		
	概念化（e）	范畴化（E）	
不能把希望寄托在别人身上，唯有靠自己努力，持续不断地努力。（ee153）	靠自己（e20）自主决定（e21）	独立自主（E8）	能力物质（E1）
人脉和团队很重要，但是自己如果不努力，这些都没有用。（ee156）			
我不喜欢一味被他人束缚，我想自己做决定，为自己负责。（ee157）			
我做企业是为了实现小时候的理想，并不仅仅是为了赚钱。（ee161）	实现理想（e22）帮助他人（e23）取得成功（e24）报效祖国（e25）	高成就动机与实现价值（E9）	思维特征（E1）
我在美国的时候，有一天坐出租车，司机问我的行业，我说我是大夫，司机笑了，还说你们很有钱。我当时很受触动，我希望做出真正对民众有益的医疗产品，降低民众医疗负担，又真正解决问题，正好国家出台了千人计划政策，我就回来了。（ee163）			
我敬佩邵逸夫，他很有钱，但是他更是慈善家，我希望我能和他一样，靠自己的努力赚钱，然后帮助更多的人。（ee164）			
我想做些事情，证明我能行。（ee172）			
从小到大，我都是靠努力取得前排位置，这一次，我依旧希望取得更大成功。（ee178）			
我从美国回来做实业，就是想做对祖国有益的事情。（ee183）			
我想创造引人注目的成功，不仅是为我自己，也为全社会。（ee184）			
我有个梦想，通过最先进的医疗手段减轻患者痛苦。（ee186）			
我想唤醒教育的内生性，因此一直在努力，虽然这不是我能解决的，但是我想实现一点改变。（ee188）			
我想让自己的价值更大，我钻研出的这个产品，对环保非常有好处，但是科技成果转化中总是遇到问题，我后来决心干脆自己来做，把自己的科研转化为产品。（ee192）			

续表

访谈原始资料（贴标签定义现象）	开放性编码		
	概念化（e）	范畴化（E）	
我喜欢创新，喜欢突破现状。（ee202）	突破现状（e26）保持创新（e27）	创新思维（E10）	思维特征（E1）
产品不创新就不能持久生存，在创新上进行投入很重要，也很值得。（ee206）			
其实遇到困难是好事，因为这样我们才发现现在的不足，然后就会想如何解决，往往这时候就有了创新的视角和解决方案，有时会形成重大突破。（ee210）			
小时候大人说我喜欢稀奇古怪的东西，长大后正是这些稀奇古怪的想法让我取得了科研业绩，现在还是这些稀奇古怪的想法帮我不断创新企业运作方式，我很高兴我有这些稀奇古怪的念头。（ee216）			
要想不被跟风，必须保持创新，才能一直领先。（ee223）			
技术创新一直引领着公司发展，才保住了公司在产业的引领地位。（ee226）			
不创新不行，竞争非常激烈，必须不断创新不断进步。（ee230）			
没有当初的创新就没有公司的建立，因为创新一炮打响。（ee232）			
创新肯定成本高，但是未来发展趋势一定是创新才有可能真正发展。（ee235）			
技术创新和商业模式创新都很重要，公司发展过程中，两种创新交错，同时不断变革管理方式，才支撑了公司在产业内一路领先。（ee237）			
没有什么事比创新更重要，这毋庸置疑。（ee240）			
"春江水暖鸭先知"，必须快速感知市场动态，企业才能稳健发展。（ee245）	感知动态（e28）快速反应（e29）	快速感知与反应（E11）	
我是从芬兰回来的，诺基亚没落给我的影响很大，如果对市场发展不敏锐，墨守成规不可以，要不断搜索、认知竞争环境的变化，并快速做出反应。（ee249）			
信息搜集无论是在科研中，还是企业经营中都很重要。过去，我是大学老师，我喜欢参加国际一流学术研讨会，学习别人的前沿观点。现在，我自己创办企业，我还是喜欢参加行业内峰会，知道别的企业在做什么，了解未来发展走势非常重要。（ee256）			

续表

访谈原始资料（贴标签定义现象）	开放性编码		
	概念化（e）	范畴化（E）	
圈子很重要，共享资源，协作经营对企业有好处。（ee265）	共享资源（e30）开放合作（e31）	合作意识（E12）	
我很幸运，有几个鼎力支持的好朋友，在企业经营中给我很大帮助。（ee276）			
我回国前积累的人脉，在我回国后继续给我了很大帮助，这让我能够持续跟踪国际前沿（ee282）			
当我意识到仅仅靠自己的团队不行之后，我迅速找到了可以合作的优秀团队，我们一起合作攻克了技术难关。（ee286）			
现在的社会是开放的，必须合作，绝对不能孤立。（ee289）			
要是没有院士团队合作，我不可能这么顺利突破石墨烯量产的技术难题。（ee292）			
我喜欢问问题，不喜欢别人说什么就一定认为这是对的。（ee294）	习惯提问（e32）勤于思考（e33）	询问与思考（E13）	思维特征（E1）
可以肯定地说：学会思考比学会知识更重要。（ee296）			
我赞同稻盛和夫的做法，多问几个为什么，很多问题可以迎刃而解。（ee298）			
刨根问底是我的特点，很多困难是在这种方式下破解的。（ee301）			
看到的、听到的、学到的，都综合起来，仔细思考，综合权衡。（ee303）			
现在是知识爆炸年代，不会判别地学习，不会判断对错，不会真正消化吸收，知识反而成为负担。（ee305）			
白天工作太忙，但是每天晚上，我一定会拿出固定的时间，思考这一天的成败得失，考虑未来的工作计划。（ee307）			
没有思考的工作是一味蛮干。（ee309）			
"上善若水"，是我的信条。（ee313）	受传统文化影响（e34）提升自己（e35）	传统文化传承与思想境界升华（E14）	
商业社会不是谁算计得多，就能赢，我不喜欢算计，凡事应该"抱朴守拙"。（ee316）			
"未有知而不行者。知而不行，只是未知。"我信奉知行合一。（ee319）			
"故天将降大任于是人也，必先苦其心志，劳其筋骨，饿其体肤，空乏其身……"没人不知道吧？（ee321）			
"静以修身，俭以养德。非淡泊无以明志，非宁静无以致远。"当下社会更需要我们慎独。做企业不仅仅是为了盈利，还应修身，更应造福社会。（ee323）			
"心至苦，事至盛也。"曾国藩都这么说，我在困境中常常想起这句话。（ee327）			

访谈原始资料（贴标签定义现象）	开放性编码		
	概念化（e）	范畴化（E）	
我从小学习很好，进入专业领域后，也刻苦钻研，奠定了扎实的基本功，这对我很有帮助。（ee328）	技术领先（e36）专业知识丰富（e37）	专业素养（E15）	学识底蕴（E3）
在美国读博士的时候，我在 3D 打印领域学习了很多丰富知识，为创业做好了准备。（ee331）			
因为在激光领域掌握了前沿知识，才使我创业时对自己的产品充满底气。（ee336）			
我们公司是高新企业，我自己如果不在技术上过硬，是不能带领团队把握产品研发方向，并解决那么多困难的。（ee339）			
当然，我荣获过一些科技进步奖，这是对我专业能力的肯定，也是我创办企业的根基所在。（ee342）			
我能享受"千人计划"，回国创业，也是祖国看到了我在科研领域的成绩。（ee344）			
凭借对药学的偏执热爱与学习，终于在靶向抗癌药上取得了突破进展。（ee348）			
现在社会更需要 T 型人才，需要掌握多种专业知识。（ee351）	多专业知识（e38）	跨专业素养（E16）	
跨界学习帮助我开拓了新的思维方式，对我影响很大。（ee357）			
我本专业是学习信息技术的，我不懂经营管理，但是我通过学习和实践，正在努力提升自己这方面的能力。（ee363）			
快速进入一个领域，学习一个领域，并与原领域互通有无，可以带来新的创新。（ee367）			
只有拥有真才实学，才能做一个好的公司掌舵人。所以，我一直坚持不懈地学习。（ee369）	坚持不懈学习（e39）	持续学习（E17）	
要锲而不舍地勤奋学习，跳出书本和现实的束缚，将知识与现实社会更好地结合。（ee373）			
现代社会竞争激烈，只会自己原有专业知识已经远远不够，还需通过不断地学习掌握更多的其他领域知识。（ee379）			
我原先虽有拥有不少科技成果，大家高看我，说我是技术专家，可是要想保持优势，我必须一直坚持学习。（ee381）			
要学习的知识、经验很多，必须一直保持旺盛的学习精力，不然就会被淘汰。（ee383）			

续表

访谈原始资料（贴标签定义现象）	开放性编码		
	概念化（e）	范畴化（E）	
我喜欢音乐，可以陶冶情操，也能减缓压力。（ee387）	音乐素养（e40）美术素养（e41）体育素养（e42）其他人文素养（e43）	综合素养（E18）	学识底蕴（E3）
我能画画一整天不吃不喝，这对我是很好的放松。（ee391）			
我经历过一次创业失败，那时依靠高强度体育锻炼，排汗减压，释放多巴胺，让自己保持亢奋。（ee393）			
我虽然不是很会画画，也未必会欣赏，但是我喜欢看，尤其是水墨画，能从里面获得很多启示。（ee397）			
摄影是我的爱好，偶尔会挤出时间，扛起"大炮"去拍摄。（ee403）			
最喜欢滑雪和游泳，既放松也锻炼了身体，为"革命"保有本钱。（ee407）			
喜欢中国书法，自己也会写写，虽然写不好，但是喜欢写的意境。（ee411）			
喜欢茶道，不仅是因为品茶，更喜欢那种感觉。（ee413）			
我会弹钢琴，在欧美很多人都会，我们国家我这一代人会的不多，我是在法国期间学习的，觉得受益匪浅。（ee415）			
对战略新兴产业扶持的政策很有必要，企业发展初期还是很需要这些政策的。（ee417）	产业政策（e44）人才政策（e45）政策执行效力不高（e46）	人才与产业政策（E19）	正式制度（E4）
我在美国看到"千人计划"的政策，说实话，很动心，所以下了决心回来做些实事。（ee420）			
政策挺好的，可是有时却并没有真正执行，很苦恼。（ee423）			
我最终选择杭州，有一个原因就是觉得这里的政策有吸引力。（ee427）			
中关村对回国人员提供的最新的"绿卡"政策解决了我大麻烦。（ee449）			
资质认定后可以享受一些政策，但是似乎要排队。（ee463）			
就算符合条件，也未必可以享受政策，还是有灰色地带吧。（ee477）			
领军企业也许不需要政策，但是新创企业，如果有好技术却缺钱，还是渴望政策适度扶持的。（ee539）			
政策效力不高，有时提供的不是真正解决发展的真政策，噱头多了一点。（ee573）			

续表

访谈原始资料（贴标签定义现象）	开放性编码		
	概念化（e）	范畴化（E）	
缺钱似乎在每一个阶段都存在，但是贷款渠道和方式明显不足。（ee647）	需要融资 （e47） 融资渠道不丰富（e48） 不了解融资渠道（e49）	金融制度 （E20）	正式制度 （E4）
针对高新技术的专门贷款方式不够。（ee651）			
今年很难拿到风险投资，似乎大环境并不是很好。（ee703）			
因为融资渠道不丰富，我身边几个企业最后都是借助股权融资。（ee755）			
有时间即便出了一些新的金融贷款方式，企业知道得也特别晚，比如供应链金融，我好久才搞清楚是怎么回事。（ee757）			
国家对各式各样的融资渠道管控还是很严的，有的时候限制了企业发展。（ee819）			
很多金融贷款利率太高，实体发展太艰难了。（ee862）	税负高 （e50） 缴税流程有待改进（e51）	税务制度 （E21）	
税金压力大，很大。（ee904）			
有时候交税流程不合理，限制了企业发展。（ee965）			
最近出了个"死亡税率"的说法，不管是否全对，但是企业交税压力真的很大。（ee999）			
我从国外回来后，没想到个人所得税这么高。（ee1092）			
加计扣除退税政策挺好，但是太麻烦，能否简便一些。（e1125）			
我因为一些原因留在了国外，一直思念祖国，现在回来了，但是现在发现国籍是个障碍，很多事不方便。（ee1138）	绿卡制度开放 （e52） 户口限制 （e53） 档案 （e54）	国籍、户口、档案（E22）	
能不能双国籍制度。（ee1153）			
我真的强烈呼吁更好的中国绿卡制度。（ee1178）			
我入了法国籍，但是每次回祖国，签证费用都不低，手续也不是很简便，这些都是穿梭两国的成本。（ee1209）			
户口对于我而言很麻烦，因为涉及孩子上学问题，上小学各种限制很多，我的一些员工最终还是没有办理成功孩子上学问题，最后离开了北京，我很沮丧。（ee1212）			
档案有人才中心管理，没大影响，但是户口还真的重要，没户口，很多地方受牵扯，孩子上学啊、车牌啊、买房子啊，都不行。（ee1246）			
大城市的压力我能理解，团队建设很重要，但是现在因为户口问题，团队建设非常受阻。（ee1214）			

续表

访谈原始资料（贴标签定义现象）	开放性编码		
	概念化（e）	范畴化（E）	
创新现在压力大，好不容易创新出来了又被抄袭了。(ee1216)	知识产权保护（e55）知识产权融资（e56）知识产权置换股权（e57）	知识产权（E23）	正式制度（E4）
中国有部分企业在做山寨产品，这不利于创新。(ee1224)			
知识产权到底如何保护真的需要国家好好关注。(ee1237)			
我不申请知识产权，感觉还不被人关注，可以悄悄研发推出新产品，我一旦申请了知识产权保护，怎么感觉反而会被快速模仿了。(ee1244)			
我们是科技型企业，没有那么多固定资产，现在的融资制度不够健全，用知识产权融资难度太大。(ee1232)			
能不能多些科技成果融资渠道呢？(ee1234)			
我很发愁融资，但是我就是有这么多专利，也不能抵押融资。(ee1242)			
我是信息产业，有很多独有软件著作权，但是这些都不能提高银行贷款的信用评级。(ee1247)			
吸引人才加盟时，以人才专利入股能否给些政策优惠。(ee1264)			
软件著作权如何置换股权，我搞不太清楚。(ee1278)			
一站式服务挺好的，但是有时候不能提前获知到底需要多少手续，为了准备手续还是多跑了几次。(ee1301)	行政效率（e58）行政制度（e59）其他制度（e60）	行政制度等（E24）	
希望行政窗口办事效率高一些，有时真的太慢了。(ee1377)			
我是辽宁人，一开始在辽宁做企业，啊，真的不行，关卡太多，所以我后来迁到了北京，行政效率等改善很大。(ee1419)			
孩子的教育问题很重要，但是北京没有户口，现在入学还很麻烦。(ee1424)			
养老保险制度对我而言很重要。(ee1507)			
深圳办事效率很高，有国际化味道，就是房价上涨太快，带来较大成本压力。(ee1536)			
上海这里各方面都很不错，我可以找到合适的团队，办事国际化，政府也很支持。(ee1543)			
中关村办事效率高，这节约了很多成本。(ee1549)			
老百姓还是会遇到求诉无门的情况，很无奈。(ee1553)			

续表

访谈原始资料（贴标签定义现象）	开放性编码		
	概念化（e）	范畴化（E）	
现在的环境对创业越来越包容，失败了也压力小了一些。（ee561）	对失败的态度（e61） 个人诉求表达（e62） 对创业的态度（e63） 对个人身份的认可（e64）	文化传统（E25）	非正式制度（E5）
我老家是东北的，感觉还是南方对经营企业更有热情，更鼓励和支持。（ee1567）			
家里老人还是认为"吃皇粮"好，对我创业不是非常支持。（ee1573）			
我感觉原先当教授时，比现在创业更受尊重，更有社会地位。（ee1582）			
美国人总是特别爱表达自己观点，追求个人价值的实现，回国后感觉差别很大。（ee1589）			
一开始创办企业时，觉得几个一起创业的伙伴是哥们儿，所以给了很高的位置，但是随着企业发展，他们的水平限制了公司发展，但是不好动摇他们的地位，我很被动。（ee1593）	人情世故（e65） 无法纯商业逻辑（e66）	道德伦理（E26）	
在中国，纯粹的商业逻辑，不考虑人情世故，根本行不通。（ee1601）			
一些人认为企业家都不道德，值得他们"劫富济贫"，我想不通。（ee1607）			
慈善捐款是好事，为什么总是被质疑和加以各种莫名的想象。（ee1613）			
有政治关联最重要，很多事可以不受刁难。（ee1621）	政治关联（e67） 圈子与人脉（e68） 各类资源（e69）	社会资本（E27）	
办企业一个非常重要的事情，就是找各种人脉。（ee1627）			
无论是企业经营初期，还是后面，资源都太重要了。（ee1631）			
其实国外也一样，没资源是会受制约的。（ee1645）			
企业发展大了后，需要更雄厚的资源支撑发展。（ee1657）			
雾霾对身体伤害这么大，希望国家能拿出更多的治理办法来，不然越来越多的人才因为雾霾迁移其他城市了。（ee1674）	雾霾（e70） 空气质量（e71）	空气环境（E28）	生态环境（E6）
我把儿子送去美国了，我自己在国内创业，空气质量太差，不可逆转的伤害。但是家人都不在身边，我有时在经营企业过程中会过度焦虑。（ee1682）			
水质不好，没有别的好办法吗？（ee1719）	水质（e72）	水环境（E29）	
必须用净水器，水质真的不放心。（ee1734）			
土壤也污染了，没有真正的绿色食品。（ee1749）	食品质量（e73） 土壤污染（e74）	土壤环境等（E30）	
中国人每天面对着各种污染，值得重视。（ee1755）			

续表

访谈原始资料（贴标签定义现象）	开放性编码		
	概念化（e）	范畴化（E）	
企业发展对周边的基础设施还是有要求的。（ee1763）	交通（e75） 物流设施 （e76）	基础设施 （E31）	
现在交通不太便捷，堵车太厉害，是个麻烦事。（ee1787）			
现在对物流设施的需求在增长。（ee1797）			
急缺高技能产业工人啊。（ee1803）	高技能工人 （e77） 团队建设 （e78） 各类人才 （e79）	人力资源 （E32）	
人才是第一生产力啊，人人都知道。（ee1852）			
国际化人才供给还是不足，国际业务很需要这些人。（ee1867）			
有人才就有希望，如何建设团队，发展团队，我一直很在意。（ee1901）			
可以找到科研互补，能结成联盟的企业最好。（ee1945）	科研互补 （e80） 创新协同 （e81）	知识流 （E33）	产业基础 环境（E7）
现在很多时候感觉，产业链之间断裂，一个重要原因就是，关键知识没有相互链接，各自为战。（ee1951）			
形成创新网络，各自贡献力量，企业才能协同发展。（ee1967）			
未来世界是数据世界，尤其基于互联网创新的企业，对大数据非常敏感。（ee1973）	大数据 （e82） 数据世界 （e83） 数据标准 （e84）	数据流 （E34）	
我相信，以后产业内的数据流动、储存，将左右整个产业的发展。（ee1981）			
得数据者得天下，不能再像传统产业那样发展，必须同时关注数据问题。（ee1992）			
数据标准需要尽快制定，否则将来不好统一。（ee2003）			
商战就是信息战，信息闭塞的话，加大风险。（ee2031）	信息交流 （e85）	信息流 （E35）	
有几个合作伙伴，经常互通消息，对发展有好处。（ee2118）			
基因工程市场化从无到有，发展迅速。（ee2137）	产业化 （e86）	产业创新发展 （E36）	
离石墨烯产品多样化批量柔性生产还有段距离，但是已经比当初进步太多了。（ee2169）			
VR技术实现起来有了一定基础，产业化也在稳步推进。（ee2197）			
经过大家努力，3D打印这个产业得到了快速发展。（ee2218）			

二、主轴编码

在完成开放性编码之后，将借助所分析事件的现象、脉络、行动/互动策略、结果，把各范畴联系起来，通过标明彼此间的关系进一步挖掘范畴含义的有效措施。本部分采用经典模型进行分析，根据"因果条件—现象—脉络—中介条件—行动/互动策略—结果"进行主轴编码。本研究将 36 个范畴进行继续归类、逻辑连接后得到一条证据链，如图 3－2 所示。

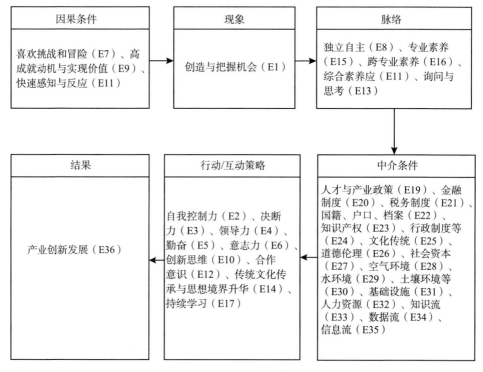

图 3－2　主轴编码链条

（一）因果条件

在整个链条中，因果条件作为起点，说明了事件发展的条件、动因。而近三十年来，探索明确创业者、企业家的原动力（动因）成了理论界着迷的一个话题，从特质论到认知论，理论和实践界不断得到一些答案。布罗克豪斯（Brockhaus，1980）、博兰（Borland，1975）、麦克利兰（McClelland，1969），都试图从个体特征上入手区分创业者与其他人的区别，如具有强烈的价值实现动机等。

取得了一定进展，但是效应有待进一步提高。基于此，布森尼茨、韦斯特和谢波德（Busenitz, West and Shepherd, 2003）提出了创业者认知过程和行动机理[①]。对创业者原动力和成长过程的理论，从特质论到认知论，给我们当下的研究提供了越来越多的研究基础。

总结国内外文献，可以得到科技创业领军人才创业动因归类，如表 3 - 2 所示。

表 3 - 2　　　　　　　　　科技创业领军人才创业动因归类

范畴	具体类别	学者（年份）
快速感知与反应	创业需快速感知	麦克格拉斯和麦克米兰（Mcgrath and MacMillan, 1992）
喜欢挑战和冒险	控制欲、表现欲	詹金斯和约翰逊（Jenkins and Johnson, 1997）
喜欢挑战和冒险	女性呈现相对"内在稳定"创业倾向，而男性更加"外显稳定"创业倾向	盖特伍德（Gatewood, 1995）
喜欢挑战和冒险	A 型性格	麦克利兰（McClelland, 1969）
高成就动机与实现价值	实现价值	布罗克豪斯（Brockhaus, 1980）
高成就动机与实现价值	高成就动机	博兰（Borland, 1975）

基于如上总结，本书将访谈的资料进行内容分析，通过编码、概念化和范畴聚类深度探索科技引领性人才所具备的异质性素质和特征，其中与因果条件相关的范畴包括：喜欢挑战和冒险（E7）、高成就动机与实现价值（E9）、快速感知与反应（E11）。这些恰是科技创业领军人才进行创业的动机。旨在对今后的资本社会过渡为智本为王的知识社会有所启示，同时在人才管理实践中为科技创业领军人才的识别、评价与培养提供理论依据。

（二）现象

现象是针对核心地位的观念、事件、事故，采取的一组行动或互动。在明确了创业原动力基础上，需要进一步梳理事件现象，可以看出原动力是根基，而创造与把握机会（E1）则是由原动力触发的行动。蒂蒙斯和斯皮内利（Timmons and Spinelli, 2004）提出了经典的蒂蒙斯创业过程模型。这个模型受到了广泛认可，也揭示了创业过程的关键要素。蒂蒙斯创业过程模型以机会驱动点，将市场

---

① 苗青：《基于规则聚焦的公司创业机会识别与决策机制研究》，浙江大学博士论文，2006 年。

需求作为创业过程中探寻创业机会的基础,进而结合市场结构和市场规模深入观察和实践,目标是实现企业价值创造。而创业者作为创造和寻找创业机会、集聚和配置经营资源、管理和建设团队的灵魂人物,主导着整个创业过程。通过这个模型,可以看出,我们将创业机会单独强调出来,置入创业过程中进行脉络梳理,具有重要意义。创造和把握创业机会,既是一项重要能力,也是一个不可或缺的创业关键过程。

虽然创业决策(effectuation)理论认为创业充满了不确定性,创业者有时并不是辨识到了机会才开展行动(Sarasvathy,1986),但是通过对科技创业领军人才的访谈,我们可知这一类人群对机会的辨识、对未来的判断具有很强的把控力。他们基于自身异质性特征的强大积累和储备,在辨识机会的基础上把握机会,甚至是主动去创造机会,以提高成功概率。

创业机会识别的理论基础可以追溯到奥地利经济学派理查德·坎蒂隆(Richard Cantillon)和卡尔·门格(Carl Menger),其提出的资源异质性与可选择性理论,指出了创业存在机会的差识别性和异性。经济学家奈特(Knight,1921)指出,创业研究应搞清楚风险和机会,创业者所处的经营环境复杂且富有风险性,优秀的创业者能从这样的环境中做出正确决策[1]。熊彼特(Schumpeter,1950)则将创业者视为利用机会进行生产要素的创新组合,提高成功率[2]。经济学家柯兹纳(Kirzner,1979)首次指出创业本质就是创业者凭借自身对经济环境的敏锐觉察发现经济机会,并将经济机会进行开拓和付诸实践,寻求超额利润[3]。三位学者的经典观点反映了机会识别与创造在创业中的重要性。

需要明了的是,机会的识别和创造,并不仅仅发生在创业初期,而是贯穿企业整个生命周期。企业的每一步成长,环境都在发生改变,信息也随之发生变动,企业经营的风险可能在确定和不确定之间反复交错,这些都对创业者、企业家的个人成长提出了新的挑战。每一个新的决策都蕴含着对机会的识别和把握,都意味着对资源的整合与再配置,也伴随着创新的演进迭代。总而言之,机会识别是创业过程的一个关键阶段(Ventakaraman,1997;Gaglio,1997;Hills,1995)。阿蒂驰威利(Ardichvili,2003)从创业者的角度界定了机会识别的重要性,认为识别和选取正确的创业机会是成功创业的重要过程,如表3-3所示。

[1]　Risk K F, "Uncertainty and Profit", Houghton Mifflin, 1993, 35.

[2]　Schumpeter J, "The Theory of Economic Development", Oxford University Press, 1993, 128-156.

[3]　Kirzner I, "Competition and Entrepreneurship", University of Chicago Press, 1973, 24.

表 3 – 3 创业机会举例

创业机会特点	潜在机会
利用能力破坏型创新	在位企业的经验、资产和流程受到威胁
在位企业主流客户不关注的需求	在位企业故步自封
建立在独立创新的基础上	创业企业发现需求，积极创新满足需求
存在于人力资本中	关键知识员工能够创造满足市场需求的产品和服务

资料来源：Baron 和 Shane（2005）。结合中国企业特点和论文概念界定，表格名称及部分实例做了局部调整。

（三） 脉络

脉络是行动或互动策略之所以发生的一组特殊条件，是现象的一些特定性质。在企业经营过程中，会遇到一些重要因素影响决定，也会因为企业家自身的特质决定经营事件的走向。

回到当下研究中来，让资本社会过渡为智本为王的知识社会，需要对智本的载体进行深入研究，本书选择了更加凝缩的科技创业领军人才视角，希望在探索这类人才异质性特质和行为特征的基础上，剖析如何更好地发挥他们的智本，创造更大的价值。我们知道科技创业领军人才，是建设创新型国家的主力军，他们的成功不仅仅是自己的成功，可以孵化带动一大批人，可以推动一个产业的发展，可以形成一个良性的创新氛围。基于当下中国情境下，运用扎根理论获得中国科技创业领军人才具备哪些异质性思维和行为特征，这些异质性思维和行为特征又是如何成为人才创新创业的内生动力。如果我们呵护好人才的内生动力，同时结合外生动力和保障，将塑造良好的环境氛围激发人才活力，将在全中国形成共生效应、累积效应和师承效应（宋成一，2011）。通过访谈，并结合调查资料，我们将脉络梳理为：独立自主（E8）、专业素养（E15）、跨专业素养（E16）、综合素养（E18）、询问与思考（E13）。

（四） 中介条件

中介条件是一种结构性条件，是有助于或抑止现象发展的要素。通过访谈，可知如下因素影响了现象发展脉络：人才与产业政策（E19）、金融制度（E20）、税务制度（E21）、国籍、户口、档案（E22）、知识产权（E23）、行政制度等（E24）、文化传统（E25）、道德伦理（E26）、社会资本（E27）、空气环境（E28）、水环境（E29）、土壤环境等（E30）、基础设施（E31）、人力资源（E32）、知识流（E33）、数据流（E34）、信息流（E35）。

政策是政府主体对资源吸引、集聚、配置的杠杆，是优化资源、优化经济发展结构的重要手段。虽然在调研中，有人指出政策对企业发展起到了推动作用，但是也有人反馈政策执行效能有待进一步提高。关于政策效能，国内外研究成果丰收，如威廉（William N. Dunn，1993）认为政策效能评价是进行执行效果和预期设想之间的比较，如果存在差异，则可以据此进行修正和提升。

戴维（David Euston，2008）则认为必须进行积极的政策效能评估，以此为政府这一公共政策制定主体提供有效"反馈"。霍斯（E. R. House，2001）指出对政策效能评价时要保证真实性，同时强调公正性。在政策中，反复被领军人才强调和指出的政策和制度包括：人才与产业政策（E19）、金融制度（E20）、税务制度（E21）、国籍、户口、档案（E22）、行政制度等（E24）。而其中最为重要的是人才与产业政策（E19）、金融制度（E20）、税务制度（E21）、知识产权（E23）。因为政策效能对推动人才和产业发展具有重要作用，也影响了智本为王的知识社会的形成。本书会在后面对政策效能、金融制度、税务制度进行深入研究。

在调研中，文化传统（E25）与道德伦理（E26）对是否决定创业，放弃现有身份和地位，对周围人群如何看待创业者都有重要影响。此外，这些因素也影响了企业经营的后续环节，如有访谈者就提道：因为"情谊"而提拔"哥们儿"，却也因此制约了企业发展。中国的文化传统与道德伦理，对企业发展的影响存在潜移默化的影响，这些文化与伦理是否利于智本为王的知识社会的形成，如何进一步改进，都是重要的研究内容，但是因为研究内容宏大加之时间有限，本书仅就与文化和伦理紧密相连的社会资本（E27）进行深入研究。社会资本在中国社会有着十分重要的影响，人脉、圈子、中国式关系的重要性甚至可以说"世界闻名"。因此，本书后面将针对此进行详细研究。

此外，空气环境（E28）、水环境（E29）、土壤环境等（E30）、基础设施（E31）、人力资源（E32）、知识流（E33）、数据流（E34）、信息流（E35）这些也是领军人才们反复提到的内容。这些因素都在不同角度影响了事情发展轨迹，是不能忽略的中介条件。

（五）行动/互动策略

行动/互动策略是针对某一现象在其可见、特殊的一组条件下所采取的管理（manage）、处理（handle）及执行的策略。通过调研得知，在企业经营过程中，企业家在遇到各类机遇和问题时，通过自己独特的能力和方式进行了处理。这些独特的能力和处理方式包括：自我控制力（E2）、决断力（E3）、领导力（E4）、勤奋（E5）、意志力（E6）、创新思维（E10）、合作意识（E12）、传统文化传承与思想境界升华（E14）、持续学习（E17）。

我们可以看出，正是这些异质性能力和处理方式，帮助企业不断成长。例如，自我控制，不止一个企业家指出控制情绪、控制事情走向是一个重要能力。此外，面对危机时，良好的决断力、意志力、领导力都是重要的能力。

在这些行动/互动策略中，尤为重要，也是科技创业领军人才与很多企业掌门人不同之处：创新思维和持续学习。这是科技创业领军人才尤为重要的异质性特质，他们因这些特质决定了企业发展的创新模式不断迭代和演进。正是学习和创新，推动了中国一批企业快速发展，这些企业甚至赶超世界在位企业，成为国际一流企业。当今社会竞争激烈、职业迭代加速、信息网联迅猛，中国亟须的就是在创新上大有作为的人才和企业。这也是本书最终遴选科技创业领军人才为研究切入点的一个原因。

（六）结果

推动产业创新发展（E36）是事件发展的结果。因为科技创业领军人才价值创造的巨大外部性，领军人才创业不仅仅是发展了一个企业，而是推动了一个产业的发展，甚至是创造了一个战略新兴产业。在整个产业发展过程中，智本得到了极大地发挥与转化，推动了智本为王的知识社会的建立。这是主轴编码链条中最后的结果环节。我们可以将这一链条进行简化，并看出由科技创业人才推动了产业发展，这个过程融合了大量的创新迭代，并最终助推建立智本为王的知识社会。

三、核心编码

在这一阶段，将识别出能够统领其他所有范畴的核心范畴，通过典范模型将核心范畴与其他范畴联结，验证其间的关系，并把概念化尚未发展完备的范畴补充整齐，同时将关系简明扼要表达出来。

遵照这一原则，确立核心编码流程如图3－3所示。

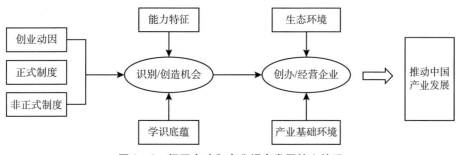

图3－3 领军人才和产业耦合发展核心编码

核心编码中，将36个范畴进行了再抽象归类，形成了如下核心范畴：创业动因、能力特质、学识底蕴、识别/创造机会、创办/经营企业、正式制度、非正式制度、生态环境、产业基础环境、推动中国产业发展。

其中，创业动因包括了：喜欢挑战和冒险（E7）、高成就动机与实现价值（E9）、快速感知与反应（E11）；能力特征包括：独立自主（E8）、询问与思考（E13）、自我控制力（E2）、决断力（E3）、领导力（E4）、勤奋（E5）、意志力（E6）、创新思维（E10）、合作意识（E12）、传统文化传承与思想境界升华（E14）、持续学习（E17）；学识底蕴包括：专业素养（E15）、跨专业素养（E16）、综合素养（E18）；正式制度包括：人才与产业政策（E19）、金融制度（E20）、税务制度（E21）、国籍、户口、档案（E22）、知识产权（E23）、行政制度等（E24）；非正式制度包括：文化传统（E25）、道德伦理（E26）、社会资本（E27）；生态环境包括：空气环境（E28）、水环境（E29）、土壤环境等（E30）；产业基础环境包括：基础设施（E31）、人力资源（E32）、知识流（E33）、数据流（E34）、信息流（E35）。在主轴编码中重点介绍过的内容，这里不再赘述，本部分仅就未详细介绍的内容进行分析。

（一）能力特征

能力特征包括：独立自主（E8）、询问与思考（E13）、自我控制力（E2）、决断力（E3）、领导力（E4）、勤奋（E5）、意志力（E6）、创新思维（E10）、合作意识（E12）、传统文化传承与思想境界升华（E14）、持续学习（E17）。在这些异质性特征中，科技创业领军人才与一般的创业人才相比，在创新思维、持续学习方面更加具备突出优势。这些特点有如融入了他们的血液中，从小到大的各个成长阶段都发挥了重要作用。如果我们在社会建设中，通过各种政策、氛围的营造，让这种特点成为更多人，甚至是全民族的特点，中国毋庸置疑将成为世界上最先进的创新型国家，成为具有强大生命力的智本为王的知识社会。

放眼看世界，这样的例子并不是不存在，以色列这个全民创新创业的国度正在向国际社会展现他们巨大的生命力。以色列教育部长说："以色列是一个专门出口天才的国度"。创新创业是整个以色列民族从小到大都在关注和实践的事情。人们常说："犹太人在家里打个喷嚏，世界上多数银行都将感冒。"同样，还有瑞士、芬兰等国土面积上的"小国"、创新型的知识强国。当然，我们站在中国当下情境下，考虑的绝不能仅仅是如何向这些国家学习，而是应该在学习的基础上，发挥中国的独有优势，超越以色列，建设更强大的创新型国家。

（二）正式制度

经济学、政治学、社会学几个领域均对制度有所关注，并各有侧重。制度经济学派将制度分为正式制度和非正式制度，本书正是参考这一划分方式进行研究。正式制度是指人们有意识地创造的、正式的、由成文的相关规定构成的规范体系，它们在组织和社会活动中具有明确的合法性，并靠组织的正式结构来实施。

根据访谈资料，可以看出领军人才们对很多正式制度存在困惑，这些制度也或支持或制约了他们的发展。经过资料整理，可以看出最受关注的几项正式制度包括：金融股权制度，税务税权制度，知识产权制度，人才政策、国籍、户口、档案、行政制度，等等。这些正式制度如何约束、如何激励人才发展，如何促进智本转化为生产力，是本书的研究重点。本书将在后续研究中根据调研反馈出的实际问题，采用规范研究与实证研究相结合的方式，对调研中认为最为重要的三项正式制度开展研究，这三项正式制度是：金融股权制度、税务税权制度、知识产权制度。因为时间和能力所限，不再针对其他正式制度进行深入研究。

（三） 非正式制度

非正式制度是指人们在长期交往中无意识地形成的、不成文的、指导人们行为的道德观念、伦理规范、风俗习惯等。非正式制度对于正式制度发挥着支持、补充等作用，因此不能忽视非正式制度的作用。通过调研，可知领军人才认为非正式制度中最重要的是：文化传统、道德伦理与社会资本。

皮埃尔·布迪厄（Pierre Bourdieu，1972）把资本划分为三种类型：经济资本、文化资本和社会资本，这也恰与本书的访谈结果相一致。其中，社会资本是指个体或团体之间的关联，这些关联包括：社会网络、互惠性规范和由此产生的信任，是社会成员在社会结构中所处的位置给他们带来的资源。这也从一个角度印证了当下的中国情境中，"中国式关系"在人才发展、社会运行中发挥了重要作用，有社会资本的人往往更容易获得资源，相对容易走向成功，缺乏社会资本，仅仅靠人力资本会有所掣肘。自20世纪90年代，社会资本理论就受到了理论界的持续关注和研究，欧美国家学者指出社会资本从某种视角下暴露了社会矛盾的根源，并因此提出了通过优化社会资本推动政治经济发展的改革方案，由此诞生了著名的"第三条道路"理论。结合调研情况，本书将就这一重要问题进行深入研究。因为时间和能力所限，不再针对其他非正式制度进行深入研究。

（四） 生态环境

雾霾、水质、土壤、食品，这些问题都成了当下关乎国计民生的重要问题。在调研中，科技创业领军人才也同样对这些问题颇为关注，尤其是海外回流的人才，频频提到这些问题。随着人们物质生活水平的提高，对生活质量的要求也不断提高。新一代高知识社会阶层的收入稳步上升，网络发达带来的信息快速交换，交通便利带来的工作圈扩大，都为拥有宝贵智本的人才迁徙提供了便利，从国内迁徙到国际移民，人才的流动有了更加丰富的选择空间。而这，也为中国的发展带来了新的挑战。但是，由于这一问题涉及范围之庞大，也因为时间和能力所限，本书不再针对此部分进行独立章节研究。

（五）产业基础环境

通过调研，得知科技创业领军人才最关心的产业基础环境包括以下内容：基础设施、人力资源、知识流、数据流、信息流等。在科技创业领军人才步入创业阶段后，其后的每一个生命周期，都会与产业基础环境发生紧密联系。产业基础环境既可以孵化培育一个企业，又可以制约限制一个企业。因为本书是基于人才与产业耦合发展的视角进行智本为王的知识社会建构，所以，后面将通过独立章节研究，来构建多元动态产业平台，以此推动产业基础环境发展。

第四节　科技创业领军人才创新创业过程模型构建

扎根理论是从丰富的过程分析之中发展出来的动态理论，来捕捉社会现象里片断地行动或互动，并将之形成具有解释效力的理论，扎根理论分析流程才完整。基于上述构建科技创业领军人才创新创业过程的理论模型，从三个不同视角对模型进行了观察和分析：企业成长视角、资源配置视角和制度保障视角。进而将上述三个视角进行耦合分析，指出应打破中国式阶层和关系导致的资源配置"内卷化"困境，对智慧权力给予放权和规权，同时根据调研提出了领军人才最重视的三个涉及利益分配的外生动力及保障制度：金融股权、知识产权和税务税权。

一、建构理论模型

本书在开放性编码、主轴编码和核心编码完成之后，进入理论模型建构阶段。综合所有资料，进行了理论模型构建如图3-4所示。

二、模型分析

仔细观察图3-4中的科技创业领军人才创新创业理论模型，会发现在这个模型中有三条主线：第一条是企业经历的成长阶段；第二条是企业发展过程中均需要获得资源，同时以不同方式运作这些资源，获得不同价值；第三条是非正式制度和正式制度在企业发展不同阶段中贯穿始终，从未缺失。

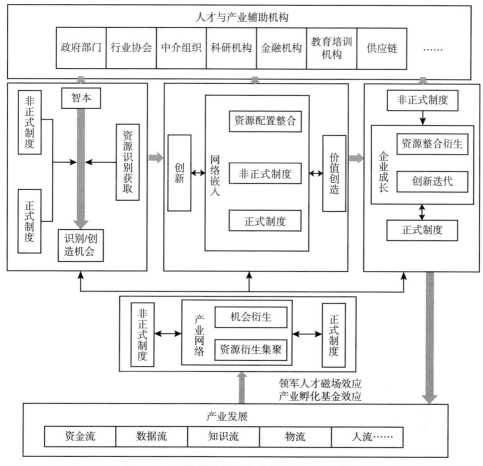

图3－4　科技创业领军人才创新创业理论模型

（一）企业成长视角

通过识别或创造机会，科技创业领军人才发现了潜在商业领域，试图进入这一领域从而嵌入产业网络，这一阶段开始步入企业生命周期中的萌芽期。领军人才创办的企业（下面用新创企业代替）通过突破性创新开始了创业之旅，逐渐嵌入了产业网络，新创企业不断与产业内其他企业或周边产业企业相互合作，进行复合价值创造。至此，不仅推动了企业自身发展，也通过企业的独有技术撬动了产业新领域拓展，甚至是开始创造了一个新的产业，这一阶段开始步入企业生命周期中的成长期。与大量存在的小微企业不同的是，新创企业即便体量还不够大，也会在随后的成长过程中，尝试创新迭代，实现创新模式的逐步演进，可以说企业成长与创新相互耦合，彼此交织不曾懈怠，这一阶段往往是企业生命周期里的快速成长期。随着企业成长，会面临更多复杂问题，包括行业内竞争加剧、模仿者快速跟进、原有创新利润空间被挤压、替代产品开始出现，等等。这些逐渐推动整个产业进入了成熟期，而领军人才创办的企业也早早进入了成熟期甚至进入了衰退期。如果此时可以进一步识别新的机会，并将这些机会进行衍生发展，则企业可能跨越成长死亡谷，下一轮创新竞赛和市场开拓开始了。

（二）资源配置视角

在企业全部的成长周期中，没有一个阶段可以脱离资源。无论是资源基础论还是资源依赖理论，都强调资源是企业发展必不可少的要素。甚至可以说，企业本身就是资源的集合体。对于科技创业领军人才而言，他们在创业过程中，虽然拥有着得天独厚的创新优势，可是如果没有企业必需的关键资源，一样会被制约发展。在企业成长过程中，资源经历了至少如下四个阶段：资源识别获取—资源配置整合—资源整合衍生—资源衍生集聚。

资源尤其是关键资源稀缺的，如何识别并获取是创业家们第一步要解决的问题，对科技创业领军人才而言，由于他们过去的社交圈子已经储备了较多资源，对资源进行识别和获取的难度相对于其他人才会轻松一些。但是，即便是这样，领军人才们仍旧对资源的获取及配置存在着困惑。在访谈中，他们常常会感慨中国仍旧是一个官僚阶层社会，政府官员的地位比科技人才、企业经营人才的地位都要高很多，官员们手中掌握着关键资源的配置权力，要想获得这些关键资源，就必须与官员打好交道，政治关联和私人社交都不可缺少。科技创业领军人才们几乎无一例外地期望，凭借自身具备的知识就能靠市场公平竞争获得关键资源，不用花费精力和金钱去寻租，而是踏踏实实地创新发展。但是现状是，企业在不同阶段都需要获得关键资源配置，于是创业家们有的时候成了资源配置专家，他们会花时间去拉进政府关系，会去想办法获得低成本金融贷款、获得行业准入资格……有的科技创业领军人才甚至到了企业发展的一定阶段后，没有时间和精力再去监管本企业的创新研发活动，将自己最宝贵的创新优势无奈地暂缓搁置，为"拉关系"找资源去让路。

（三）制度保障视角

从前面的核心编码过程中，已知不同制度对企业的激励和指导作用，而企业对不同制度存在着不同的变革需求。在企业发展的全生命周期中，没有任何一个阶段可以脱离非正式制度或正式制度对人才或企业的影响。因为领军人才中有相当的一部分人才，具有海外背景和国际经历，他们比普通人才的视野更为广阔，对中国传统文化与其他国家的社会文化会有更多体会与比较，而文化伦理恰是非正式制度中最为重要的一部分，这影响着中国数千年的发展脉络，也深深影响着每一个中国人的思维和行动方式。

除了非正式制度，正式制度更加关键。正式制度变革既是推动中国改革发展的出发点，也是基本保障。对于人才而言，好的正式制度可以称为人才创新创业的外生动力，也可以在人才发展过程中提供保障。而正式制度中反复被人才关注提及的，多是涉及利益分配的内容。从某种视角而言，人类社会改革过程就是利益分配改革过程，减少利益分配摩擦是社会改革者的重要任务之一。要想激发人才活力，必须在利益改革上进行再创新，让创新型领军人才成为真正的国民偶像，让人才获得应得的利益。

三、三视角融合下的"四权"外生动力与保障

上述理论模型的建构展示了企业成长、资源配置、制度保障的三个视角。本部分试图将这三个视角进行融合分析，试图在人才内生动力之外，探索人才的外生动力和外在保障是什么。如果没有外在保障，即便人才具备内生动力，也可能会在面对现实的不公平环境中，逐渐失去能动性。因此，本书在下面就外生动力和外在保障进行进一步的探讨。希望探索科技创业领军人才创新创业过程中最关注的问题是什么？最渴望解决什么障碍？

（一）以智慧权力配置创新创业资源

将企业成长、资源配置、制度保障三个视角结合起来分析，会发现企业成长过程中必定保护资源配置和制度保障，三条主线彼此交织且互为作用。进一步探析，则会发现三条主线中的核心应该是资源配置主线。没有合理的资源配置就无法实现企业成长，制度不能确保资源配置不断优化则会阻碍企业成长。进行进一步的现实思考：创新型国家建设过程中遇到创新资源配置种种不合理行为的根源是什么？"中国式关系"在创新资源配置中的地位和作用是什么？该由"谁"具备配置资源的权力？在深度访谈中，笔者逐渐梳理了科技创业领军人才的这些困惑，并试图解答。人才们普遍表示希望通过自身知识公平获得资源配置，打破中国社会以关系为主要获得资源的传统方式。此外，人才发展在资源配置内在机理剖析却存在理论缺口，罕有研究。资源配置是创新网络的基础，是创新的基本保障，也应该是推进人才发展的起点与源头。同时，我们注意到北美研究范式为主导的管理理论并不能解决中国式关系在资源配置中的作用和机制。因此，本书溯本逐源，站在中国社会伦理视角去剖析创新资源配置问题，破解创新资源壁垒问题。因此，本书一方面实证"中国式关系"在现实中的地位和作用；另一方面引入了"智慧权力"概念，探索经济管理领域中智

慧权力的基础理论内容，并对如何放权和规劝提出建议。这些都属于本书的创新内容。

（二） 股权、产权、税权推动利益变革

在研究资源配置的基础上，笔者进一步思考为了激发最具战略意义的领军人才活力，应该撬动哪些领域的利益改革？观察任何一个国家的历史，都会发现改革历程就是利益变革过程。

在中国未来的社会结构和经济结构转型发展过程中，一样伴随着利益改革问题，绝不可能随着改革逐步推进，利益分配自动进行调节，必须依靠强有力的制度进行推动和保障。在既往每一次转型发展的过程中，社会矛盾从未随着改革自我消解，相反，随着利益分配改革推进，在某些阶段出现社会矛盾增多和加剧现象。这些矛盾"既具有成因的复杂性，又具有历史的共时性。"[①] 有时还表现得相当尖锐。这些矛盾归根结底都源自经济结构转型背景下的利益分配关系[②]。

因此，改革者们都意识到社会转型升级的过程，实质上也是以社会利益重新配置为动力激发转型的进程。社会转型发展与利益分配的嬗变是一个相伴相生的进程。樊纲就曾指出："经济结构转型的动力和阻力，无不来自社会经济中的各种利益关系"[③]。中国经济转型过程同时是一个有着不同利益和不同实力的千百万血肉之躯之间相互作用的政治过程[④]。

下一阶段的国家发展同样面临着新的利益分配变革，在这个变革过程中，避免不了拿走精英阶层的部分利益奶酪，赋予人才更多的应得利益。减少政治寻租，让资源公平配置，为创新型人才和企业发展提供各种公平支持，这些都少不了各类制度的改革与支撑。

那么在所有的制度中，对人才而言最重要的制度是什么？笔者进一步根据扎根理论整理出来的制度进行了重要性调研，遴选不同行业的科技创业领军人才发放问卷 316 份，回收有效问卷 276 份，其中有三项正式制度和一项非正式制度的关注比例远远高于其他制度，如表 3 - 4 所示。

---

① 孙红永：《社会转型期人民内部矛盾产生的根源探析》，载于《河南师范大学学报》（哲学社会科学版）2006 年第 3 期。

② 包双叶：《经济结构转型，社会利益分配与生产要素配置》，载于《齐鲁学刊》2012 年第 2 期。

③ 樊纲：《改革，开放与增长》，载于《中国经济论坛》编委会主编《中国经济论坛》（1990 年学术论文集），三联书店上海分店 1991 年版。

④ 胡汝银：《中国改革的政治经济学》，载于《经济发展研究》1992 年第 4 期。

表3-4   制度重要性调研

序号	范畴编码	名称	关注比例	主要内容（仅限四项重点制度）
1	E19	人才与产业政策	83.2%	
2	E20	金融制度	93.5%	以股权发行企业债、股权区域市场、保障研发失败的保险
3	E21	税务制度	90.2%	个人所得税、创新科技型企业的税收优惠
4	E22	知识产权	91.3%	知识产权保护、知识产权融资、人才以知识产权置换股权制度
5	E23	国籍、户口、档案	67.8%	
6	E24	行政制度等	76.5%	
7	E25	文化传统	70.2%	
8	E26	道德伦理	80.4%	
9	E27	社会资本	92.8%	中国式关系、政治关联、关系成本

在表3-4中可以看出，人才对三项正式制度的关注度最高，这些制度是：金融制度、知识产权、税务制度。对一项非正式制度关注很高，即社会资本。笔者根据前期整理的访谈资料对上述四项制度进行了进一步分析，发现金融制度中最受关注的内容是：以股权发行企业债、股权区域市场、保障研发失败的保险。其中人才多次提及能否推广一种质量和价值更高的科技保险，对科技创新型企业予以支持，这是创新型科技企业的典型需求，虽然不属于股权内容，但是属于金融部分，所以本书将此一并列入了金融制度部分。知识产权制度中最受关注的内容是：知识产权保护、知识产权融资、人才以知识产权置换股权制度。税务制度中最受关注的内容是：个人所得税、创新科技型企业的税收优惠。目前对"死亡税率"的争议和讨论较为热烈，也是人才普遍关注的话题。而非正式制度的社会资本主要围绕中国式关系进行关注，尤其提出政治关联对资源获取的便利和弊端。这恰与前文提出的以"智慧权力"破解资源"内卷化"困境相吻合。

至此，本书在大量深度访谈和调研的基础上，明确了科技创业领军人才具有强烈的创新创业内生动力，正是这些内生动力进行自我激励取得了很多显著成绩。但是这些人才多数是从科技领域转型到商业领域，在转型发展中面临系列的障碍和困境，他们更渴望国家给予外生动力和制度保障。沿着上述研究路径，一条"四权耦合"的研究脉络和视角清晰呈现出来。本书将在下面的研究中首先探讨推进人才发展的基本出发点：研究资源配置主导权，提出打破中国式关系带来的资源"内卷化"，建立以"智慧权力"主导资源配置的创新社会。同时用金融股权、税制税权、知识产权为外生动力和保障，推动利益再分配的变革顺利开展。以利益格局的再次调整，对创新型人才和企业进行支撑和保障。本书站在中国社会伦理视角，结合哲学、社会学、经济学、管理学等理论展开深入研究，探讨基于科技创新领军人才视角下，如何借助"四权耦合"推进人才发展。

第五节 "四权耦合——人才——社会"发展机理分析

智慧权力、金融股权、知识产权及税务税权，这四个权利是保障人才发展的重要权利。研究四项权利如何耦合推动人才发展，进而推动经济系统发展，促进社会进步，具有重要意义。

一、"四权耦合"推进人才发展机理分析

（一）耦合基本内涵分析

耦，在古代汉语中本意是："两人各持一梠骈而耕。"如《论语·微子》：后又引申出相合、和谐的意思。如《汉书·霍去病传》："然诸宿将常留落不耦。"物理学中的耦合主要是说两个或以上的系统通过内在机制彼此作用，融合为一个有机整体的现象[①]，是典型的动态联结关系[②]。例如，通过中间线连接的两个单摆，它们的振动方式就会此消彼长，此为单摆的耦合；又如两个以上的电路构成图中，其中一电路中电流或电压发生变化会使其他电路发生相应的变化，此为电路的耦合[③]。

耦合也可以用来表明一个系统对另一个系统依赖的程度。美国哈佛大学教授普拉哈拉德（Prahalad，2011）和康尼尔（Conner，2011）的研究表明，当一个企业通过获得技术而获取利益时，企业间的耦合程度就决定了此利益大小对另一家企业的依赖程度[④]。系统耦合后，系统生产力的提高将会受到系统内部产生的新结构以及环境条件的影响[⑤]。耦合强度的大小取决于耦合模块之间的作用程度、

---

① 黄剑坚、王保前：《我国系统耦合理论和耦合系统在生态系统中的研究进展》，载于《防护林科技》2012 年第 5 期。

② 吴勤堂：《产业集群与区域经济发展耦合机理分析》，载于《管理世界》2004 年第 2 期。

③ 编写组：《辞海（第六版普及本）》，上海辞书出版社 2010 年版，第 2920 页。

④ 曹岸、杨德林、张庆锋：《技术属性和合作企业耦合性对技术导入绩效的影响》，载于《中国科技论坛》2003 年第 23 期。

⑤ 黄剑坚、王保前：《我国系统耦合理论和耦合系统在生态系统中的研究进展》，载于《防护林科技》2012 年第 5 期。

控制程度以及模块之间接口的复杂程度三方面的作用①。

本书提出将智慧权力、金融股权、知识产权、税务税权进行耦合分析，正是基于如上考虑，上述四权在人才发展周期中交织融合、彼此支撑，良好的"四权耦合"系统将有力地提升人力资本质量和数量，并通过人力资本传导提升整个知识社会的创新度和知识水平。于是得到了这样一个传导分析路径："四权耦合"→提升领军人才人力资本数量和质量→人力资本系统与社会经济系统耦合→领军人才实现产业跨越发展→知识社会经济与人力资本耦合正向发展，形成了基于"四权耦合"的社会发展多维度、多层次的耦合复杂巨系统。

（二） 构建人力资本存量与质量模型

虽然人力资本这一领域研究颇为丰富，但是研究热点更多地集中到了人力资本投资效率、人力资本特质等研究领域，对人力资本生命周期的研究甚少，仅有恩格尔、洛特卡、法尔及杜步林涉及了这一领域，也仅仅是将人力资本投资周期与自然人生命周期结合起来进行剖析。在总结并剖析人力资本领域研究成果中，结合实证检验，可知人力资本包括存量资本和质量资本，因此人力资本生命周期是存量和质量相耦合形成的生命周期②。

1. "四权耦合"提升人力资本存量

美国经济学家本·波瑞斯（Ben Porath, 1967）将人力资本存量在一生中的变化规律划分为四个时期：快速增长期、缓慢增长期、缓慢衰减期和快速衰减期，指出受教育年限与工作后的人力资本积累正相关③。本书在人力资本存量模型参考本·波瑞斯的研究成果，并进行适度改进。

人力资本存量生命周期是说在人整个一生中人力资本存量的变化规律。就个体而言，这一规律表现为倒"U"形曲线：初期，随着年龄增长，人力资本存量增长；到达一定年龄后，人力资本存量达到最高峰值；此后，年龄越大，人力资本存量越小。一般来说，个体人力资本存量遵从这一规律，但人力资本存量的最大值与达到最大值的年龄视个体和环境情况不同而不同④。对于科技型创业领军人才而言，其在创业初期，已经具备了非常高的科学技术创新能力，但是其未必具备同样非常高的经营管理能力，相反，通过笔者的大量调研，发现这些领军人才通常在创业初期面临着转换思维、缺乏税务知识、缺乏商业运营经验等问题。因此，站在产业发展的视角来看，这些领军人才的综合能力也呈现了从低到高的

---

① 邓好霞：《基于数据包络分析的企业网络组织协同的耦合评价体系研究》，天津财经大学博士论文，2010 年。

②④ 向志强：《企业人力资本投资与人力资本生命周期》，载于《山西财经大学学报》2002 年第 24 期。

③ Ben-Porath, Y, "The production of human capital and the life cycle of earnings", *Journal of Political Economy*, 1967（4）.

发展阶段。与万事万物规律一样，领军人才的人力资本经历了萌芽期、成长期、成熟期、衰退期、突破期五个阶段。这些阶段里都融合了人力资本存量和质量的不断发展过程。不同的人才，因其学习能力、成长能力、抗压能力等不同因素影响，又各自呈现出不同的特点。

首先利用道格拉斯生产函数建立了人力资本生产模型。采纳本·波瑞斯的基本假定：

（1）个体的时间或用于生产，或用于人力资本投资（包括学习和健康等）；

（2）在领军人才开始创业时已具有一定存量的人力资本；

（3）个体拥有的人力资本要么用于生产，要么用于人力资本投资；

（4）由于资本在完全竞争条件下的市场中价格和折旧率固定，所以市场利率或贴现率也是恒定的。

在此基础上，可建立人力资本生产模型：

$$Q = \alpha_0 (S_t K_t)^{\beta_1} D_t^{\beta_2} \tag{3-1}$$

Q——人力资本产出量；

D_t——每年投入的消费品量；

$S_t K_t$——每年投入的教育量，S_t 是人力资本存量，K_t 是用于教育增长人力资本的比例，t 是年龄，$0 < K_t < 1$；

α_0，β_1，β_2——效率参数，β_1 和 β_2 是正数，$\beta_1 + \beta_2 < 1$。

在此基础上，可以得到人力资本存量模型：

$$K_t = Q_t - \sigma K_t \tag{3-2}$$

其中，σ 是人力资本折旧率，是因健康下降和记忆力衰退等因素，导致的人力资本衰减速率。

分析存量模型，可以得到图3－5。

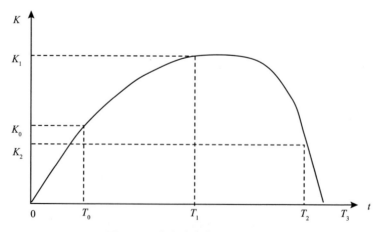

图3－5　人力资本存量生命周期

因此，人力资本存量生命周期可分为萌芽期、成长期、成熟期以及快速衰退期。其中萌芽期为接受正规教育积累存量时期（$0 - T_0$），人力资本存量迅速增长；成长期为走入社会参加工作一直到人力资本存量最高（$T_0 - T_1$），这一时期人力资本存量虽是增长趋势但增长速度减慢，这一时期的人力资本形成主要是通过科研经验的积累，但并不意味着这个阶段的人力资本积累总存量低，相反，对于领军人才而言，这一阶段的总存量有可能高于正规教育期，只不过因为科研的难度可能引致存量增速没有初期那么快速；成熟期人力资本折旧率 σ 不断提高，人力资本存量开始逐渐减少（$T_1 - T_2$）；当个人停止工作后便进入了快速衰退期（$T_2 - T_3$），这一时期衰减加快是因为人力资本的生产流量 Q 接近于 0，但折旧量在不断上升[1]。

2. "四权耦合"提升人力资本质量

经济学家曼纽利（Maniuli，2008）研究指出，只有教育质量才能使人力资本这个变量变得充分而完整，此时，人力资本比提高生产率更能促进经济增长。中国经济学家蔡昉指出，中国目前最急切的目标是如何显著提高人力资本质量[2]。可见，人力资本质量对当下的中国是一个十分重要的研究课题。

因为本书主要研究科技型创业人才的人力资本质量，所以围绕人才特点和企业经营必需的能力，将人力资本分为知识储备质量、经营管理能力水平、社会资本质量三个维度。从测量角度来看，主要包括三个方面：

（1）技术创新度，即领军人才掌握的人力资本，对产业内技术发展带来的贡献度，包括产业技术的横向增长（即同层次或同级别上的创新，发现新问题、新现象，理论改进与创造）、纵向增长（即跨越不同层次或在更深层次上的创新：跨领域提出综合性研究、发现新领域）两方面[3]；

（2）商业模式创新度，即领军人才掌握的人力资本，是否通过创造新的商业模式，带动产业移轨创新，产生跨越式发展；

（3）社会影响度，即领军人才具备的人力资本，对社会各方面的贡献，包括对民众生活方式的影响、经济发展趋势的影响、对交叉领域的影响等。

人力资本是人体内的知识、技术、健康等因素的合体，其价值持续变化且具备规律，这种规律形成了人力资本质量生命周期。人力资本质量在初期通常不高，随着教育和实践经验的推进，人力资本质量逐渐提高，但是因为科技型创业领军人才的人力资本具有异质性，其掌握的含默性人力资本往往比显性人力资本价值更大，这些含默人力资本转化为现实生产力才能真正体现人力资本

---

① 向志强：《企业人力资本投资与人力资本生命周期》，载于《山西财经大学学报》2002 年第 24 期。

② 蔡昉：《人力资本的质量已至关重要》，载于《中国人力资源社会保障》2015 年第 11 期。

③ 廖燕玲、陈玉华、徐天伟：《基于知识质量测量的科研成果评价指标体系》，载于《科技进步与对策》2010 年第 7 期。

价值，而这个过程需要领军人才将人力资本反复付诸实践，才能逐渐转化并被推广，人力资本的质量才不断上升，这个过程往往很漫长，但是人力资本质量增长水平较高；随着含默人力资本的逐渐推广，领军人才的人力资本质量上升速率开始趋于稳定，人力资本质量水平增长缓慢；而后，人力资本质量增长速率步入趋于零的周期，人力资本质量发挥最大，基本不再增长；随着新的领军人才创新人力资本出现，原有人力资本受到冲击，产业内越来越多的企业采用了新的技术和知识，原有领军人才人力资本质量开始衰减，步入衰退期，最终被产业淘汰。

对人力资本质量生命周期应进一步采用函数进行表述，本书参考向志强博士的方法，并进行适度修改。由于人力资本质量难以测量和描述，本书选取人力资本所带来的收入作为其测量指标，用 Y 来表示，同时，剔除其他因素的影响，设定人力资本价格 P 及人力资本初始存量 K 为常数，现设人力资本淘汰率为与时间有关的 β_t 函数：

$$F = f(\beta_t) \qquad (3-3)$$

其函数特征为：$\mathrm{d}F/\mathrm{d}t > 0$，单调递增，且函数值域 $F = f(\beta_t) \in [-1, 1]$，其中，若 $f(\beta_t) < 0$，表示人力资本价值在提升；若 $f(\beta_t) > 0$，表示人力资本价值在下降。人力资本质量（收入 Y）变动模型为：

$$Y = PKf[1 - f(\beta_t)], \text{ 其中 } f(\beta_t) \in [-1, 1] \qquad (3-4)$$

其函数特征为：$\mathrm{d}Y/\mathrm{d}t > 0$，$[1 - f(\beta_t)] \in [1, 2]$；$\mathrm{d}Y/\mathrm{d}t < 0$，$[1 - f(\beta_t)] \in [0, 1]$。由函数性质可知，当 $f(\beta_t) = 0$ 时，人力资本收入最多，人力资本质量也最高。

总体而言，人力资本质量生命周期也满足图 3-6 呈现的规律。

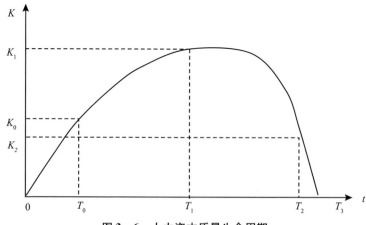

图 3-6 人力资本质量生命周期

（三） "四权耦合"机理分析

通过研究耦合过程，归纳耦合规律，本书认为"四权耦合"包括如下机理：基于场的耦合、旋进耦合、涌现耦合等。

1. 基于场的耦合

两个系统基于一个外部环境，发送彼此作用、互相影响就是基于场的耦合[①]。通过上述理论剖析和实践观察，我们可知：智慧权力、金融股权、知识产权、税务税权之间的耦合，并非直接耦合，而是基于外部环境发生的耦合关系，这些外部环境就是"场"。这个"场"既包括价值信念、风俗习惯等非正式制度的影响，也包括政策、法规等正式制度形成的影响。耦合过程恰恰是在这些场的影响下动态进展的，好的场有如"孵化器"，促进耦合良性健康发展，差的场也会阻碍耦合健康发展。

2. 旋进耦合

旋进方法论全名叫作螺旋式推进系统方法论（spiral propulsion systems methodology），指根据实际情况，多次来回往复运用各种方法解决问题，进而推动事物前进发展。运用这一方法，能够把从低层到高层、从简单到高难、从简单到复杂的过程翔实展示出来并实现，理论上的原则性与实践中的灵活性地有机结合。

"四权耦合"过程，往往经历了"磨合—进步—飞跃—再次磨合"的过程，这一过程中，存在着复杂的因素制约或更替关系[②③]。随着社会的加速发展，要素加快更替和迭代，系统复杂度和难度呈现快速非线性增长，"四权耦合"系统是一个难度自增复杂系统，螺旋推进可以高效推动这一系统动态优化[④]。在耦合的自组织过程中，包含了从初期到终期的阶段旋进、从浅显到高难的深度旋进、从窄小到宽广的广度推进、从单一到复合的内容旋进，整个旋进过程始终处于动态演进中[⑤]。旋进耦合体现了耦合过程中层次性、阶段性和演进型。

3. 涌现耦合

复杂系统具有很多特性，而"涌现"是这些特性中最为引起关注的一种特性。"涌现"理论的主要奠基人约翰·霍兰德（John Henry Holland）在《涌现：从混沌到秩序》一书中这样描述"涌现"现象，"在复杂的自适应系统中，'涌现'现象比比皆是：蚂蚁社群、神经网络、免疫系统、互联网乃至世界经济等"。

---

① 宋少云：《多场耦合问题的协同求解方法研究与应用》，华中科技大学博士论文，2016年。

② Don E Kasb Robert Rycroft，"Emergain patterns of complex technolOgical innovation"，*Technological Forecasting & Social Change*，2002（69）。

③ Kofi ON ti Kofi K Dompere，"Technogical progress and aptinol factor demand"，*nt J Production Economics*，1997（49）。

④ 王烷尘：《难度自增殖系统及其方法论》，载于《上海交通大学学报》1992年第5期。

⑤ 王聪颖：《产业集群发展与创业人才孵化双螺旋模型与仿真研究》，华中科技大学博士论文，2011年。

即使个体遵循简单规则，在彼此耦合为一个整体时，也会在系统层面出现大范围且难解的新属性或规律。[1] 涌现充分体现了"系统整体大于部分之和"。

涌现这一特性是系统的基本特点也是本质特点之一，没有涌现性的事物不能称之为系统[2]。在系统内部涌现的过程中，通常会培育出新的物质，或者产生新的系统功能，有的时候甚至会导致系统结构出现变化，通常引致系统从低层次进入高层次阶段，这正是层次观的精髓所在[3]。

在旋进耦合中，我们看到了系统整体性的有序进步，而在关键节点上的跨越瓶颈制约的方法，恰恰是不可替代的涌现。一方面，社会系统作为复杂巨系统，网联了丰富的各类要素，这些要素呈现复杂的非线性关系，彼此之间的作用错综复杂，每一个要素都不能独立于其他要素自我运转。也正是这种复杂的运转过程为涌现创造了基础和条件。"四权耦合"激活领军人才，进而实现产业经济转型升级中的跨越发展就是一种典型的系统涌现性。

4. "四权耦合"推进人才发展发挥的作用分析

在保有并提升人力资本存量方面具有重要作用：

智慧权力保障人才在成长过程中获得应有的创新资源配置权力和利益。如果由政治权力配置创新资源，会阻滞部分无政治关系的人才无法有效获得发展路径，原有人力资本存量还未真正转化为现实生产力，就已经"折旧"损耗。

知识产权保障了人才含默知识的基本权利，这些重要的知识因为科学有效的保护，不会被破坏和流失，为人才进行更为深入的研究提供了基本保障。

金融股权的科学使用，可以有效激活人才创新创业活力，让人才吸附、集聚资本，让资本围绕人才提供服务，真正实现"资本为王"向"智本为王"转变。

税务税权的优化，不仅可以激活人的活力，还可以避免成为企业发展瓶颈困难期的"最后一根稻草"。

二、人力资本子系统与社会经济子系统耦合机理分析

在上文分析中得到了这样的传导路径："四权耦合"→提升领军人才人力资本数量和质量→人力资本系统与社会经济系统耦合→领军人才实现产业跨越发展→知识社会经济与人力资本耦合正向发展，形成了基于"四权耦合"的社会发展多维度、多层次的耦合复杂巨系统。可见，"四权耦合"不仅可以实现人力资本提升，还可以进一步实现知识社会的人力资本与经济正向耦合发展。因此，本部分进一步进行人力资本与社会经济发展的耦合分析。

---

① 约翰·霍兰：《涌现从混沌到秩序》，上海科技教育出版社 2000 年版，第 49 页。
② 董春雨、姜璐：《层次性：系统思想与方法的精髓》，载于《系统辩证学学报》2009 年第 1 期。
③ 苗东升：《重在把握系统的整体涌现性》，载于《系统科学学报》2006 年第 1 期。

（一） 人力资本子系统与社会经济子系统耦合内涵

人力资源资本子系统与社会经济系统耦合是指二者之间的关系以耦合态势呈现，基本内涵是领军人才带领各层次人才与产业彼此影响、动态网联、旋进促进：领军人才创造、引领、变革了产业发展过程，领军人才的内涵式发展实现了战略新兴产业的爆发式成长与发展，实现了传统产业移轨式发展与变革；而产业发展与变革，又会激活领军人才的发展动力与潜能，释放并倍增领军人才的价值，并为领军人才及其他人才发展自身事业，提供必备的公共平台、人力资源团队、基础设施等。推动双方耦合的正向旋进，需要构建协调发展的生态环境，提高科技型创业人才的密度、浓度及创新度，促进人力资源的总量效应、配置效应、增长效应和能力效应的发挥[1]，深度挖掘、激活、倍增人才价值。人力资本子系统与社会经济子系统通过彼此影响与作用，凝合成了一个具有多层回馈的耦合巨系统，二者间存在彼此限制、彼此作用的高阶、非线性复杂关系[2]。

一方面，人力资本存量和质量对社会经历发展具有重大影响，另一方面，产业经济系统的发展趋势、发展结构、发展速度等又对人力资本产生反作用。站在人才推动产业经济发展的视角来看：第一，领军人才具有特殊性，其富含异质性人力资本，如前沿性知识、颠覆性创新模式、网络国际资源等，这些异质性人力资本具有很强的外部性，可以为产业发展吸附、集聚、网联各类人才、资金等必需资源，由此形成有领军人才引领的各类人才团队化发展，提高产业资源集聚度和创新度，大力促进产业发展；第二，在"四权耦合"推动下，人力资本的存量与质量可有效提高，进而直接转化为现实生产力，并在转化过程中不断提高现有产业技术水平、管理水平等，进而提高产业内资源配置效率；第三，当产业发展瓶颈，领军人才再次发挥关键作用，引领产业实现跃迁，带领产业走向新一轮演变。站在社会经济发展推动人力资本的视角：一是产业内部结构影响了领军人才及各类人才创业成功率和经营发展水平，产业内部结构包括人力资源结构、细分行业结构、资金结构等，这些结构都与人才创办企业的发展密切相关；二是产业环境影响了领军人才发展趋势，这里的环境依据制度经济学分类，包括了正式制度环境和非正式制度环境，如正式制度环境内的政府政策，我们在调研中发现：一些对国家发展具战略意义的关键技术转化为企业生产力过程中，常常面对资金短缺困境，领军人才呼吁获得政府关注和更多的政策扶持，显然这又与"四权耦合"相吻合；三是产业公共服务水平也影响着人力资本的提升，如果产业能够建立公益性公共服务平台，在政策咨询、税务咨询、投资咨询等方面提供咨询服

---

[1] 柳卸林、段小华：《产业集群的内涵及其政策含义》，载于《研究与发展管理》2003 年第 6 期。

[2] 刘承良、颜琪、罗静：《武汉城市圈经济资源环境耦合的系统动力学模拟》，载于《地理研究》2013 年第 32 期。

务，能与国内外优秀师资合作为企业员工提供高质量培训，能在资源对接上起到良好桥接作用。产业公共服务将解决很多初创企业的问题，帮助人才快速成长；四是产业经济增长会刺激人力资本投资。经济增长主要是建立在科技进步与创新的基础上的。经济增长必然意味着技术进步和经营管理创新，随着经济增长，产业将会产生对于掌握高技术和具有创新精神的人力资本提出更高需求[1]，倒逼人才加大人力资本实现自我加速成长。

从人力资本子系统与社会经济子系统耦合旋进发展这一新的理论视角出发，可以找到一条更利于中国科技型创业领军人才发展、战略新兴产业领先成长、传统产业跨越升级、经济生态环境良性循环的发展路径，可以同时精益增进中国的"软实力""硬实力"与"巧实力"。运用耦合旋进发展这一新的分析框架，利于我们系统剖析和设计当下政治与经济环境中，科技型创业领军人才与经济之间如何良性发展，并为现实发展中科技型创业领军人才发展战略构建提供理论指导。

（二）人力资本系统与经济系统耦合模型

可以判断，科技型创业领军人才与产业的耦合系统是典型的复杂巨系统，耦合行为受系统结构和运行机制影响，线性、简单、直观的分析方法无法破解这一耦合系统的运行机理与过程，更无法发现其可能的规律性与发展趋势[2]。本书认为，耦合包括了发展、协调两个方面：发展体现为整体或组成整体的动态过程，在这正向发展过程中，个体从 0~1 与从 1~N，反之则为逆向发展过程；介于两者之间，不发生任何变化的称为"零发展"[3]。而协调不同于发展。协调是从杂乱无章到有条不紊地演进[4]。因此，由发展与协调两者综合构成的整体之间的耦合关系，蕴涵着发展的"量扩"和协调的"质升"两个缺一不可的功能。在"科技型创业领军人才资本—产业经济增长"系统中，人才资本与经济增长两子系统存在彼此渗透、彼此影响的耦合关系。下面结合耦合机理，构建耦合模型。

1. 系统发展模型

产业经济系统与科技型创业领军人才系统的变化过程是一种非线性过程，其演化方程可以表示为：

$$\frac{\mathrm{d}x(t)}{\mathrm{d}t} = f(x_1, x_2, \cdots, x_n) \qquad (3-5)$$

① 武增海：《企业家人力资本与开发区经济增长研究》，山西师范大学博士论文，2013 年。

② 刘承良、颜琪、罗静：《武汉城市圈经济资源环境耦合的系统动力学模拟》，载于《地理研究》2013 年第 5 期。

③ 杨士弘、廖重斌：《关于环境与经济协调发展研究方法的探讨》，载于《广东环境监测》1992 年第 4 期。

④ 杨士弘、廖重斌、郑宗清：《城市生态环境学》，科学出版社 1996 年版，第 114~119 页。

式（3-5）中的 f 为 x_i 的非线性函数，可近似表示为：

$$\frac{\mathrm{d}x(t)}{\mathrm{d}t} = \sum_{i=1}^{n} a_i x_i \qquad (3-6)$$

本书假定系统的发展函数具有严格的拟凹性，且函数具有规模报酬不变的性质。

因此，人力资本子系统 $f(x)$ 与经济发展子系统 $g(y)$ 的一般函数可表示为：

$f(x) = \sum_{i=1}^{m} a_i x_i$，$g(y) = \sum_{j=1}^{n} b_j y_j$。

其中，$f(x) = Q \cdot Y = \sum_{i=1}^{m} a_i x_i = \sum_{i=1}^{m} (a_{1i}x_{1i} + a_{2i}x_{2i})$ 为人力资本子系统的发展水平，其中 Q 是上文提出的人力资本质量，Y 是人力资本存量，x_i、a_i 分别为人力资本指标及其相应的权重。因为科技型创业领军人才的辐射效应，领军人才自己本身成长的人力资本将带动产业内其他类型人才成长，形成系统性人才资本，因此将 x_i 又分为科技型创业领军人才资本与其他人力资本，其中领军人才设为 x_{1i}，其权重设为 a_{1i}，其他人力资源的人力资本设为 x_{2i}，其权重设为 a_{2i}。各权重可采用德尔菲法进行确定。

$g(y) = \sum_{j=1}^{n} b_j y_j$ 为经济增长的发展子系统，其中 y_j、b_j 分别为经济增长指标及其相应的权重，其中，权重可采用德尔菲法进行确定。

T 为社会综合系统发展水平，其由人力资本发展子系统与产业经济增长发展子系统耦合形成，采用柯布-道格拉斯生产函数形式：

$$T = \lambda f(x)^{\theta} g(y)^{1-\theta} \qquad (3-7)$$

其中，λ 为综合环境参量，θ、$1-\theta$ 分别表示人力资本与产业经济增长子系统的产出弹性，反映二者相对于整体的重要程度，产出弹性视不同的领军人才与产业实际情况，进行实证确定。

观察式（3-7）可以发现，其可以定义为 $f(x)$ 与 $g(y)$ 所构成的二维平面坐标中的等发展线，如图 3-7 所示。其中 T_1，T_2，T_3，…，T_{n1} 分别代表由不同发展水平，$T_1 \sim T_N$ 的走向代表了低发展水平向高发展水平的不断提高。此外，图 3-7 中每一条等发展线都表示，系统在同等发展水平情况下，人力资本与经济增长可以相互替换。

2. 系统协调模型

协调模型借鉴廖重斌（1999）和①逯进、周惠民（2013）②的研究成果，并

---

① 廖重斌：《环境与经济协调发展的定量评判及其分类体系——以珠江三角洲城市群为例》，载于《热带地理》1999 年第 19 期。

② 逯进、周惠民：《中国省域人力资本与经济增长耦合关系的实证分析》，载于《数量经济技术经济研究》2013 年第 9 期。

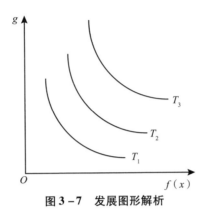

图 3 - 7   发展图形解析

对其进行改进。用偏离差系数①表示协调度为：

$$C_v = \frac{\sqrt{\dfrac{[f(x) - g(x)]^2}{2}}}{\dfrac{1}{2}[f(x) + g(y)]}$$ (3 - 8)

式（3 - 8）中 C_v 代表人力资本与经济增长两子系统的平均偏离程度，其值越小偏差越小，整个"人力资本——产业经济增长"综合系统的协调性越强。

特别是当 $C_v = 0$ 时，$f(x) = g(y)$，此时两系统的坐标点数列恰好处于由原点发出的45°射线上 OO'，如图 3 - 8 所示。该射线上方为 $f(x) < g(y)$ 坐标点的集合，表明经济增长子系统存在较大的偏离，射线下方为 $f(x) < g(y)$，表明人力资本子系统存在较大的偏离。具体看，如图 3 - 8 中点 D，其偏离差系数为0，该点协调度最优。点 C 表明相对于人力资本子系统，经济增长存在偏离，其偏离度可用线段 CD 表示。

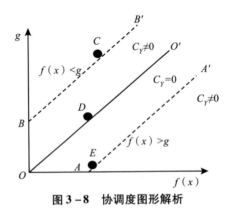

图 3 - 8   协调度图形解析

---

①   偏离差系数，其表征了两个变量之间的平均偏离值，可以用来衡量两个变量总体偏离45°射线的程度，偏离系数越小，表明两者偏差越小。

为使不同研究主体的"人力资本—产业经济增长"综合系统具有可比性，且可以更进一步地展现系统协调度特征，可将式（3-8）转化为：

$$C_v = \sqrt{2(1-c)} \tag{3-9}$$

$$C = \frac{4f(x)g(y)}{[f(x)+g(y)]^2} \tag{3-10}$$

式（3-9）、式（3-10）中一般被定义为系统的协调度。观察式（3-9）可知，越小越好等价于越大越好。

3. 耦合度模型

由以上过程可知，耦合是系统间协调与发展的综合态势的表述。一方面，仅重视发展的耦合可能会引起整体协调性的较低。如图3-9坐标系内任意一点人力资本与经济增长组合都位于特定的协调线与等发展线上，其中的 H，G 两点具有相同的发展水平，但是就协调度而言，G 点协调度较好，而 H 点的人力资本与经济增长子系统并不协调，进而导致整体效率不高；另一方面，仅重视协调，却可能陷入低发展困境。如图3-9中的 F，G 两点拥有相同的协调度，然而 F 点发展度远低于 G 点。

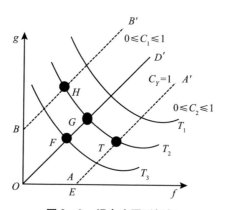

图3-9 耦合度图形解析

由此可见，协调线与等发展线的交点形象描绘了系统的耦合水平，由以上分析可知，F 和 H 两点的耦合水平均低于 G 点。因此，系统耦合度的衡量必然是对系统"发展"与"协调"两个维度的同时考量，据此本书界定的耦合度计算公式为[1]：

$$D = \sqrt{CT} \tag{3-11}$$

① 廖重斌：《环境与经济协调发展的定量评判及其分类体系——以珠江三角洲城市群为例》，载于《热带地理》1999年第19期。

其中，D 为耦合度，其判别标准如表 3 – 5 所示（吴文恒等，2006）[①]。发展度 T 与协调度 C 如表 3 – 5 所示。

表 3 – 5　　　　　　　　　　耦合度的判别标准及划分类型

负向耦合（失调发展）		正向耦合（协调发展）	
D 值	类型	D 值	类型
0.00 ~ 0.09	极度失调衰退	0.50 ~ 0.59	勉强协调发展
0.10 ~ 0.19	严重失调衰退	0.60 ~ 0.69	初级协调发展
0.20 ~ 0.29	重度失调衰退	0.70 ~ 0.79	中级协调发展
0.30 ~ 0.39	轻度失调衰退	0.80 ~ 0.89	良好协调发展
0.40 ~ 0.49	濒临失调衰退	0.90 ~ 1.00	优质协调发展

（三）　耦合模型适宜性解析

本部分将根据适宜性理论，分析处于低水平的耦合点（如 F 点）如何才能向更加优质的耦合点（如 G 点）跃迁。

近年来许多学者在研究发展中国家经济赶超战略时发现，发展中国家并未通过技术引进与模仿所带来的"技术后发优势"实现与发达国家相似的增长收敛。相反，一些发展中国家与发达国家之间的经济差距正在不断拉大。从适宜性技术角度可以发现，发展中国家与发达国家具有不同的要素禀赋优势，只有当经济体所引进的技术与其要素禀赋相适宜时，经济体才能够保持有效的技术效应水平（Basu and Weil，1998；Acemoglu and Zilibotti，2001；林毅夫等，2006）。

将上述思路拓展至本书，进一步研究低耦合阶段跃迁到高耦合阶段的演进过程，技术资源禀赋相当于人力资本禀赋。协调度相同的 J，L，P，Q，S，U 遵循发展度逐渐上升趋势，从而系统耦合度也依次上升，此即为系统演进路径。但演化进程并非是一蹴而就的，具体如图 3 – 10 所示。

首先，假设萌芽期初始的耦合点为 J，资源开始逐步汇集，一段时间后耦合点由 J 点跃迁至 M 点，表明领军人才人力资本推动产业经济增长开始显效。

其次，产业经济增长吸纳并集聚了越来越多的资源，包括资金和各类人力资源，产业基础设施也有了提高，领军人才的经营管理能力得到锻炼并提高，其掌握的科技含默知识也进一步显性化，这样 M 点移至 L 点。紧接着，领军人才人

[①]　吴文恒、牛叔文、郭晓东、常慧丽、李钢：《中国人口与资源环境耦合的演进分析》，载于《自然资源学报》2006 年第 6 期。

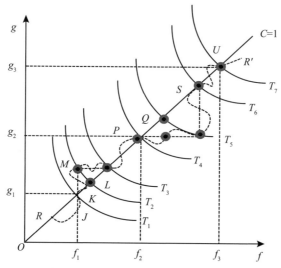

图 3-10 适宜性耦合跃进模式解析

力资本的外部性开始显效，越来越多的产业内部企业家开始效仿学习这些先进技术，整个产业的人力资本力得到提升，人力资本禀赋适宜效应大幅显现，产业的生产效率和经济水平快速攀升，产业内部竞争加剧，二者最终实现协调发展耦合优化，L 点移动至 P 点，这个阶段是成长期。

最后，到达 P 点后，领军人才人力资本外部性红利全部消失，前期由普通人力资本吸收模仿能力所引致的经济增长动力也已达到顶峰，经济增长必须寻找新的适宜性动力点。此时，该地区若涌现新的领军人物，赋予适应高阶段的人力资本，实现突破性创新，并带领产业实现新的创新网络，将使 P 点跃迁至 N 点，此时进入跃迁期，否则将步入衰退期。

综上所述，将点 J，L，P，Q，S，U 用虚线 RR' 连接起来，发现耦合点跃迁过程中，协调度局部动态波动，整体顺沿最优协调曲线跃迁上移[1]。其中 L 点、P 点是人力资本外部性显效的关键节点，P 点是产业和领军人才创新能力跃迁的关键节点。

① 逯进、周惠民：《中国省域人力资本与经济增长耦合关系的实证分析》，载于《数量经济技术经济研究》2013 年第 9 期。

第四章

智慧权力与资源网联的内卷与破冰

为了更好地推进人才发展，必须探寻创新网络的运行机制与模式，而这些都与资源的获取与配置密切相关，资源的获得也与人才的成长密不可分。更加引起我们注意的是，对资源的获取与配置既推动了社会经济发展，也引致了阶层流动，甚至衍生出了新的社会阶层。但是，中国社会的优质创新资源是否公平合理地进行了配置？政治权力是否是创新资源获取与配置的轴心？智慧能够获得公正资源配置权利，并推动创新网络演进吗？这些恰是本章要研究的问题。

第一节　创新资源网络内卷与打破

创新网络所需的各类资源，根据社会学理论可以主要分为六种。但是这些资源配置存在精英阶层控制的困境，阶层地位的固化和封闭，都将使得不同阶层之间的利益张力越来越强化，越来越有可能从张力转换为矛盾，由矛盾转换为冲突。[①] 而创新所需各类社会资源配置的"内卷化"将呈现加强趋势，需要打破这一现状，让资源畅快流动起来。

一、资源理论与社会资本理论

资源配置与中国式关系，是本章的研究起点，因此先论述资源理论与社会资本理论的基本内容，为下一步研究奠定基础。

（一）资源理论

立足世界范畴，发现无论是人才成长，还是企业发展，都与资源获取密不可

---

① 李路路：《从阶层分化到阶层结构化——我国社会阶层结构有哪些新变化》，载于《人民论坛》2016 年第 6 期。

分，而智慧权力要想发挥最大效力，也必须依托各类优势资源汇聚。资源基础论认为组织就是资源集合体，组织的竞争优势来自其富含的高价值、稀缺性、无法模仿和替代的异质性资源组合①。资源依赖理论则直接指出组织的生存依赖于各类资源，如果没有这些关键资源，企业必将消亡②。

研究和实践领域，有一些典型研究成果，如拜德（Bhide A，2000）、利希滕斯坦（Lichtenstein B M B，2001）、布鲁斯（Brush C G，2001）、金姆（Kim，2005）、奥尔德里奇（Aldrich，2005）、格罗斯（Geroski，2010）、麦塔（Mata，2010）等通过大量实证调研，均指出企业的高失败率源于贫乏的资源获取能力，资源基础在企业初期十年内都扮演着至关重要的作用③④⑤⑥。

吉米和奥尔德里奇（Kim and Aldrich，2000）研究发现，资源保有数量和质量是衡量新企业成功的一个重要标准⑦。赫尔曼、维斯尔斯和科林（Hillman，Withers and Collins，2009）指出，当组织面临一项非常规任务时，资源获取能力是预判任务能否高效完成的一项重要考核指标和依据⑧。戴维斯和科海（Davis and Cobb，210）则进一步指出，仅仅依赖于资源获取并不能支撑组织长久发展，应进一步学习如何掌握并高效利用这些关键资源，以此推动组织发展。⑨布莱德林（Bradley，2010）等学者指出，创业之初可能已经有了一项高技术，后者创新出了新的商业模式，但是如果没有获取关键资源，并实现资源的合理优化配置，创业也会遇到重重难题。在复杂而激烈的市场环境中，新创企业将面对很多机会与风险，无论是抓住机会，还是规避风险，都需要资源的获取与运用。可以说，创业过程就是将创业者个人资源逐步转化为组织资源的过程，而个人资源在这一过程中还将进一步演化为企业核心竞争力⑩。综上可知，资源无论是对个人、企业还是各类组织而言，都具有十分重要的作用，甚至是基础作用，不能获得并有

①　Barney J，"Firm resource and Sustained Competitive Advantage"，*Journal of Management*，1991（17）.

②　Pfeffer J，Salanoik G，"The External Control of Organizations：A Resource Dependence Perspective"，New York：Harper and Row，1978，14.

③　Bhide A，"The Origiin and Evolution of New Businesses"，Oxford University Press，2000，16.

④　Lichtenstein B M B，Brush C G，"How Do Resource Bundles Develop and Change in New Ventures? A Dynamic Model and Longitudinal Exploration"，*Entrepreneurship Theory and Practice*，2001（25）.

⑤　Geroski P A，Mata J，Portugal P，"Founding Conditions and the Survival of New Firms"，*Strategic Management Journal*，2010（31）.

⑥　Kim P，Aldrich H.，"Social Capital and Entrepreneurship"，Now Publishers Inc，2005，23.

⑦　Kim P，Aldrich H.，"Social Capital and Entrepreneurship"，Now Publishers Inc，2005，38.

⑧　Hillman A，Withers M，Collins B，"Resource Dependence Theory：A review"，*Journal of Management*，2009（35）.

⑨　Davis G，Cobb A.，"Resource Dependence Theory：Past and Future"，*Research in the Sociology of Organizations*，2010（28）.

⑩　Bradley S，Aldrich H，Shepherd D，et al.，"Resources，Environmental Change，and Survival：Asymmetric Paths of Young Independent and Subsidiary Organizations"，*Strategic Management Journal*，2011（32）.

效配置利用关键资源，即便拥有了较高水平的高新技术，或者创新出了先进的商业模式，也未必能推动知识转化为先进生产力，此时智慧权力将受到较大制约，甚至形成发展障碍。

（二）社会资本理论

在社会发展过程中，环境具有高度复杂性和非确定性，对于人才发展和组织建设而言，需要不断地搜索和探寻机会，并没有"精益发展战略"，在发展过程中，如果不能与政府部门、金融机构、行业组织、社会组织等构建良好的社会网络，社会资本的不足就会制约人才与组织的发展。

法国社会学家布迪厄（Bourdieu）于20世纪70年代进行法国社会现象研究时，发现法国阶层差异的一个原因是，各阶层人群对社会资本的占有不同。布迪厄指出社会资本是社会成员从各种不同的社会结构中所能获得的利益，两个因素会影响到社会资本的数量，一是社会关系本身，即个体可以加以运用的联系网络规模的大小；二是网络中每个成员以自己的权力所占有的资本多少[1]。通过布迪厄的论述，我们可以看出，在人才与组织发展过程中，社会资本（社会关系网络等）对资源的获取具有重要影响，进而影响了人才和组织的发展路径。

在布迪厄的研究基础上，大量学者进行了进一步研究。典型研究包括：伊万·瑞恩科、奥特和斯帕恩扎（Yli-Renko H，Autio E，Sapienza H，2001）在分析了英国180家新技术企业后发现，社会资本可以提高技术研发绩效[2]。伯顿、索伦森和贝克曼（Burton，Sorensen and Beckman，2002）调研了美国硅谷高技术创业企业，指出创业者的社会资本可以有效降低复杂环境的不确定性，提高技术成果转化率[3]。沙恩和斯图尔特（Shane and Stuart，2002）指出社会资本在降低创业失败率之外，还有助于吸引风险投资和股票上市[4]。卡洛丽思、莉姿和艾德斯顿（Carolis，Litzky and Eddleston，2002）在大量样本研究之后，指出社会资本可以提高风险承担能力[5]。科贝（Cable，2005）则站在金融机构视角进行分析，发现

① Bourdieu P.，"Outline of a Theory of Practice"，Cambridge University Press，1972，14.

② Yli-Renko H，Autio E，Sapienza H，"Social Capital，Knowledge Acquisition，and Knowledge Exploitation in Young Technology-based Firms"，*Strategic Management Journal*，2001（22）.

③ Burton D，Sorensen J，Beckman C.，"Coming from Goodstock：Career Histories and New Venture Formation"，*Research in the Sociology of Organizations*，2002（19）.

④ Shane S，Stuart T.，"Organizational Endowments and the Performance of University Startups"，*Management Science*，2002（48）.

⑤ Carolis D，Litzky B，Eddleston K.，"Why Networks Enhance the Progress of New Venture Creation：The Influence of Social Capital and Cognition"，*Entrepreneurship Theory and Practice*，2009（33）.

金融机构更愿意选择有自身具有强关系的创业者[1]。派特尔和特扎斯（Patel and Terjesen，2011）指出创业者的社会资本水平、关系强度和网络范围显著影响着出口绩效[2]。艾尔菲林和哈森科（Elfring T. and Hulsink W，2003）指出成功的创业者善于构建社会网络取得丰富资源，并推动企业发展。[3] 熊和摩诃婆罗多（Xiong and Bharadwaj，2011）指出知识吸收能力正向调节了社会资本的作用[4]。

　　国内在这一领域的研究成果也较为丰富。张玉利、杨俊和任兵（2008）指出丰富的社会资本更利于创业者发现商业机会，而创业者的经验则对此起正向调节作用[5]。朱秀梅和费宇鹏（2010）强调关系网络是企业获取外部资源的重要途径，是外部环境与企业之间的桥梁[6]。蒋春燕和赵曙明（2008）指出组织学习、社会资本和创业相互促进，互相影响[7]。李新春等指出社会资本是家族企业的重要战略维度，社会资本通过传承实现了企业跨代际发展[8]。

　　此外，社会资本领域中关于网络规模（关系的数量）、网络范围（关系的多样性）、关系强度（持久、紧密的网络关系）、网络密度（网络中关系主体所拥有的平均关系数量）和网络集中度（网络主体掌握关系数量的差异性，差异性越大，集中度越高）是较为受关注的研究领域。[9]

二、创新资源分类

　　支持创新的"社会资源"内容广泛，以下六种资源最为重要，即经济资源（包括生产资料资源、财产或收入资源、市场资源）、职业或就业资源、政治权力

---

① Cable D. ，"Network Ties，Reputation，and the Financing of New Ventures"，*Management Science*，2003（48）.

② Patel P，Terjesen S. ，"Complementary Effects of Network Range and Tie Strength in Enhancing Transnational Venture Performance"，*Strategic Entrepreneurship Journal*，2011（5）.

③ Elfring T. ，Hulsink W. ，"Networks in Entrepreneurship"，*The Case of High-technology Firms Small Business Economics*，2003（21）.

④ Xiong G，Bharadwaj S. ，"Social Capital of Young Technology Firms and Their IPO Values：The Complementary role of Relevant Absorptive Capacity"，*Journal of Marketing*，2011（75）.

⑤ 张玉利、杨俊、任兵：《社会资本，先前经验与创业机会》，载于《管理世界》2008 年第 7 期。

⑥ 朱秀梅、费宇鹏：《关系特征，资源获取与初创企业绩效关系实证研究》，载于《南开管理评论》2010 年第 13 期。

⑦ 蒋春燕、赵曙明：《组织学习，社会资本与公司创业——江苏与广东新兴企业的实证研究》，载于《管理科学学报》2008 年第 11 期。

⑧ 李新春、何轩、陈文婷：《战略创业与家族企业创业精神的传承——基于百年老字号李锦记的案例研究》，载于《管理世界》2008 年第 8 期。

⑨ Collins，C. J. ，Clark，K. D. ，"Strategic Human Resource Practices，Top Management Team Social Networks，and Firm Performance：The Role of Human Resource Practices in Creating organizational Competitive Advantage"，*Academy of Management*，2003（46）.

资源、文化资源、主观声望资源，以及人力资源①。格伦斯基（David B. Grusky，2001）、李春玲（2005）、李强（2011）、李路路（2013）等在关于社会资源分类研究中，都是基于上述分类进行了再次分类，或者选择了部分重要资源类型进行了深入研究。

（一）　经济资源

生产资料资源、财产或收入资源、市场资源三类经济资源，是社会资源中的物质资源。"物质基础决定上层建筑"，经济资源的所有权直接影响了人民的基本生活状态。三类经济资源中，生产资源、财产或收入资源的所有权影响着人民生活。而市场资源则强调控制商品与劳务的能力，关注人们在市场中可交换得到的经济资源。对这一类资源进行研究的典型代表是马克思，他以此为基础分析了阶级斗争的内在矛盾。米尔斯（C. W. Mills，1949）、布雷弗曼（Harry Braverman，1956）、赖特（Erik Olin Wright，1923）、马克斯·韦伯（Max Weber，1902）等在这一领域也进行了大量研究。

（二）　政治资源

政治资源是社会资源中较为重要也较为敏感的资源。马克斯·韦伯（Max Weber，1900）、达伦多夫（Ralf G. Dahrendorf，1990）、尼科斯·普兰查斯（Nicos Poulantzas，1980）等都在这一领域进行了深入研究。

政治资源与经济资源呈现交织互动、互相渗透的趋势，由此引致了阶层分化不断加剧。政治资源又存在传承特点，会引发利益再分配的深层次矛盾，因此，政治资源的获取与配置比其他资源更为重要和敏感。

（三）　文化资源

文化资源广义上泛指与文化活动有关的生产和生活内容；狭义上指对人们产生直接和间接经济利益的精神文化内容②。文化资源中的研究热点是关于教育资源的配置与传承问题。大量的实践与研究表明，教育资源至今仍无法实现普遍均等化，而相对富裕的阶层或者拥有更多政治权力的阶层，他们的子女往往可以享有稀缺优质教育资源，在这种传承模式下，文化资源之间拉开了阶层差距。

除此之外，以凡勃伦（Thorstein Venblen，1989）为代表的一些学者，进一步研究了文化资源与经济资源、政治权力资源之间的交互关系。布迪厄（Pierre-Bourdieu，1990）指出不同的文化资源与生活习惯演化路径紧密相关。

---

① 李强：《社会分层十讲》，社会科学文献出版社 2011 版，第 12 页。
② 李艳洁：《内蒙古西部回族历史文化资源考察——以呼和浩特市回族历史为例》，载于《内蒙古农业大学学报》（社会科学版）2011 年第 8 期。

（四）　职业资源

职业是公民社会形象的重要展示载体，而公民确实可以依托自身职业获得相应资源，一切特殊或重要职业工作者，往往可以依靠自身职业获得较为丰富的异质性资源。

一些学者在这一领域进行深入研究，如丹尼尔·贝尔（Daniel Bell，1967）指出科学家、工程师、技术人才的职业分工使他们垄断科学知识，而科学知识使他们能控制发达工业社会主要机构。美国社会学家彼得·布劳（Peter Michael Blau，1998）和奥蒂斯·邓肯（Otis Dudley，1998）也指出了美国职业结构影响了资源结构。除此之外，戈德索普（John Goldthorpe）等也在这一领域进行了深入研究。

（五）　社会声望资源

社会声望虽然不如经济资源、政治权力资源和文化资源那样引人瞩目，但是随着社会的转型发展，中国对部分富裕群体冠以"暴发户""土财主"等称谓，可见社会上对这类有权有钱，却名声不好的人群并不认可，其综合社会地位并不高。

在欧洲一些国家，社会声望资源尤为重要，上流社会圈不是有钱或者有权就一定可以进入的，"贵族"身份与气质与社会声望紧密相关，因此，社会声望虽然相对无形，却也在构筑关系网，建立资源圈时发挥着越来越大的作用。

（六）　人力资源（人力资本）

人力资源与人力资本一直是研究热点，人力资本理论的创立者是舒尔茨（Theodore Schultz）、贝克（Gary Becker）等，强调通过对人力资源进行投资，提高教育水平，获得"先赋地位"（ascribed status）之外的"自获地位"（achieved status）。

关于人力资本的研究非常丰富，包括教育投资绩效、人力资源异质性、人力资源不同阶段发展特点、人力资本与经济绩效关系、人力资本与社会发展关系等。这些研究都强调了"人力资源"这一要素的重要性，指出了人力资源与物质资源之间的异同。

三、资源与社会阶层

谈到资源，社会阶层是不得不提到的议题。因为，社会分层的本质是对不同资源的占有、控制、使用问题，社会分层本质上讲的是社会资源在各群体中是如何分布的①。康芒斯指出，资源配置的决定因素不是市场，而是社会制度中的权力结构，而权力结构又引致了阶层结构②。可见，资源分配与社会分层是紧密相关的两个重要议题。

（一）中国社会分层

任何国家、任何历史阶段、任何社会制度下都会产生不同的社会阶层。新中国成立之后，随着改革开放的不断推进，中国社会经济水平得到了大幅提升，同时社会分层也随之发生变化。中国人民大学教授李路路指出，基于社会而不是政治或经济等视角，"社会分化"揭示了社会变迁的重要特征。③ 在改革开放之后的这段时间，以制度和权力分化为基础，逐渐演化为了中国不同社会阶层，中国社会成员的社会差别和社会不平等正在发生变化。

1. 社会阶层的基本内涵

因社会关系的分化而形成不同的社会地位，享有不同社会地位的利益群体就称为阶级或阶层。在历史发展过程中，社会阶层划分并非一成不变，阶层成员组合同时也随着社会结构巨变，进行着不同成员之间的再次组合与离散。同一阶层中的成员，常常在经济意识、政治意识、文化意识等方面具有相似性，进而产生同一性的阶层利益，并为实现这些阶层利益采取统一行动，进而形成阶层行动。

因为不同阶层利益分配目标不同，因而产生不同甚至冲突的阶层行动，各阶层之间的关系充满张力，社会关系分化带来的矛盾与冲突不断显现。

2. 典型中国社会分层模式

中国当下社会基层分层模式没有统一定论，比较知名的几种分层模式，包括：以中国社会科学院研究员陆学艺牵头撰写的《当代中国社会阶层研究报告》，提出以职业分类为基本原则，以组织资源、经济资源、文化资源占有状况为依据，把当下中国社会群体划分为十个阶层：国家与社会管理者阶层、经理人员阶层、私营企业主阶层、专业技术人员、办事人员阶层、个体工商户阶层、商业服务人员阶层、产业工人阶层、农业劳动者阶层和城乡无业、失业、半失业阶层④。

清华大学李强教授根据利益获得的情况将当今中国社会各阶层区分为四个主要社会群体，即特殊获益者群体、普通获益者群体、利益相对受损群体和社会底层群体。⑤

---

① 边燕杰、芦强：《阶层再生产与代际资源传递》，载于《人民论坛》2014 年第 1 期。

② 李路路：《社会结构阶层化和利益关系市场化——中国社会管理面临的新挑战》，载于《社会学研究》2012 年第 3 期。

③ 李路路：《社会结构阶层化和利益关系市场化中国社会管理面临的新挑战》，载于《社会学研究》2012 年第 2 期。

④ 陆学艺：《当代中国社会阶层研究报告》，社会科学文献出版社 2002 年版，第 14 页。

⑤ 李强：《当前中国社会的四个利益群体》，载于《学术界》2000 年第 3 期。

中国人民大学李路路教授进一步指出了中国当下社会分层的三大变化：中产阶层逐渐在社会中占据主导地位、物质财富和教育机会呈现代际传递特点、阶层矛盾张力逐步增强[①]。

除此之外，西安交通大学教授边燕杰等学者又对阶层流动、资源分配等内容进行了进一步研究。互联网上也同时流传着一些让网民津津乐道的阶层分类方法。综上可见，虽然各位学者和实践过程中，关于阶层的分类方法不尽相同，但是各有依据，而阶层分类也是社会成员十分关注的话题，关注的原因不仅仅与自己到底属于什么阶层，更与自身到底获得了什么资源，被掠夺了什么资源感兴趣，也就是说社会成员对阶层的关注，某种角度上是对资源分配的"公平性"感兴趣。

（二） 政府与市场：阶层公共与私有资源分配

美国学者帕森斯认为，权力是一种监督个体履行有约束力的义务的普遍化能力。原有以行政权力为核心的社会阶层体系，会渐进过渡为以市场权力为基础，新的权力结构会逐渐形成[②]。

阿西莫格鲁（Acemoglu，2005；2008；2012）指出权力结构是国家内法定权力和事实权力在不同群体间的配置，权力结构不同将导致不同形态的政府形态。[③]而政府形态又决定了资源配置方式与路径，进而影响经济绩效与社会发展轨迹。关于政府配置资源还是市场配置资源之争由来已久，如何界定政府权力与市场之间的边界一向是研究与实践热点。

对于资源配置方式领域，马克思·韦伯、阿西莫格鲁、张五常、张维迎等学者均进行过深入研究，总体看来，对资源配置的方式可以归为两类：政治权力配置和市场配置。

因为政治权力具有等级制的天然依从性，政治权力对资源的配置，正是依托不同的等级，对资源进行不同种类、不同范围的配置，体现了公共与强制性，也体现了资源利益在不同层级、不同区域之间分配的冲突与矛盾。马克思和加尔布雷斯强调，从没有绝对的经济学领域，权力一直是经济学配置资源的一种重要方式；阿西莫格鲁也指出权力是经济制度变迁的重要因素[④]。此外，又因为政治权力配置的多属于公共资源，在配置过程中如果没有得到很好的监督，会发生腐败

---

① 李路路：《从阶层分化到阶层结构化我国社会阶层结构有哪些新变化》，载于《人民论坛》2016年第6期。

② 李路路：《社会结构阶层化和利益关系市场化中国社会管理面临的新挑战》，载于《社会学研究》2012年第2期。

③ 唐志军、谌莹、向国成：《权力结构、强化市场型政府和中国市场化改革的异化》，载于《南方经济》2013年第10期。

④ 阿西莫格鲁、约翰逊：《罗宾逊制度：长期增长的根本原因》，南京大学出版社2006年版，第121页。

问题，中国目前正在变革的监察制，也正是希望逐步解决此类问题。

产权是维护商品经济秩序，保证商品经济顺利运行的法权保障工具。市场正是基于产权制度进行资源配置，而市场经济的基础制度也正是产权制度，市场的交易制度也正是产权交换制度，因此从这个视角来看，市场配置资源过程更多地依托价格机制和市场交易原则，是对私有资源进行配置，体现了公平自愿、平等交互等特点①。

但是由于政府与市场的边界到底如何划分，在不同国家不同历史阶段，均有着不同的实践与争议。当下的中国，也仍旧在不断探索和实践着适合中国国情的政府边界，党的十八届三中全会提出"使市场在资源配置中起决定性作用"，资源配置效率的评价权、资源配置的最终决定权在市场。因为中国历来是由政府主导配置资源，如党的十四大曾提出发挥市场配置资源的基础性作用，实质上就是资源配置效率的评价权、资源配置的最终决定权在于政府。所以，"寻租"式资源配置方式仍在当下的中国屡屡存在，由政府过渡到市场主导资源配置，在一定时期内将面临各种各样的困难，这也将是本章后面要探讨的问题。

四、精粹资源的代际传承

阶层再生产仅仅是身份的传递吗？答案显然是否定的。父代总是用某些方式维持子代的地位，而地位的潜在含义是资源，阶层身份的继承实质上是资源的代际传递②。资源占有的不均等，产生了阶层的不平等，而资源通过代际传承，"马太效应"凸显，进一步加大了资源集中度，优势阶层试图牢牢把控资源，劣势阶层努力寻找资源流动通道，社会阶层之间的冲突与矛盾不断加剧。在所有的资源中，最为重要的是经济资源、政治资源和文化资源，下面就对这三类资源代际传承进行深入分析。

（一）经济资源的代际传承

经济资源包括生产资料资源、财产或收入资源、市场资源等资源③。因为遗产税一直在商榷阶段，根据中国现行法律：《中华人民共和国宪法》④ 和《中华人民共和国物权法》⑤ 等规定，私有财产不受侵犯，因此经济资源中的私有性资

---

① 唐志军、谌莹、向国成：《权力结构、强化市场型政府和中国市场化改革的异化》，载于《南方经济》2013 年第 10 期。

② 边燕杰、芦强：《阶层再生产与代际资源传递》，载于《人民论坛》2014 年第 1 期。

③ 李强：《社会分层十讲》，社会科学文献出版社 2011 年版，第 12 页。

④ 《中华人民共和国宪法》，中国民主法制出版社 2014 年版，第 12 页。

⑤ 《中华人民共和国物权法注解与配套》，中国法制出版社 2014 年版，第 65 页。

源实现了完整性的代际传承。

中国经济资源中的市场资源在改革开放前后出现较大幅度变化，这与国家经济改革制度紧密相关。改革开放之前，公有制绝对主导着经济资源在社会各阶层之间的分配，中央计划经济体制占绝对主导地位，社会的利益关系具有国家再分配性质，经济资源分配虽有差别，但差距并不巨大。

但是改革开放之后，市场经济发挥越来越多的作用。市场资源逐渐被集中到部分人手中，一批富裕人群陆续涌现，形成了新的社会阶层，经济资源的分配和传承，受到了社会各阶层的普遍关注。中国社会转型发展过程中，涌现了一批依靠"投机取巧""攫取资源"等方式，甚至是违法方式取得巨额暴利的人群，这些暴富人群一方面在经济资源上快速攫取；另一方面并没有体现与经济资源拥有量匹配的素养，带来了很多负面评价。当这部分经济资源通过代际进行传承时，"富二代"成为热词，引起了社会较大关注，批评明显多于赞赏。因此，经济资源的代际传承成了社会热点，遗产税到底如何征收、何时征收，市场资源如何依靠合理竞争进行配置，等等，都是近年来的焦点话题。由此可见，市场关系实质上是一种经济关系系统，这一系统已被权力结构化（Giddens，1973），[①] 改革开放带来的社会经济快速发展，也带来了新的社会分层和矛盾。

（二）政治资源的代际传承

政治资源是指"政党和政权所提供的身份、权力、资源以及由此而来的影响力和威慑力"[②]。按照各国现行政治制度，政治职权不能代际传承，但是现实情况是，拥有丰富政治资源的父辈，往往通过家庭训导、家族声望、关系网络，有时再同时借助制度缺陷，实现了政治资源的变相代际传承。这一现象不是哪个国家的个别现象，而是在国际社会中普遍存在的现象，在韩国、日本、印度等重视社会关系网络的国家更是相对普遍，即便是强调民主的欧美国家，也同样存在这一现象。而中国政治资源的代际传承也较为普遍，并诞生了"官二代"这一名词。张乐和张翼通过大量数据统计，得出父辈是处级及以上职位家庭的子女得到科级职位的概率是普通百姓家庭的 1.55 倍[③]。

与经济资源和文化资源传承相比，政治资源的代际传承最为敏感。公务员报考热，也恰恰印证了马克思所指出的：公众在追求经济利益的过程中更多地体现了对权力的追逐。

---

① Cirlrlans, Anthony, "The Class Structure of the Advanced Societies", *London*: *htchinson*, 1973.

② 边燕杰、吴晓刚、李路路：《社会分层与流动：国外学者对中国研究的新进展》，中国人民大学出版社第 2008 年版，第 26 页。

③ 张乐、张翼：《精英阶层再生产与阶层固化程度——以青年的职业地位获得为例》，载于《青年研究》2012 年第 9 期。

（三） 文化资源的代际传承

文化资源因为不如经济资源那样可以直接显现物质利益，也没有政治资源投射出来的权力那么吸引人，但却是人力资本发展的根基。文化资源的获得一般来自公共教育、公共文化资源和家庭内部文化资源等渠道。中国的"书香门第"一词恰当地展示了文化资源传承的历史印迹。法国社会学家布迪厄认为，精英家庭将潜移默化的社会化方式进行养成，并以"惯习"形式进行家族内代际传承，形成文化再生产与传承①。

文化资源传承的一个重要研究领域是教育资源传承，大量的研究表明，文化资源丰富的父辈，更有资本和机会，为下一代子女获得优越的教育机会和教育资源，进而实现教育资源的代际传承。在人力资本重要性极高的现代社会，教育类文化资源的传承正在对人一生的发展发挥越来越大的作用。但是由于阶层固化，底层社会成员向上流动的通道并不顺畅。

五、资源流动出现阶层"内卷化"

社会资源的世代积累、代际传承、阶层阻隔，逐渐形成了资源流动的阶层"内卷化"。阶层"内卷化"是指通过一些先赋性和获得性的因素，使社会中享有特权的群体构筑资源壁垒，阻止劣势阶层获得社会阶层向上流动的通道，同时保证特权阶层稳定并持久地获得优势社会位置②。虽然随着时代的发展，中国的阶层流动性有所改善，但是中国社会长久以来积淀的经济、政治、文化等资源的代际自我复制与积累，正在形成精英阶层"内卷化"，不平等的阶层陷阱，相当稳固且代代相传，仍旧在扼杀阶层之间的流动性。

（一） 利益分配规则固化导致阶层"内卷化"

由前文分析可知，对经济资源、政治资源、文化资源等重要资源的不均等获取而产生了社会分层，优势阶层不断构筑资源获取与配置壁垒，引致了阶层"内卷化"。马克思·韦伯犀利地指出社会阶层的形成机制就是"社会封闭"过程，借由社会封闭过程，优势社会成员形成"圈子"，并努力地将优质资源限制在自身圈子之内，试图实现自身利益最大化。帕金指出，优势阶层经常采用社会排斥机制，通过阶层封闭来强化自身特权③。总而言之，优势阶层通过精英结盟，利

---

① Bourdieu, "Cultural Reproduction and Social Reproduction. In Right and Ideology in Education", Oxlord University Press, 1977.

② 陆学艺：《当代中国社会结构》，社会科学文献出版社 2010 版，第 211 页。

③ Frank Parkin, "The Social Analysis of Class Structure", Tavistock Publication, 1974.

用政治权力制定固化既有利益的分配规则，不断攫取更多的利益，劣势阶层则一再被阻碍在进阶进程中。

除此之外，我们还应站在中国历史轨迹和当下情境中，进一步剖析中国社会阶层固化的其他制度原因。王春光指出："制度和政策安排为中国社会流动，打上了深深的体制转轨烙印"[①]。随着中国社会转型的巨大变迁与剧烈变革，社会阶层固化的制度成因中，最引人关注的是城乡二元制，这一制度不仅在地域上分割了城市与农村的二元结构，还在城镇化进程中造成了新的城内二元分隔，中国独特的户籍制度导致了不公平的医疗资源、教育资源、福利资源配置模式[②]。清华大学李强教授通过社会调研，发现农民工即便拥有了一定数量与质量的技术，也不能获得与技术相匹配的阶层地位[③]。

有学者提出基尼系数即使接近 0.4 都不可怕，可怕的是社会底层群众看不到向上流动的希望，因绝望而怀疑国家政策和主流意识形态[④]。这充分反映出阶层"内卷化"过程中的深层矛盾，也对制度再建设，打通阶层流动通道提出了更急迫的要求。无论是破解利益分配固化机制，还是为底层社会成员设计更好的发展机制，都对打破阶层"内卷化"具有重要意义。

（二）社会资源的代际传承加剧阶层"内卷化"

前文主要论述了精英转换与代内流动，但是通过布劳—邓肯的经典路径分析，可以看出社会资源代际传承加剧了阶层"内卷化"。从宏观层面看，中国社会流动并不是简单的现代化背景下进行的理性过程，不是仅仅靠经济结构和职业结构的变迁就可以破解社会流动固化难题，经济技术理性因素仅仅是其中一个因素，应综合政治、社会、文化诸多因素考量社会流动过程。

李路路和朱斌通过实证研究，指出：无论社会开放性如何变动，从总体模式看，代际继承在各个时期始终是社会流动的主导模式[⑤]。相近紧密的阶层之间流动性在加强，但是跨层流动难度依旧很大，而且代际传承的资源积累不断加大了跨层流动的难度，在缺乏撬动阶层流动的"制度"杠杆情况下，如果教育孵化人力资本的作用也没有被有效发挥，部分社会阶层向上流动的通道被锁死，一些社会成员将选择放弃后天努力，由此，双重负向作用和不良影响，将使阶层结构呈现内部静止化和固化[⑥]，加剧了阶层"内卷化"。

---

①　王春光：《当代中国社会流动的总体趋势及其政策含义》，载于《中国党政干部论坛》2004 年第 8 期。

②④⑥　姚迈新：《社会阶层固化制度化解释与突破》，载于《岭南学刊》2014 年第 2 期。

③　李强：《为什么农民工"有技术无地位"——技术工人转向中间阶层社会结构的战略探索》，载于《江苏社会科学》2010 年第 6 期。

⑤　李路路、朱斌：《当代中国的代际流动模式及其变迁》，载于《中国社会科学》2015 年第 5 期。

第二节 "中国式关系"主导创新资源配置

智慧权力能否靠自身力量获得优质社会资源，将知识与资源进行耦合与裂变，催生具有国家战略意义的新兴产业，对中国社会发展轨迹具有重要影响。本节通过理论分析、实证调查，试图剖析中国当下智慧权力与社会资源之间的桥梁，是靠公平竞争制度让智慧显示出科学"魅力"，让资源自由流畅地涌向人才；抑或是依靠中国传统"熟悉人"社会的关系网络，强关系与弱关系的不同深刻影响了资源涌向路径？

一、中国式关系构成了中国伦理社会

关系并不是中国独有名词，沃纳（W. Lloyd Warner，1949）就在 1949 年出版专著"Social Class in America"，分析了美国社会关系对美国人社会阶层进阶的影响。雅各布斯（Jane Jacobs，1961）、布迪厄（Pierre Bourdieu，1997）、科尔曼（James Coleman，1990）等都对关系进行了深入探讨。但是中国式关系具有独特性，强调"熟悉人"社会，体现"差序格局"的关系网络，费孝通、梁漱溟、格兰诺维特（Mark S. Granovetter）、林南（Lin Nan）、李强、边燕杰等学者均对中国式关系进行了深入探讨。

（一）"关系与利益交织的"差序格局社会

关于中国社会论述，最为著名的就是费孝通先生指出的"差序格局社会"，"以己为中心……和别人所联系成的社会关系……像水的波纹一般，一圈圈推出去，愈推愈远，也愈推愈薄"[1]。这些描述形象地概括了中国社会中的圈层式关系网络结构。

中国文化中，"关系"即为"伦"，每一"伦"都有与之相应的情谊行为，称之为"伦理"[2]。围绕着中国式伦理，社会成员构建了彼此之间的行为交往规则，并进一步建构了社会关系网络，在关系网络内的人，尤其是强关系的成员之间，普遍标准不再那么重要，重要的是这个人与自己是什么关系，我可以针对这个人拿出什么个性化标准来[3]。中国伦理社会下的关系原则，具有鲜明的重

---

① 费孝通：《乡土中国·生育制度》，北京大学出版社 1998 年版，第 15 页。

② 翟学伟：《关系研究的多重立场与理论重构化》，载于《江苏社会科学》2007 年第 3 期，第 118～130 页。

③ 费孝通：《乡土中国》，人民出版社 2012 年版，第 42 页。

"私"而轻"公"的特点，强调关系从自身出发①，但这并不是说我们的社会中没有公，而是指我们社会中的一切关系都是由"私"衍生出来的，是"私人联系的增加"②。

关系之所以重要，是因为由关系衍生出来"关系"式利益网联。一般意义上讲，关系网络的建立是基于情感性交流、工具性需要或二者的混合③。"关系"表面看起来似乎仅仅是感情交流和积淀的方式，但更深刻的事实是，"关系"是交换有价值的物质或情感的纽带。在中国文化中，关系的强弱是能否被允许进入某一个利益联盟的重要标准。与关系相比，知识往往变得不那么重要。而强关系往往存在于家族亲人、熟悉朋友中，如民间流传的"四大铁"，就显示了中国人根植于内心价值观的利益网联准则。这些强关系彼此之间再次交叠网联，搭建了弱关系、无关系人群很难进入的"关系"式利益通道，在这些通道里，资源被以更巧妙的方式吸附、集聚、裂解，创造更大的政治利益和经济利益，不断地拉大阶层之间的距离，使跨阶层流动更加艰难，而位于金字塔顶部的阶层则牢牢锁死了其他阶层进阶的关口。换言之，如果没有利益纽带，很多关系也会分崩离析，所以，关系与资源利益是交织不可分的孪生兄弟，很多时候都在逆向影响着中国社会前进方向。关系式利益联结，存在着不公平、隐秘、潜规则等非正常规则，不仅可以影响普通民众的生活，甚至可以影响任何一个国家的政治经济格局④。所以，关系问题根植在中国伦理价值观之中，在各个领域都影响着中国的社会发展。

梁漱溟先生指出，西方社会是个人本位社会，苏联是典型的社会本位，中国则是伦理本位社会⑤。金耀基感慨地指出，中国人对"关系"网络建构的乐此不疲，是源于根植于心的内在文化，时时处处都可以展示熟练的"拉关系"高超技巧⑥。人们在自己尚未意识到的情况下，就逐步建立了以血缘、业缘、地缘关系为起始点的关系圈层，每个人在这里都不是真正意义的独立个体，而是与某某人有某某关系的人，私人关系如此重要以至于社会关联主要是基于私人联系建构而成，每个人在关系网络中都被各种强弱关系"标签化"。

关系的奥妙在众多成员中了然于心，交结各位"神通人物"，就是希望进入各类关系网络，关系作为"谋利"工具屡试不爽。强关系成员之间愿意交换更多的资源，弱关系就会次之，而强关系的诞生除了感情，还可以借助一次次的"利

①　崔学伟：《关系研究的多重立场与理论重构》，江苏社会科学 2007 年版，第 118～130 页。

②　费孝通：《乡土中国》，人民出版社 2012 年版，第 34 页。

③　黄光国：《面子——中国人的权力游戏》，中国人民大学出版社 2004 年版，第 1～39 页。

④　张亚泽：《当代中国转型社会的"关系"式利益联结及其政治影响分析》，载于《学术论坛》2008 年第 9 期。

⑤　梁漱溟：《中国文化要义》，世纪出版集团 2003 年版，第 19 页。

⑥　金耀基：《金耀基自选集》，世纪出版集团 2002 年版，第 94～111 页。

益输送",人际关系网络如此明显而深刻地影响,甚至是决定着各类左右个体发展的社会资源配置方式与配置渠道①。于是,出现了人们一边痛恨政府官员之间的关系网络造成了利益分配不公,一边拼命通过考公务员等方式,试图进入这个阶层获取某些特殊利益。

(二) 不断提高"强关系度"的"熟悉人"社会

清华大学李强教授站在另外一个解释向度,指出中国是"熟悉人"社会。"差序格局"解释了"近强远弱"的社会关系结构,而"熟悉人"是解释中国人相互联结的本质特征。

"熟悉人"特指因社会联系而形成的具有比较频繁社会互动的社会关系群体。在中国,"熟悉人"是社会信任的基础。"熟悉人"的类型多种多样,例如,亲属关系,也包括其他的"熟悉人",如老同事、老战友、老首长、老部下、老乡、老同学,等等。

于是,与有价值的"熟悉人"如何建立强关系,就成了很多人钻研的重要技巧。与个人联系紧密的强关系(关系紧密,互动频繁,有较多的情感因素)处于个人的核心网络位置,具有很强的同质性。弱关系(互动较少,较少情感因素)处于个人网络的边沿,异质性较强。格兰诺维特(Granovetter,1982)对美国求职方式进行跟踪调查发现,因为弱关系的网络范围更广,所以大多数美国人借助弱关系获得工作。而边燕杰(Bian,1997)则通过调查发现,中国人是运用强关系获得职业。同时,边燕杰(Bian,2004)进一步发现,因为政治经济体制的改革,导致出现大量体制断裂造成的"体制洞",而社会关系网络之所以能够得到快速发展,恰是因为关系网络可以架构各种"结构洞"桥梁,带来更多灰色利益。处于社会网络中心节点的成员,对整个关系网络具有强大的影响力和操纵力,甚至可以运用隐秘的技巧,牺牲网络中边缘人的利益,为自己攫取更大的利益。如资本市场中的层次信息传播与运作,就体现了这一特点,位于资本网络核心的人,似乎从不会失利,而在关系网络中渐次推远的关系节点上的成员,则未必这么幸运,这些边缘成员,似乎得到了一些内幕消息,但是也常常因为网络路径太长导致消息失真或不及时,有关系的边缘人在利益获取上就没有那么多的幸运和成功率了。

所以,一些位于重要关系网络外的社会成员,希望通过各种途径进入这个网络,进入后,又努力地试图从网络边缘移动进入网络中心。仔细观察社会现象,不难发现,这种模式是很多社会成员获取政治资源和经济资源的典型方式。这

---

① 张亚泽:《当代中国转型社会的"关系"式利益联结及其政治影响分析》,载于《学术论坛》2008年第9期。

样，我们就看到有关系的父辈为子女营造了美好的"进步阶梯"，没有关系的父辈一面鼓励子女努力学习，一面迷茫子女将来可以获得什么样的职业和发展前景。那些"寒门贵子"靠学问进阶后，似乎又陷入了下一个关系漩涡，媒体上分析一些腐败官员，总是指出某个腐败官员幼时的经济贫穷是成年后腐败的一个心理根源，而每一次腐败背后都交织着关系与利益。这似乎是中国的"关系"与"知识"交织发展窘境。

二、以关系实现政治寻租是资源配置的壁垒

并不是所有的关系都是不良现象，生活中与亲属的关系是家庭和谐的基本要素；企业经营中与客户和产业链合作者关系良好，是企业发展的加速器与润滑剂。但是，与政治进行关联寻租却引发了种种弊端。政治关联这一中国式关系的典型现象，通过与政治权威阶层的强关系，可以获得很多社会资源，这些资源不仅仅是创新所需的资源，还包括社会方方面面的资源。寻租现象不仅造成了腐败现象频发，更导致了创新效力低下，阻碍了社会正向进步。

（一）企业界政治关联与寻租

如前所述，中国以往长期以来处于"政治集权、经济分权"的体制内，政府尤其是各级地方政府掌握着大量区隔性经济资源，正是这些经济资源决定着地方经济的发展方向和走势[1][2][3]。企业关键资源上的获取往往并不取决于自身技术竞争力，而是取决于企业与地方政府之间的关系[4]。企业家希望逐渐进入政治关联网络中心层，这就需要进一步与政府官员建立起一些私人的特殊关系，以便在未来的竞争中获得特殊行业准入证，或者获得廉价的垄断资源，或者借助政府力量，为自己的企业构筑起壁垒抵挡竞争。

一些学者通过大量调查，指出政治关联在帮助企业突破行业管制和壁垒中发

---

[1]　Oates, W. E., R. M. Schwab, "Economic Competition among Jurisdictions; Enhancing or Distortion Inducing", *Public Economics*, 1988 (35).

[2]　杨其静、杨继东：《政治联系、市场力量与工资差异基于政府补贴的视角》，载于《中国人民大学学报》2010 年第 2 期。

[3]　张敏、张胜、申慧慧、王成方：《政治关联与信贷资源配置效率——来自我国民营上市公司的经验证据》，载于《管理世界》2010 年第 11 期。

[4]　于蔚、汪淼军、金祥荣：《政治关联和融资约束：信息效应与资源效应》，载于《经济研究》2012 年第 9 期。

挥着重要作用①，最典型的做法包括：获得政府财政补贴②③④，获得特殊行业准入证⑤⑥，帮助企业获得银行的低利息贷款⑦⑧，减免税收⑨⑩。赫瓦贾等（Khwaja et al.，2005）发现，有政治关联的公司具备更大金融优势，这些公司比没有政治关联的公司不仅多获得两倍多的贷款，同时这些贷款的违约率又高于半数⑪。范思科（Faccio，2006）指出企业界与政府存在政治关联在全球范围内各国家都屡见不鲜⑫。

回到中国情境下，因为国有企业与非国有企业两大阵营具有天然的不一致性，国有企业尤其央企具有天然的政治优越性，进一步刺激民营企业加大政治关联网强度来获取平等竞争机会。再加以政治经济体制转型中，出现了体制漏洞，这些"结构洞"为民营企业的寻租创造了先天条件。政治关联是民营企业不断发展自身的重要手段⑬。在那些法规政策不健全，且政府过度干预市场发展的经济体，公司倾向于经济搭建政治关联，希望通过寻租获得更多的经营优势（Faccio，2006⑭；Claessens et al.，2008⑮；余明桂等，2010⑯）。

---

① 马晓维、苏忠秦、曾淡、谢珍珠：《政治关联，企业绩效与企业行为的研究综述》，载于《管理评论》2010 年第 2 期。

② 陶然、陆曦、苏福兵、汪晖：《地区竞争格局演变下的中国转轨：财政激励和发展模式反思团》，载于《经济研究》2009 年第 7 期。

③ 徐业坤、钱先航、李维安：《政治不确定性，政治关联与民营企业投资——来自市委书记更替的证据》，载于《管理世界》2013 年第 5 期。

④ 余明桂、潘红波：《政治关联、制度环境与民营企业银行贷款》，载于《管理世界》2008 年第 8 期。

⑤ 周黎安：《晋升博弈中政府官员的激励与合作：兼论我国地方保护主义和重复建设问题长期存在的原因》，载于《经济研究》2004 年第 6 期。

⑥ 周黎安：《中国地方官员的晋升锦标赛模式研究》，载于《经济研究》2007 年第 7 期。

⑦ 邵建平、曾勇：《金融关联能否缓解民营企业的融资约束》，载于《金融研究》2011 年第 8 期。

⑧ 罗党论、魏煮：《政治关联与民营企业避税行为研究——来自中国上市公司的经验证据》，载于《南方经济》2012 年第 11 期。

⑨ 汤玉刚、苑程浩：《不完全税权，政府竞争与税收增长》，载于《经济学》（季刊）2010 年第 10 期。

⑩ 徐业坤、钱先航、李维安：《政治不确定性，政治关联与民营企业投资——来自市委书记更替的证据》，载于《管理世界》2013 年第 5 期。

⑪ Khwaja A I，Mian A，"Do Lenders Favor Politically Connected Firms? Rent Provision in an Emerging Financial Market"，*The Quarterly Journal of Economics*，2005（120）.

⑫ Faccis M.，"Politically Connected Firms"，*The American Economic Review*，2006（96）.

⑬ 杨其静：《企业成长：政治关联还是能力建设?》，载于《经济研究》2011 年第 10 期。

⑭ Faccio，M.，Masulis，R. W. and McConnell，"Political Connections and Corporate Bailouts"，*The Journal of Finance*，2006（61）.

⑮ Claessens，S.，Feijen，E. and Laeven，L.，"Political Connections and Preferential Access to Finance: The Role of Campaign Contributions"，*Financial Economics*，2008（88）.

⑯ 余明桂、回雅甫、潘红波：《政治联系、寻租与地方政府财政补贴有效性》，载于《经济研究》2010 年第 3 期。

2012 年，在深、沪两市上市的民营制造业公司中，高管和实际控制人中至少有 1 人具有官员背景的公司比例为11%，具有人大代表和政协委员身份的公司比例高达42%①。也有报道指出，根据 2016 年数据，有三成民营银行高管出身为政府官员，而政府官员与国企高管"互换"逻辑则一直在中国普遍存在着。中国民营企业政治关联与寻租逻辑如图 4 – 1 所示。

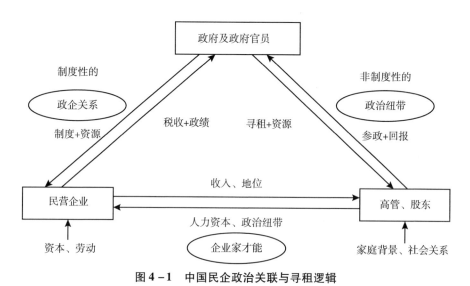

图 4 – 1　中国民企政治关联与寻租逻辑

关系式寻租除了会影响国家的政治经济机制，还带来了一个直接问题：扼杀了创新积极性。当寻租更加"简单粗暴"，更容易获得更多暴利时，越来越多的人愿意寻求并建立关系通道，而不愿意积累智慧进行技术创新。同时机制体制的不完善，创新成果得不到有效保护，企业创新收益低且风险大②③。则多种因素相互影响并夹杂在一起，中国走向创新型智本社会面临着中国式伦理陷阱。我们亟须寻找可以跨越关系陷阱，让资源自由流畅地涌向优质知识，激活创新活力，提高创新质量，构建高质量创新网络。

（二）　学术领域寻租

清华大学、北京大学两位教授施一公、饶毅在《科学》上批评中国现行的科

① 党力、杨瑞龙、杨继东：《反腐败与企业创新：基于政治关联的解释》，载于《中国工业经济》2015 年第 7 期。

② 聂辉华、王梦琦：《政治周期对反腐败的影响——基于 2003～2013 年中国厅级以上官员腐败案例的证据》，载于《经济社会体制比较》2014 年第 4 期。

③ 吴文锋、吴冲锋、刘晓薇：《中国民营上市公司高管的政府背景与公司价值》，载于《经济研究》2008 年第 7 期。

研基金分配多基于关系，而非学术优劣，做好的研究不如与官员和官员赏识的专家拉关系重要①。这种批评直指中国学界以搭建权力关系为轴心的资源分配体制。② 认为中国的科研文化"浪费资源、腐蚀精神、阻碍创新"。

这类批评声音其实并不罕见，早有媒体指出学术成果丰硕的科研人才往往也身兼行政职务，这样凭借行政职务又可获取更多的科研资源，由此部分科研资源被身兼行政职务的"大牛"级教授或研究员垄断，而这些"大牛"因为课题太多、应酬太多，自己并没有精力真正投入到科研工作中来，这些课题就又被层层分包出去，真正从事课题研究工作的是一些年轻学者，如果这些年轻学者具备较好的科研功底，还可以顺利并高质量完成课题研究，如果这些年轻学者水平不够，难以胜任课题尤其是国家重大课题的研究，则最终得到的仅仅是一个低质量的研究成果，甚至有可能是造假成果，引发系列连锁问题。

汉芯事件（Hanxin events）就是这一现象的典型代表。中国政府和学术界都试图实现高性能芯片的自主研发，而陈进任上海交通大学微电子学院院长期间，利用这种期盼，凭借自身搭建的关系网络，从最初一个科研项目到后期数十个科研项目，其间长达四年的时间，"攻克"了多项技术难题，这些虚假的技术成果凭借关系顺利地通过了一次次审核，宣传成功研发了中国自有的"汉芯一号"，赢得了外界赞誉和多达上亿元的科研基金，最终因知情人的揭露和媒体的报道压力，证实中国人带来自豪感的"汉芯一号"，是一起让人瞠目结舌的重大科研造假事件。在这个事件中，关系寻租身影随处可见，无法通过技术审核的虚假技术，在庞大的关系网助推下，成了中国人深以为傲的芯片自有技术。

如果说企业界寻租阻碍了中国创新网络正向演进，学术界的寻租行为，则给中国创新网络构建带来了致命打击。如果资源不能配置给真正需要的人才和组织，而是靠关系权力进行私下分割，中国的创新场域将失去正向前进能量，处于创新网络节点上的成员会愈加试图建立自己的关系网络，使自己成为"知名学者""官员式学者"，以此符合社会潮流需要。而一个没有声望和关系的普通研究人员，即便研发出颠覆性创新的技术，也可能被掩盖。

三、实证分析：政治关联重要度及其对创新绩效影响

本部分首先调研政治关联是否为中国最重要的企业资源，基于此进一步分析

---

① 施一公、饶毅：《经费分配体制该改了》，载于《人民日报》2010 年 10 月 18 日。
② 任初明、付清香：《权力为轴心：我国教育资源配置方式分析》，载于《现代教育管理》2011 年第 12 期。

建立政治关联，借助政治权力获得创新资源是否会影响创新绩效。

（一）广泛调研：政治关联是否为最重要的资源

1. 调查基本情况

调查对象：科技创业领军及高端人才

调查方法：问卷调查、现场访谈

调查时间：2016 年 2 月 ~ 2016 年 7 月

调查途径：网络问卷、电话访谈、现场访谈

调查内容：基本信息、企业需求信息、融资渠道、融资典型难题等

样本规模：发放了 3212 份问卷，回收有效问卷 2856 份

返回的样本中，企业所属区域分布如下：北京市 11%、上海市 11%、浙江省 12%、天津市 7%、重庆市 4%、江苏省 7%、湖北省 5%、湖南省 5%、河北省 3%、河南省 3%、安徽省 2%、山西省 3%、陕西省 3%、海南省 2%、黑龙江省 2%、吉林省 2%、辽宁省 1%、甘肃省 1%、内蒙古自治区 2%、新疆维吾尔自治区 2%。

行业分布如下：农、林、牧、渔业 3%、金融业 4%、建筑业 5%、制造业 9%、住宿和餐饮业 3%、交通运输、仓储和邮政业 4%、信息传输、软件和信息技术服务业 13%、教育 13%、租赁和商务服务业 3%、水利、环境和公共设施管理业 6%、科学研究和技术服务业 6%、文化、体育和传媒 6%、房地产业 5%、跨行业企业 15%、其他 3%。

注册资本如下：100 万元以下（含 100 万元）42%；101 万 ~ 500 万元，32%；500 万 ~ 5000 万元，16%；5000 万元以上，10%。

2. 频率和回归分析

如前所述为了更好地验证政治关联是否为中国目前最重要的企业资源，历时 6 个月发放了 3212 份问卷，回收有效问卷 2856 份，71.2% 的企业选择政治关联资源为第一重要资源。为了更好地验证这一观点，问卷设计了关于如下问题的量表题：贵公司发展过程中的关键期中，如下因素的重要度是什么？包括四个子问题：政府关系获得行业准入或政策优惠、靠自我创新取得突破进展、抓住难得的市场机会、优秀的人力资本。

为了防止虚假回答，把上述量表问题对"中国目前最重要的企业资源"问题进行了回归分析，表 4 - 1 为回归分析结果，回归方程的 R^2 为 0.116，调整后的 R^2 为 0.092，F 值为 4.763，P 值为 0.001，说明回归方程是显著的。

因此，回归方程为：$P = -0.139 \times p1 + 0.071 \times p4 + 1.524$ 　　　　（4 - 1）

表 4 - 1　　　　　　　　　　　　政治关联重要性回归分析

变量	未标准化系数		标准化系数	t	显著性
	系数	标准误差			
（常量）	1.524	0.216		7.046	0.000
$p1$	-0.139	0.035	-0.314	-3.922	0.000
$p2$	0.026	0.039	0.066	0.676	0.500
$p3$	-0.013	0.043	-0.029	-0.299	0.765
$p4$	0.071	0.042	0.166	1.703	0.091
R^2	0.116		调整后 R^2	0.092	
F 值	4.763		P 值	0.001	

政府关系获得行业准入或政策优惠的回归系数在 0.01 的水平上显著，优秀的人力资本回归系数在 0.1 的水平上显著，其他两项不显著。由此可知，目前中国当下最重要的资源确实是政治关联。

基于这个调查结果，本书希望进一步研究政治关联对企业创新绩效的影响。

（二）　政治关联与创新绩效关联性问卷：变量的测度和评价指标设计

1. 被解释变量

本书中，将企业创新绩效确定为被解释变量，试图探索政治关联和创新导向对创新绩效的影响。关于创新的内涵与定义，普遍采用并基于熊彼特提出的定义进行演绎，但是熊彼特的创新概念并不能提供相对明了的创新测度指标，因此学者们进一步采用弗里德曼[①]的研究成果进行创新测度，即主要以专利为测度指标进行创新度分析。但是随着实践的推广，专利仅仅代表了创新绩效的一个方面，如果加以考虑研发时滞性等因素，更加不能完全反映创新绩效的综合情况。因此，本书在综合多位学者的研究成果和实际访谈中企业家们的建议，建立了关于创新绩效的量表，如表 4 - 2 所示。

---

① Feldman M, "Location and Innovation: The New Economic Geography and Innovation, Spillovers, and Agglomeration", Clark G L, Feldman M P, Gentler M S, "The Oxford Handbook of Economic Geography", Oxford University Press, 2000.

表 4 - 2   被解释变量指标设计

被解释变量	子指标	量表来源
企业创新绩效	与同行业相比，贵公司常常率先推出新产品或服务；	根据贝尔（Bell，2005）①、余芳珍（2005）、宋（Song，2006）、钱锡红和杨永福（2010）②、张素平（2014）③整理
	与同行业相比，贵公司的产品改进与创新有非常好的市场反应；	
	与同行业相比，贵公司的产品/服务包含最新的技术与工艺；	
	与同行业相比，贵公司的新产品/服务开发成功率非常高；	
	与同行业相比，贵公司的新产品/服务包含最新的产值率非常高	

2. 解释变量

本书的解释变量是政治关联。如前所述，中国是典型的关系型社会，与政府官员建立关系成了中国部分企业家们热衷的事情，这既与中国文化有关，又与能通过建立良好的政治关联获得潜在利益相关。政治关联在帮助企业突破行业管制和壁垒中发挥着重要作用④⑤，最典型的做法包括：获得政府财政补贴⑥⑦⑧，获得特殊行业准入证⑨⑩，帮助企业获得银行的低利息贷款⑪⑫⑬，减免税收⑭⑮。赫瓦贾等（Khwaja et al.，2005）发现，有政治关联的公司具备更大金融优势，违约率又高于半数⑯。因此，提出假设：

---

① Bell G G, "Clusters, Networks, and Firm Innovativeness", *Strategic Management Journal*, 2005 (26).

② 钱锡红、杨永福:《徐万里企业网络位置、吸收能力与创新绩效——一个交互效应模型》，载于《管理世界》2010 年第 5 期。

③ Baumol W, "Entrepreneurship: Productive, unproductive and Destruvtive", *Political Economy*, 1990 (98).

④ Oates, W. E., R. M. Schwab, "Economic Competition among Jurisdictions: ElRciency Enhancing or Distortion Inducing", *Public Economics*, 1988 (3).

⑤ 马晓维、苏忠秦、曾淡、谢珍珠:《政治关联，企业绩效与企业行为的研究综述》，载于《管理评论》2010 年第 2 期。

⑥⑭ 陶然、陆曦、苏福兵、汪晖:《地区竞争格局演变下的中国转轨：财政激励和发展模式反思》，载于《经济研究》2009 年第 7 期。

⑦⑮ 徐业坤、钱先航、李维安:《政治不确定性，政治关联与民营企业投资——来自市委书记更替的证据》，载于《管理世界》2013 年第 5 期。

⑧ 余明桂、潘红波:《政治关联、制度环境与民营企业银行贷款》，载于《管理世界》2008 年第 8 期。

⑨ 周黎:《晋升博弈中政府官员的激励与合作：兼论我国地方保护主义和重复建设问题长期存在的原因》，载于《经济研究》2004 年第 6 期。

⑩ 周黎安:《中国地方官员的晋升锦标赛模式研究》，载于《经济研究》2007 年第 7 期。

⑪ 邵建平、曾勇:《金融关联能否缓解民营企业的融资约束》，载于《金融研究》2011 年第 8 期。

⑫ 罗党论:《政治关联与民营企业避税行为研究——来自中国上市公司的经验证据》，载于《南方经济》2012 年第 11 期。

⑬ 汤玉刚、苑程浩:《不完全税权，政府竞争与税收增长》，载于《经济学》（季刊）2010 年第 10 期。

⑯ Khwaja A I, Mian A, "Do Lenders Favor Politically Connected Firms? Rent Provision in an Emerging Financial Market", *The Quarterly Journal of Economics*, 2005 (120).

H1：拥有政治关联负向影响企业创新绩效。

解释变量指标设计如表 4 - 3 所示。

表 4 - 3　　　　　　　　　　　　解释变量指标设计

解释变量	子指标	量表来源
政治关联	贵公司依托过政府的科技研发计划进行创新	根据郑山水（2015）①、龙静（2012）②、周婵③、杨震宁（2013）④ 整理
	贵公司能够从公共科研机构获得创新资源	
	贵公司能够从专业行业协会获得创新资源	
	贵公司享受过政策支持，比如税收优惠、财政补贴、政府优先采购等	
	贵公司能够从公共金融机构获得创新资金支持	

3. 调节变量

企业技术和商业模式不同、企业家创新意愿不同、人力资本差异，这些都影响了企业创新绩效。因此，虽然我们通过理论和实践调查，认为在中国情境下，政治关联并没有正向刺激企业创新。但是如果综合考虑上述多种差异，在不同创新导向和关系强度调节下，有可能产生更复杂的政治关联与创新关联。因此，本书进一步设计了创新导向和政治关联强度两个调节变量。

（1）关系强度。

本书根据社会资本的关系强度理论，进行进一步分析，结合实际情况又将关系强度进一步分为：关系广度、关系深度和关系频度三个指标，每个指标下进一步设计子指标。关系强度越大，企业对政府资源越关注，越可能影响创新，因此，提出如下假设：

H2：政治关联强度负向影响企业创新绩效。

关系广度。关系的广度包括范围和数量两个方面，其中范围指关联种类，包括政府部门或政府下属的各类机构，如大学与科研院所、官方金融机构、行业协会等；数量则是发生互动的每一类机构数量。上述两个方面综合到一起反映了企业关系的广度。关系广度越大，意味着企业积极联系的范围和数量越大，企业的

① 郑山水：《政府关系网络、创业导向与企业创新绩效——基于珠三角中小民营企业的证据》，载于《华东经济管理》2015 年第 5 期。

② 龙静、黄勋敬、余志杨：《政府支持行为对中小企业创新绩效的影响——服务性中介机构的作用》，载于《科学学研究》2012 年第 5 期。

③ 周婵：《公共关系视角下的社会资本与企业技术创新绩效关系研究》，浙江大学博士论文，2007 年。

④ 杨震宁、李东红、马振中：《关系资本，锁定效应与中国制造业企业创新》，载于《科研管理》2013 年第 11 期。

更多精力被放到了创造关系上，而不是创新绩效上。因此，提出如下假设：

H21：关系广度负向影响企业创新绩效。

调节变量关系广度的指标设计如表 4 - 4 所示。

表 4 - 4　　　　　　　　　　　　调节变量关系广度的指标设计

调节变量	子指标	量表来源
关系广度	有联系的大学与科研院所的数量	根据帕特南（Putnam, 2005）①、陈全功和程蹊（2003）②、周婵（2007）③ 整理
	有联系的政府部门的数量	
	有联系的行业协会的数量	
	有联系的媒体的数量	
	有联系的官方金融机构的数量	

关系深度。从某种意义上而言，关系深度比关系广度更为重要，这也反映了中国差序格局社会的层层递推特点。越是"熟悉人"，越可以拿到更多的资源（李强和李培培等），可以进入垄断行业，也可以制造行业壁垒，企业更愿意积极关注因关系带来的种种便利。因此，提出如下假设：

H22：关系深度负向影响企业创新绩效。

调节变量关系深度的指标设计如表 4 - 5 所示。

表 4 - 5　　　　　　　　　　　　调节变量关系深度的指标设计

调节变量	子指标	量表来源
关系深度	大学与科研院所经常给贵公司提供帮助	根据克里德、法布里克和佩蒂（Creeds, Fabrigar and Petty, 1994）；布罗米利和卡明（Bromiley and Cummings, 1995）整理
	政府部门在给贵公司多种形式的支持	
	行业协会在多种形式上给贵公司支持	
	媒体经常对贵公司进行正面报道	
	金融机构对贵公司的信用评价高	

关系频度。关系频度反映了企业与各类政府部门和相关机构的联系频繁程

---

① 郑山水：《政府关系网络、创业导向与企业创新绩效——基于珠三角中小民营企业的证据》，载于《华东经济管理》2015 年第 5 期。

② 龙静、黄勋敬、余志扬：《政府支持行为对中小企业创新绩效的影响——服务性中介机构的作用》，载于《科学学研究》2012 年第 5 期。

③ 张素平：《企业家社会资本影响企业创新能力的内在机制研究》，浙江大学博士论文，2014 年。

度，一般而言，联系越频繁可能获得更多的政治资源[1]，也会花费更多的时间在寻租上而不是创新上[2]。因此，提出如下假设：

H23：关系频度负向影响企业创新绩效。

调节变量关系频度的指标设计如表 4 - 6 所示。

表 4 - 6　　　　　　　　　　　调节变量关系频度的指标设计

调节变量	子指标	量表来源
关系频度	每年度，贵公司与大学和科研院所联系合作研发的频繁程度	根据龙静（2012）[3]、周婵（2007）[4]、余志杨（2011）[5]、杨震宁（2013）[6] 整理
	每年度，贵公司与政府部门联系的频繁程度	
	每年度，贵公司与行业协会联系的频繁程度	
	每年度，贵公司与金融机构联系的频繁程度	
	每年度，贵公司与媒体联系的频繁程度	

（2）创业导向。

不同的创业家具备不同的创业特性，而创业家的这些特性又主导着企业的创新方向，通常而言创业家越剧战略前瞻性，越愿意积极部署创新战略，越可能尝试颠覆性创新；越具备创新倾向，越会持续创新[7][8]。整体而言，良性的创业导向可能带来更好的创新绩效[9]。因此，本书提出假设：

H3：创业导向正向影响创新绩效。

创新性倾向与创新绩效。谈及创新性倾向，往往指潜移默化的各类非正式制度，包括创新氛围、创新者在公司的地位，等等。我们看到很多引领创新风向的

---

① 张素平：《企业家社会资本影响企业创新能力的内在机制研究》，浙江大学博士论文，2014 年。

② Kornai J，Eric M，Gerard R，"Understanding the Soft Budget Constraint"，*Economic Literalture*，2003（41）.

③ 龙静、黄勋敬、余志杨：《政府支持行为对中小企业创新绩效的影响——服务性中介机构的作用》，载于《科学学研究》2012 年第 5 期。

④⑤ 周婵：《公共关系视角下的社会资本与企业技术创新绩效关系研究》，浙江大学博士论文，2007 年。

⑥ 杨震宁、李东红、马振中：《关系资本，锁定效应与中国制造业企业创新》，载于《科研管理》2013 年第 11 期。

⑦ Covin J G，Slevin T J，"A conceptual model of entrepreneurship as firm behavior"，*entrepreneurship theory and practice*，1991（16）.

⑧ Miller D，"The correlates of Entrepreneurship in three types of firms"，*Management science*，1983（29）.

⑨ Covin J G，Slevin T J，"A conceptual model of entrepreneurship as firm behavior"，*entrepreneurship theory and practice*，1991（6）.

企业正是积极营造创新氛围的企业[1]，例如，谷歌、脸书等。在这种良好的创新氛围下，这类企业形成了默认的创新为王文化，创新者最被尊敬也享有最好的薪酬待遇，各类创新产品层出不穷，大大提高了创新绩效[2]。

因此，本书提出假设：

H31：创业导向的创新性倾向正向影响创新绩效。

调节变量创新性倾向的指标设计如表4-7所示。

表4-7　　　　　　　　　　调节变量创新性倾向的指标设计

调节变量	子指标	量表来源
创新性倾向	近5年，贵公司有很多新产品或服务推向市场	根据郑山水（2015）、卡温和斯莱文（Covin J G and Slevin T J, 1991; 2005）、埃森哈特和斯洪霍芬（Eisenhardt K M and Schoonhoven C B, 1996）整理
	当产品/服务面临变化时，贵公司倾向大调整，而非小调整	
	大体而言，贵公司高管更注重以研发、技术领先和创新扩大市场，而非稳定可靠的产品/服务	

前瞻性倾向与创新绩效。创业家的前瞻性充分体现了战略性、全局性，也是典型的"智本"，具备前瞻性的创业家更能看到未来发展方向与趋势，能够率先采取行动进行准备[3]。而满足未来方向与趋势的一个重要手段就是积极创新，这不是倒逼下的被动行为，而是为了更好地发展甚至成为行业领导者采取的主动战略部署[4][5]。

因此，本书提出如下假设：

H32：创业导向的前瞻性倾向正向影响创新绩效。

调节变量前瞻性倾向的指标设计如表4-8所示。

---

[1]　Eisenhardt K M, Schoonhoven C B, "A Resource – Based View of Strategic Alliance Formation: Strategic and Social Effects in Entrepreneurial Firms", *Organization Science*, 1996（3）.

[2]　Dess G G, Lumpkin G T, "The Role of Entrepreneurial Orientation in Stimulating Effective Corporate Entrepreneurship", *Academy of Management Executive*, 2005（19）.

[3]　Lumpkin G T, Dess G G, "Clarifying the Entrepreneurial Orientation Construct and Linking it to Performance", *Academy of management review*, 1996（21）.

[4]　Sandra O, Charlotte F, "Challenging the Status Quo: What Motivates Proactive Behavior", *occupational and Organizational Psychology*, 2007（80）.

[5]　Feldman M, "Location and Innovation: The New Economic Geography and Innovation, Spillovers, and Agglomeration", Clark G L, Feldman M P, Gentler M S, "The Oxford Handbook of Economic Geography", Oxford University Press, 2000.

表 4 - 8   调节变量前瞻性倾向的指标设计

调节变量	子指标	量表来源
前瞻性倾向	与竞争对手相比，经常首先向市场推出新的产品/服务、管理方法与运作流程等	根据桑德拉和夏洛特（Sandra O and Charlotte F，2007）、普金和戴斯（Lumpkin G T and Dess G G，1996）、郑山水（2015）整理
	与对手竞争，倾向"给予对手毁灭性打击"的策略，而非和平相处	
	与对手竞争，采取的行为方式是"先发制人"，而非"防守"	

4. 模型设计

根据上述假设进行了模型设计，如图 4 - 2 所示。其中政治关联资本是解释变量，创新绩效是被解释变量，关系强度和创业导向为调节变量。

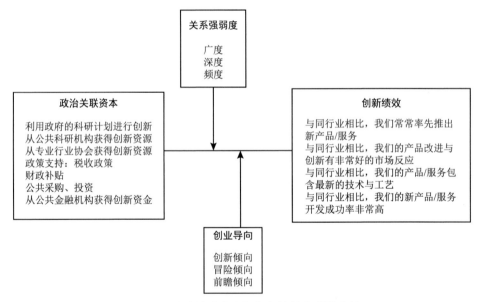

图 4 - 2　政治关联资本与创新绩效关联性分析

（三）问卷信度和效度分析

1. 信度分析

本书使用 Cronbach's 系数对量表进行信度分析。Cronbach's Alpha 在 0.60 以上时，说明量表具有较好的信度。本书利用 SPSS 软件，对总量表和各分量表进行信度分析，结果如表 4 - 9 所示。由结果可以看出总量表的 Cronbach's 系数为

0.721 > 0.6，各分量表的 Cronbach's 系数都在 0.725 ~ 0.884 之间，因此研究中各变量量表和总量表都具有较高的信度。

表 4 - 9　　　　　　　　　　　Cronbach's 系数信度分析

量表	问题项	均值	Cronbach's
创新绩效	IP1	1.40	0.790
	IP2	1.25	
	IP3	1.29	
	IP4	1.42	
	IP5	1.34	
创新倾向	IT1	1.35	0.776
	IT2	1.47	
	IT3	1.48	
前瞻性倾向	PT1	1.40	0.755
	PT2	1.75	
	PT3	1.35	
政治关联资本	PRC1	1.35	0.748
	PRC2	1.31	
	PRC3	1.25	
	PRC4	1.29	
	PRC5	1.41	
关系广度	RB1	1.53	0.884
	RB2	1.73	
	RB3	1.67	
	RB4	1.63	
	RB5	1.69	
关系深度	RD1	1.49	0.725
	RD2	1.39	
	RD3	1.37	
	RD4	1.28	
	RD5	1.19	

续表

量表	问题项	均值	Cronbach's
关系频度	RF1	1.49	0.849
	RF2	1.85	
	RF3	1.86	
	RF4	1.81	
	RF5	1.79	
问卷整体	—		0.721

2. 效度分析

本书使用验证性因子分析，利用 AMOS 软件，来检验问卷的构建效度，即问卷能够真实反映出测量变量的程度。表4-10为验证性因子分子的模型拟合指标结果，从表4-10可以看出，主要拟合指标都在接受范围内，因此，数据与设定模型的拟合程度较好。

表4-10　　　　　　　　　　　验证性因子分析模型拟合指标

统计检验量		df	/df	RMSEA	GFI	AGFI	NFI	CFI	PGFI
标准值	—	—	<3	<0.08	>0.90	>0.90	>0.90	>0.90	>0.50
测量值	796.959	373	2.137	0.067	0.968	0.911	0.903	0.956	0.616

表4-11为各变量效度检验结果，由结果可以看出各观测变量的标准化因子载荷值都在0.59~0.95之间，均超过标准值0.5。组合信度都在0.75以上，均超过标准值0.6。平均变异量抽取值都在0.5以上，均超过标准值0.5。各效度检验的指标都在接受范围内，因此问卷有较好的效度。

表4-11　　　　　　　　　　　各变量的效度分析

变量名称	问题项	因子载荷	测量误差	组合信度	平均变异量抽取值
创新绩效	IP1	0.750 ***	0.438	0.835	0.505
	IP2	0.708 ***	0.499		
	IP3	0.592 ***	0.650		
	IP4	0.750 ***	0.438		
	IP5	0.741 ***	0.451		

续表

变量名称	问题项	因子载荷	测量误差	组合信度	平均变异量抽取值
关系深度	RD1	0.751 ***	0.436	0.860	0.607
	RD2	0.826 ***	0.318		
	RD3	0.827 ***	0.316		
	RD4	0.705 ***	0.503		
关系广度	RB1	0.750 ***	0.438	0.910	0.671
	RB2	0.815 ***	0.336		
	RB3	0.830 ***	0.311		
	RB4	0.944 ***	0.109		
	RB5	0.740 ***	0.452		
创新倾向	IT1	0.751 ***	0.436	0.802	0.575
	IT2	0.802 ***	0.357		
	IT3	0.719 ***	0.483		
前瞻性倾向	PT1	0.880 ***	0.226	0.781	0.548
	PT2	0.683 ***	0.534		
	PT3	0.636 ***	0.596		
政治关联资本	PRC1	0.917 ***	0.159	0.925	0.712
	PRC2	0.907 ***	0.177		
	PRC3	0.730 ***	0.467		
	PRC4	0.833 ***	0.306		
	PRC5	0.817 ***	0.333		
关系频度	RF1	0.657 ***	0.568	0.841	0.515
	RF2	0.675 ***	0.544		
	RF3	0.716 ***	0.487		
	RF4	0.837 ***	0.299		
	RF5	0.690 ***	0.524		

注：*** 表示在 0.01 水平上显著。

其中，问题项 RD5 "金融机构对贵公司的信用评价高" 的因子载荷值小于 0.5，因此删除此问题项。

（四） 问卷分析：结构方程模型构建及路径分析

1. 假设 H1 验证分析

根据本书假设 H1 研究内容，使用 AMOS 软件构建结构方程模型，根据本书假设，构建路径模型如图 4 - 3 所示。

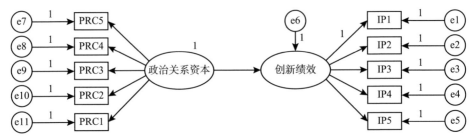

图 4 - 3   政治关联与创新绩效 AMOS 模型

利用 AMOS 对上述模型进行分析，模型的拟合指标分析如表 4 - 12 所示。可以看出，主要拟合指标都在接受范围内，因此，所设模型与观测数据间有较好的拟合效果。

表 4 - 12   政治关联与创新绩效 AMOS 模型拟合指标

统计检验量		df	/df	RMSEA	GFI	AGFI	NFI	CFI	PGFI
标准值	—	—	< 3	< 0.05	> 0.90	> 0.90	> 0.90	> 0.90	> 0.50
测量值	36.093	34	1.062	0.020	0.955	0.927	0.902	0.994	0.590

图 4 - 4 为模型路径分析，具体路径系数分析如表 4 - 13 所示。政治关联资本对创新绩效的路径显著性，标准化系数为 - 0.380，说明政治关系资本对创新绩效有显著的负向影响，假设 H1 成立。

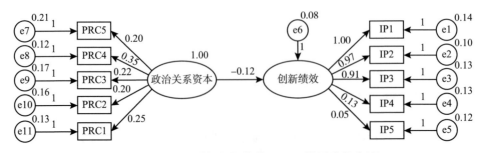

图 4 - 4   政治关联与创新绩效 AMOS 模型路径分析

表 4-13　　　　　　政治关联与创新绩效 AMOS 模型路径分析

路径	路径系数	标准化路径系数	S. E.	C. R.	P 值
创新绩效←政治关系资本	-0.116	-0.380	0.034	-3.433	0.000

2. 关系强弱度的调节作用分析

利用 SPSS 分别对关系广度、关系深度和关系频度进行聚类，得到强弱两组，聚类结果如表 4-14 所示。

表 4-14　　　　　　　　关系强弱度聚类结果

	关系广度	关系深度	关系频度
强	2194	927	1816
弱	662	1929	1040

运用 AMOS 的群组分析功能构建群组结构方程，进行调节作用分析，结果如表 4-15 所示。可以看出各群组结构方程模型的拟合度指标都基本满足要求，因此模型的拟合度是比较好的。

表 4-15　　　　　　　　关系强弱度调节作用分析

变量名称		/df	RMSEA	GFI	AGFI	NFI	CFI	PGFI	标准化路径系数
关系广度	强	1.924	0.26	0.922	0.976	0.97	0.902	0.533	-0.558 *
	弱	1.183	0.04	0.939	0.901	0.849	0.972	0.58	-0.300 *
关系深度	强	1.275	0.077	0.869	0.908	0.902	0.913	0.537	-0.642 *
	弱	1.071	0.01	0.959	0.933	0.91	0.901	0.593	-0.116 ***
关系频度	强	1.078	0.038	0.89	0.922	0.908	0.928	0.55	-0.426 *
	弱	1.068	0.027	0.932	0.89	0.909	0.989	0.576	-0.249 *

注：* 表示在 0.1 水平上显著，*** 表示在 0.01 水平上显著。

由结果可以看出，关系广度、深度及频度对创新绩效发挥调节作用时，都是愈加降低创新绩效，当关系广度、深度及频度强时，其降低创新绩效的作用比弱明显。尤其是当关系广度较深时，降低创新绩效的作用尤为突出。由此可见，当通过建立较深的政治关联时，可以获取更加优越的资源，依靠这些得天独厚的资源就能取得较好的经营利润，因而不能有效激发创新意识和创新活力。假设 H2、假设 H21、假设 H22、假设 H23 成立。观察现在的"村长"现象，发现一些村长靠政治权力获取本村土地、矿产资源，实现了财富剧增，但是这一过程中毫无科技创新思维，甚至一些矿产开采过程中的野蛮技术手段，破坏了矿产的深度开发可能。这一现象与本部分实证分析互相验证，反映了一些社会创新中资源非合理配置带来的问题。

3. 创业向导的调节作用分析

对创业向导变量创新倾向和前瞻性倾向进行调节作用分析，首先进行强弱聚类分析，结果如表 4 - 16 所示。

表 4 - 16　　　　　　　　　　关系强弱度聚类结果

	创新导向	前瞻性导向
强	1721	1135
弱	1702	1154

进一步进行结构方程分析，可以看出各群组结构方程模型的拟合度指标都基本满足要求，因此模型的拟合度是比较好的，如表 4 - 17 所示。

表 4 - 17　　　　　　　　　　创业导向调节作用分析

变量名称		/df	RMSEA	GFI	AGFI	NFI	CFI	PGFI	标准化路径系数
创新倾向	强	1.42	0.65	0.882	0.909	0.926	0.891	0.545	0.556 **
	弱	1.167	0.043	0.921	0.872	0.922	0.968	0.569	- 0.188
前瞻性倾向	强	1.18	0.055	0.887	0.918	0.922	0.938	0.549	0.425 *
	弱	1.676	0.029	0.954	0.925	0.881	0.903	0.59	- 0.329 *

注：* 表示在 0.1 水平上显著，** 表示在 0.05 水平上显著。

由结果可以看出，创新倾向强和前瞻性倾向强时，在政治关联资本对创新绩效的路径中，均有较强的调节作用。即便获得了优越的资源，具有创新倾向和前瞻性倾向的创业人才，也会积极开展创新活动，而此时这些优越资源可能会提高创新成功性。而当弱的创新倾向和前瞻性倾向时，对创新绩效影响很多，并不会提高创新活力，假设 H3、假设 H31、假设 H32 成立。由此可见，应将更多的优秀资源配置给具有创新倾向和战略前瞻性的创业人才，即便他们具备较强的政治关联，也不应就认定他们只是依靠权势经营企业的人，相反，资源经过他们的运转将会提高创新绩效。

第三节　智慧权力在创新资源配置中的应然角色

如前所述，在中国的创新网络资源配置，呈现了以政治权力为轴心的发展态势，人才不得不耗费很多时间去建立政治关联，这与中国伦理文化密切相关，也不仅仅是中国独有现象，但是实证表明以关系为轴心，会导致寻租现象频发，降低创新活力，成为推进人才发展的壁垒。为扭转这一传统局面，应赋予知识以科学权力，让知识凭借内在研究价值即可吸引集聚资源，打破关系的重重壁垒，激发人才活力，创新资源配置模式。

一、智慧权力的引入与内涵剖析

关系为轴心配置资源，带来了创新绩效不足等问题，那么应以什么为轴心呢？结合知识经济这一大背景，本书尝试提出以智慧权力为轴心进行资源配置的观点。

（一）智慧权力的引入

知识经济席卷而来，知识从漫长历史中的附属地位①，转变为了社会核心力量。从以劳动力和土地为关键生产要素的农业社会，到以机器设备为关键要素的工业社会，知识的地位虽然不但提升，但是并没有成为第一生产要素。步入知识经济后，知识作为国家的重要软实力，成为具有重要战略价值的第一生产要素。社会将围绕知识进行变革，如同丹尼尔·贝尔预言："后工业社会是围绕知识组织起来的，其目的在于进行社会管理和指导革新及变革"。②

毫无疑问，知识正呈现前所未有的重要性。但是，随着人类创造的知识，主要是自然科学知识，在短时期内以极高的速度增长起来，知识爆炸促使人们更认真地思考如何学习、利用知识。人们发现知识爆炸不一定就是智慧增高，而我们管理社会、研发重要创新技术，需要的不仅仅是越来越多知识的堆砌，更需要的是"智"，需要的是对社会进行智慧化治理，对技术进行智能化开发。

智，通常称智慧，指学习、记忆、思维、认识客观事物和解决实际问题的能力，有智慧的人具有对事物认识、辨析、判断处理和发明创造的能力③。《三国志·魏书·武帝纪》："吾任天下之智力，以道御之，无所不可。"《淮南子·主

---

①② 丹尼尔·贝尔著，高括等译：《后工业社会的来临》，商务印书馆 1984 年版，第 12 页。
③ 编写组：《辞海》，上海辞书出版社 1997 年版，第 55 页。

术训》："众智之所为，则无不成也。"《中庸》："好学近乎知，力行近乎仁，知耻近乎勇。"指出：喜欢学习的人就会成长为智慧的人。《论语·子罕》："子曰：'知者不惑，仁者不忧，勇者不惧。'"意思是说：有大智大慧的人，遇见有迷惑的事物，不解的地方，他会利用他的聪明才智去求得解决问题的方法。《中庸》和《论语·子罕》这两句话谈到的"知"，不仅指知识，更多地是指智慧。可见智、智慧一直是中国自古以来判断人才、指引人才发展的重要内容。

而我们耳熟能详的"智力开发"一词，源自20世纪60年代，西方经济学家提出的概念，它综合经济、科学、技术、管理、教育等方面，研究人才的选拔、培养和使用等方面，做到人尽其才，才尽其用。智力资本最早由森尼尔（Senior）于1836年提出，森尼尔认为智力资本、智慧资本（Intellectual Capital）是个人所拥有的知识和技能的总和[1]。1969年盖布瑞斯（Galbraith）扩展了这一概念，指出Intellectual Capital不仅是纯知识形态的静态资本，还包括有效利用知识的动态过程。知识管理论认为Intellectual Capital是在企业的生产及管理活动中由组织知识转化而来的能够使企业实现市场价值与现有资产增值的知识资源的总和（Pablos，2002；Engstrom，2003[2]；Alexander，2004[3]；Roland et al.，2007[4]）。1991年9月，全球第一个独立运作的智慧资本部门，及第一份作为财务报表的补充资料的智慧资本年度报告由"斯堪地亚保险及财务公司（Skandia Assurance and Financial Services，AFS)"成立并发表，从此确立了智慧资本在经济管理财务会计领域的地位及重要性[5]。托马斯·卡里尔则将经济史上获得诺贝尔奖的经济学家思想发展历史编纂成书，称这些伟大的思想为智慧资本[6]。可见，在欧美国家中，智、智力、智慧也是比知识更为重要和稀缺的宝贵资源。

同时，我们又看到在知识社会中，权力以宏观和微观并存的方式弥散在社会生活的一切领域，使这个形式上很开明的世界充满了歧义、异质和矛盾。这意味着无论是为了更好地认知自身，还是了解所处社会，都无法避开权力这一向量。托夫勒在其《权力的转移》中指出：虽然暴力、财富及信息或知识都可以作为权

---

①　Bontis，N，"Assessing knowledge assets；A review of the models used to measure intellectual capital"，*International Journal of Mate agement Reviews*，2001（3）.

②　Alexander，S，and Bontis，N，"Meta-review of knowledge management and IC literature；Citation impact and research productivity rankings"，*Knowledge and Process Management*，2004（11）.

③　Engstrom，T E J，Westnes，P，and Westnes，S F，"Evaluating intellectual capital in the hotel industry"，*Intellectual Capital*，2003（4）.

④　Roland，B，and Goran，R，"The importance of intellectual capital reporting；Evidence and implications"，*Intellectual Capital*，2007（8）.

⑤　葛家澎、庄静雯：《智慧资本文献回顾及未来研究展望》，载于《财会通讯》2008年第9期。

⑥　托马斯·卡里尔著，钟晓华译：《智慧资本：从诺奖读懂世界经济思想史》，中信出版集团出版社2016年版，第23页。

力的来源或者是构成权力的核心要素，但是唯有知识的权力内容最为丰富、最为根本。暴力与财富具有排他性，通常与普通人无关，专属于权贵阶层；而知识是具有平民性的，"知识是力量的最民主的源泉"[1]。米歇尔·福柯（1997）提出知识权力的概念：知识要想成为被公众认可价值的知识，必须有促使它获得认可的力量，这个力量就是知识权力[2]。"知识具有权力"这一论断已得到学者的普遍认可（Brown R D，2003）[3]。

考虑到知识爆炸下智慧的重要性与稀缺性，笔者进一步将知识权力引申为智慧权力，指出人才具有运用智慧治理社会、经营企业、进行技术智能化开发的合法权力和收益。也就是说，只有通过科学发挥智慧权力才可能认清当代社会的实质和自我追求[4]。智慧权力具有多方面作用：首先，公民可以利用智慧权力在面对暴力或财富带来的危机时保护自己；其次，智慧权力还可以达到不使用武力和金钱就达到同样的目的；最后，智慧权力能够实现财富和生产力的倍增效应。因此，由智慧构成的权力是最高质量的权力[5]。

（二）智慧权力的内涵

笔者基于知识权力、智慧及智慧资本的内涵，定义智慧为：对事物认识、辨析、判断处理和发明创造的能力，智慧是对知识的萃取、升华及有效利用。进而提出智慧权力的概念：智慧拥有让自身获得认可的力量，并通过智慧的应用创造和分享价值。

基于智慧权力产生的智慧资本是典型的异质性人力资本，智慧权力则具有多方面作用：第一，公民可以利用智慧权力在面对暴力或财富带来的危机时保护自己；第二，智慧权力还可以达到不使用武力和金钱就达到同样的目的；第三，智慧权力能够实现财富和生产力的倍增效应；第四，智慧权力可以实现智慧管理、智慧经营及智能技术创造。因此，由智慧构成的权力是最高质量的权力[6]，由智慧创造、分享价值带来的利益获得是最高质量的利益分享。

智慧的发生和演变与权力是共生的，智慧的权利性体现谁凭借知识价值大小，获得匹配的权力，这不同于行政权力那样依靠等级制获得权利级别。智慧权力体现民主性，而不是靠权威专断的方式来表达。除此之外，迈克尔·阿普尔、利奥塔、德鲁兹、布迪厄和德里达均在此方面进行了研究，揭示了人的认识形成过程中的智慧权力。具有重大价值的知识能否发挥自身权力，集聚创新资源，实

① 麦金生：《哈佛肯尼迪政治学院读本》，四川大学出版社1998年版，第67页。
② 迈克尔·阿普尔著，阎光才等译：《文化政治与教育》，教育科学出版社2005年版，第37页。
③ Brown R D，"Knowledge is Right"，Oxford University Press，1993，36.
④ 姚国宏：《权力知识论》，南京师范大学博士论文，2008年。
⑤⑥ 托夫勒著，刘江等译：《权力的转移》，中共中央党校出版社1991年版，第9页。

现创新成果变为现实生产力，推动中国创新型社会建设就是本章要研讨的问题。

智慧权力的真理性和实用性决定了自身的权威性[①]。权力来源不是外在的赋予，而是内在生成，即知识的学术威信与声望[②]。福柯指出，"什么是权力""谁在行使权力"并不重要，而关键是"权力是如何运作的"。[③] 哈耶克指出智慧具有强烈时空性，而且主观地分散在不同的个体之间，在研究社会演进的核心问题是研究分散的智慧权力如何执行[④⑤]。

本部分论述智慧权力，正是希望鼓励、激发代表先进生产力方向的知识蓬勃发展，这些可以推动社会正向进步、和谐发展的智慧权力，将依靠自身力量，跨过传统"中国式关系"障碍，不断集聚、激活各类优势资源，引领社会向"智本社会"转型发展。

二、智慧权力的特性

智慧权力属性既具"力量"，又具利益。智慧权力在社会的不同领域、不同层面发挥着效力。我们可以站在哲学视阈，深入分析智慧权力特性[⑥]。

（一）智慧权力的真理性

智慧不是凭空而来，而是来自劳动者在自然界的实践，来自在复杂社会运营中的经验，来自宏观和微观环境的觉察，是根植于对事物的规律把握、本质辨识和基本属性的真理性认知力量。智慧的真理性，与马克思主义认识论意义上的"真"相一致，代表着客观对象和主观认知的一致性。智慧的真理力量，指引着人类正向前进，虽然在智慧史上因真理性而发生是否为"真"的争辩，诸如哥白尼地心说引发的争辩等，但是历史前进的轨迹总体上受智慧真理力量指引，即便中间某一进程出现了"分岔"，仍旧不影响总体进程。智慧的真理力量发挥着不可替代的作用，如培根所说，"思想上得到真理，在行动上就得到自由"。

（二）智慧权力的话语性

站在智慧作为智力成果的视角来看，智慧还具备强大的话语力量。对智慧作为一种话语力量的认识，布迪厄在《语言和符号暴力》中就有论证，他指出语言

---

① 张之沧：《从知识权力到权力知识》，载于《学术研究》2005 年第 12 期。

② 刘黎明、王静：《我国高校学术委员会学术权力行使的制度分析》，载于《教育研究与实验》2015 年第 3 期。

③ 福柯著，严锋译：《权力的眼睛——福柯访谈录》，上海人民出版社 1997 年版，第 227 页。

④⑤ 哈耶克著，邓正来译：《个人主义与经济秩序》，三联书店 2003 年版，第 74 页。

⑥ 姚国宏：《权力知识论》，南京师范大学博士论文，2008 年。

使用的过程，就是权力的实施和实现过程。福柯也认为这是一种"论述构架"（discursive formation）。智慧作为论述，包含着看得见和看不见、有形和无形、在场出席和缺席、显露和隐蔽、有理和无理、引诱和强制、可能性和现实性等复杂的层面、走向和趋势①。没有智慧的传播与外化，就不存在智慧的广泛实践与应用，更不可能具备真正意义的智慧权力。也只有通过发挥智慧的话语权力，才能实现智慧作用于生产力的价值创造过程；才能在国内战略中，合理布局进行创新；才能在国际竞争中，凭借智慧权力开展软实力竞合。

（三）　智慧权力的生长性

站在智慧内部自洽结构视角来看，智慧具备生长力量，这源自智慧的载体——人类具备创造智慧的无限潜能。人类对未来探索的美好愿景、对让自身生活得更好的原始性欲望、对竞争中保持优势的"野心"，都保障了智慧不断被创造出来。在智慧被竞相迸发创造之外，不同领域的智慧又开始了相互交融、裂解、演化，智慧的生长力量不断展示②。由此，智慧具备了复杂非线性、聚变、爆炸增长的生长力量，这样的智慧权力推动了社会的发展变迁，并在关键时点，带领社会出现跃迁。

（四）　智慧权力的逻辑性

通过上面的论述，我们可以发现智慧在生长过程中，孕育了强大的逻辑力量。一方面，智慧体系初期的碎片化，不仅各领域无法融会贯通，即便是一个领域内的智慧也存在着命题零散状态，唯有通过逻辑力量，搭建不同智慧点之间的链接桥梁，才逐渐演变为了一个相对完整的学科体系；另一方面，智慧发展史展现每一个阶段都是矛盾交织的阶段，真理建立的过程中，既有"主干道"也有"辅路"，还有很多"岔路口"，如果没有强大的逻辑力量，碎片化的智慧将无法合力去破解智慧发展史中的各种矛盾。

三、智慧权力的功能

智慧的权力属性是智慧的隐形内涵，智慧的权力功能则是智慧的显性应用。智慧虽然充满理想，但绝不仅仅是为了纯粹的精神追求，更体现在智慧转化为实际生产力，实践于人类物质生活外化内在力量。智慧的权力功能，主要是指智慧在运动、流转中所体现出来的力量③。正是依托这种力量，智慧在现实转化中获

---

① 福柯著，严锋译：《权力的眼睛——福柯访谈录》，上海人民出版社 1997 年版，第 227 页。

② 张力岚：《试论知识的基本属性》，载于《怀化学院学报》2002 年第 1 期。

③ 姚国宏：《权力知识论》，南京师范大学博士论文，2008 年。

得了足够的权力。

（一）　生产力功能

人类在实践中获得智慧，同时又借助智慧不断变革着所处社会，将外部环境改造为人类希冀的模样。智慧的实用性和功利性在转化为实际生产力中发挥了巨大效力。从弗兰西斯·培根起，几乎一切近代伟大的思想家都对科学研究成果的实际应用感兴趣，在机械工艺、医药以及社会改革等领域，取得了巨大成绩[1]。"近三百年，随着基于普遍的、系统的概念框架的高度发达的科学不断地涌现出发现与发明，科学之社会影响的速度和力量一直以几何级数倍增"[2]。以致"资产阶级在它的不到一百年的阶级统治中所创造的生产力，比过去一切世代创造的全部生产力还要多，还要大"。智慧的创造、传播和实践，构成了智慧创造生产力的全链条。知识社会中物性因素虽不可少，但是如果没有智慧这样的智力因素，物性因素将无法发挥作用。从这个角度而言，智慧是物性要素转化为生产力的基础，因此"科学技术是第一生产力"。

（二）　政治功能

在古希腊，至少从"七贤"时代开始，智慧论（包括灵魂论和存在论）就发挥了巨大的政治功能，进而建构了政治伦理根基。智慧的流动一方面表现出便捷性；另一方面表现出权力制衡性。便捷性是因为智慧的流动性比物性要素更好，随着信息技术的快速发展，智慧的无国界性流动，可以网联全世界的创新资源进行革命性创造。可是那些基本巨大生产力价值的智慧，就很难实现便捷流动。相反，这类智慧会因具备强大的生产力功能，成为国家与国家之间的抗衡利器，通过智慧输出与限制，实现国际社会的权力制衡。即便从国际视野进入一国视野之内，智慧的掌控也是不同阶层之间的权力斗争，也会成为企业与企业之间的竞争壁垒。

即便是公民私人生活领域，也无不充斥着展现统治阶级意志的智慧，通过赋予部分智慧合法性，统治阶层在公民社会中建构了一套展示统治意志的智慧体系，体系内包括宗教、哲学、文化等内容，这些智慧将统治阶级的价值标准和思想方式合法化，发挥了不可替代的政治功能。至此，智慧具备了强大的政治能力，智慧权力边界进一步扩大。

（三）　社会治理功能

随着时代背景的变迁、新兴技术的变革，从社会管理到社会治理，国家对社

---

[1]　梯利著，葛力译：《西方哲学史》（增补修订版），商务印书馆1995年版，第281~282页。
[2]　伯纳德·巴伯著，顾昕等译：《科学与社会秩序》，三联书店1991年版，第242页。

会的管理及服务理念在不断发生变化[①]。社会治理从片段式治理演变为全程治理，包括事前的利益表达、事中的协作治理、事后的风险化解机制[②]。持续不断的社会治理创新，对社会治理主体制度、公开制度、社会协商制度和责任制度等制度的建构提出了更多的要求[③]。这些制度又组合建构了彼此相互支撑的制度体系，国家通过不断调整制度体系与治理策略，实现社会治理优化演进过程[④]。这些制度的制定，背后蕴含的恰是丰富的智慧体系。没有逐渐完备的社会学智慧、心理学智慧、管理学智慧等，就不可能建构出合法、合理、科学的社会治理制度体系。

同时，在社会治理主体多元化的当下，公民自治愈发重要。公民在社会治理中要想获得充分的参与性与民主性，也需要公民自身不断储备智慧，对社会治理的制度、体制、机制[⑤]了解度不断提高，明确认知自身的权力和义务，由此才能提高社会治理的参与能力。

（四）　主体型塑功能

从康德到杜威，都认为只有经历过教育的"人"，才能真正成为"人类"。智慧对人的成长具有本体论意义。没有经历过智慧学习和运用的人，没有经过借助社会形塑智慧的人，无法体现人的价值，更没有真正融入人类社会。社会公民具有天赋学习智慧，拥有智慧的权力。

智慧对人的主体形塑表现为多方面，首要表现是常识和基本技能的学习和应用，没有这些方面的学习和应用，人就很难在现实社会生存，无法满足基本生活需求。其次，多种智慧合成引导主体发展，可以帮助人在生存基础之上，获得更多的素养与内涵，在人类成长与进阶过程中，智慧不断优化人类主体，实现进化过程。最后，智慧对人这一主体的价值观等具有塑造功能，可以指引人类朝着"真、善、美"的方向正向发展。可以说，智慧也是区分人类与其他物种的关键辨识要素。

四、智慧权力实践效应

跌宕起伏的人类历史，孕育了伟大的人类，也创造了硕果累累的智慧体系。

---

① 贾玉娇：《从社会管理到社会治理：现代国家治理能力提升路径研究》，载于《吉林大学社会科学学报》2015 年第 4 期。

② 周晓丽、党秀云：《西方国家的社会治理：机制、理念及其启示》，载于《南京社会科学》2013 年第 10 期。

③ 黄毅、文军：《从"总体—支配型"到"技术—治理型"：地方政府社会治理创新的逻辑》，载于《新疆师范大学学报》（哲学社会科学版）2014 年第 2 期，第 35～44 页。

④ 张康之：《论主体多元化条件下的社会治理》，载于《中国人民大学学报》2014 年第 2 期。

⑤ 赵继伦、赵放：《确立社会治理的三维视阈》，载于《东北师大学报》（哲学社会科学版）2014 年第 4 期。

这些丰硕的智慧成果在实践应用中，推动了社会的发展进步，指引了人类正向发展，但是也存在智慧异化和智慧带来的迷失问题。对于智慧权力的实践效应，应从多维度、多视角、多方面进行观察。

（一）　建构智慧体系

观察人类历史可以发现，智慧首先从道德伦理层面建构社会意识形态，其中又渡过了漫长的时期，智慧不断被应用于实践应用层面，尤其到了工业革命期间，智慧被广泛应用于生产制造。经过专业的发展历程，智慧从个人道德素养修为逐渐演变为了可以为公共利益服务的工具与资源。

智慧跨越自身的碎片化阶段，彼此本身相互整合，逐渐构建了逻辑有序的智慧体系。在这一构建过程中，知识被分解为了不同的学科，学科之间又呈现了分化与融合。智慧对这些知识加以精粹和升华，也在实现智慧的自身成长、交叉智慧的融合应用、智慧的裂解生发，都推动了智慧体系的不断生长。

在智慧体系生长过程中，智慧自身的生长力量、话语力量、真理力量与逻辑力量，都展示了强大的生命力，推动着智慧体系既自我否定又自我新生，既自我链接又自我跨越，并不断发挥智慧的话语力量引领全人类的发展方向。

（二）　推动社会进步发展

智慧权力将智慧管理和智能技术应用于经济实践、政治治理、社会发展，多维度上改变了社会文明、社会政治与社会经济。如同德鲁克所说："资本主义和技术征服全球，创造了世界文明"。经济财富的积累也从算术级进阶为几何级倍增。丹尼尔·贝尔指出在知识社会中，财富的创造不再依赖于官僚对资源的控制，而是更加依靠专门知识和能力的运用，以及对组织能力的管理。正如德鲁克所说那样："从知识向种种学科的转变给予知识以创造一个新社会的权力。"这正是智慧权力的直接体现。

智慧权力作为区分人类与其他物种的重要标识，弥散在社会的方方面面，公民通过智慧建构的制度进行工作与公共活动，通过智慧引导的伦理道德进行自我约束与人际交往，通过智慧推动的社会变革感受社会变迁的优与劣。整体而言，智慧在不断完善自身体系建构的基础上，推动了社会在寻求"真理"的道路上持续进步。

（三）　变革权力运作方式

由于智慧的重新分配，权力的对比发生了显著的变化，权力甚至要以智慧为基础[①]。就当代的政治生活而言，一个重要变化就是政治权力的运作日益远离赤

---

① 托夫勒著，刘江等译：《权力的转移》，中共中央党校出版社1991年版，第14页。

裸裸的暴力，而透出文明的气息。从权力来源到权力的实施，都有一系列的智慧来保证权力的合法性诉求①。

智慧拓宽了权力来源的渠道。社会的发展过程中，原有的物性资源权力地位逐渐降低，智慧权力地位逐步上升。而智慧权力地位的上升，并不仅仅为智慧自身带来了权益，更重要的是促使社会摆脱传统政治官僚统治模式，让代表先进生产力的智慧人才拥有匹配的话语权，为推动社会创新发展集聚资源，引领社会朝着正向创新方向前进。

同时汤普森（G. W. M. Thompson，1985）认为，"群众权力的增加之所以是可能的，很大程度上在于机器替代了许多以前由他们做的工作"②。这样一来，公民就有更多的时间去关注忙碌工作之外的问题，随着公民自身智慧的储备，智慧权力又进一步发挥效力，成为解决问题的有效工具，权力运作为社会变革创造新的保障机制③。

（四） 知识分子地位之矛盾

知识社会的降临，不但大大地展现了智慧的物质力量和精神力量，也无形中提升了作为智慧载体的知识分子的社会地位。从农业社会步入工业社会，工业社会进而步入信息社会，信息社会又进入知识社会，知识分子的地位不断提升。在知识社会，智慧将展示更为巨大的威力，传统雇佣制将得到瓦解，新型生产和生活方式不断变革，知识分子将借助自身的智慧储备，创造更大的社会价值，也因此获得更多的尊重，社会阶层地位得到提升。艾尔文·古德纳在指出：一个由人文知识分子和技术知识分子组成的新阶级将成为未来社会的领头羊，构成未来社会的统治阶级④。

但是随着知识分子地位的提升，尤其是借助智慧制定规则、监管规则时，知识分子在获得随之而来的行政权力之外，有可能发生自我迷失。英国学者托尼·麦克格鲁指出存在"专家政治"现象，全球治理的许多领域成了专家专有领域⑤。培根指出："通过智慧获得权力的知识分子往往迷失在智慧的丛林之中：要么自以为是，指手画脚；要么孤芳自赏，脱离生活；要么唯学术权威独尊，缺乏创新的激情，使社会的想象力和创造力急剧地下降"⑥。

---

① 姚国宏：《权力知识论》，南京师范大学博士论文，2008 年。
② G. W. M. Thompson, "Technology and Human Fulfillment", University of America, 1985, 32.
③ 刘文海：《技术的政治价值》，人民出版社1996年版，第 185 ~ 186 页。
④ 艾尔文·古德纳著，顾晓辉等译：《知识分子的未来和新阶级的兴起》，江苏人民出版社2002 年版，第 1 页。
⑤ 袁峰：《网络技术、知识经济在现代社会中的政治效应》，载于《社会科学》2007 年第 1 期。
⑥ 余丽嫱：《培根及其哲学》，人民出版社1987 年版，第 119 页。

（五） 智慧权力异化

智慧权力的双重功能是同时存在的，智慧权力不仅可以解决问题，也可能出现异化。片面强调智慧权力万能，就会给智慧权力异化提供场所；片面强调智慧权力异化，就会给智慧无用论增加理由。朱思特（Joost Mertens，1992）提出："技术研究的目的是增加或改进我们的技术智慧，对非预想的负效应的进步性淘汰"①。如果不尽力消除可能产的各类负效应，就会形成智慧权力异化。

智慧体系建构起了一个学术金字塔，这个学术金字塔又和政治权力金字塔相互耦合，学术体系丧失了部分独立自主权力，受统治阶层意志主导和规制，为政治服务，并从为政治服务中攫取利益，这个过程中，智慧在某种程度丢失"真理性"，从而成为统治阶层的话语工具，智慧异化度不断加剧②。

（六） 权力之滥觞

当智慧拥有了权力，作为智慧载体的人才就可能因对权力属性的谙熟于心，"巧妙"地规避惩戒，利用智慧权力为自己谋利，强制性地误用公开宣言的这种特权。这种误用构成一种对信任的破坏，一种对权威的滥用，总之，是对权力的滥用③。

智慧权力滥用的形式有很多种，微观领域中，从采用信息技术进行网络破坏，到屡见不鲜的各类学术腐败，形式多种多样；宏观领域中，智慧权力体系和政治权力体系相互关联，形成了权力寻租，不但彰显了垄断学术资源、压制思想自由和科学创新的消极一面，还进一步制造了话语垄断，释放精英阶层想释放的思想，禁锢妨碍精英阶层利益的言论。

五、智慧权力的应然角色

智慧权力作为知识社会最重要的权力，内涵丰富、功效显著、作用范围广，在推进人才发展的配置资源中具有不可替代的作用，应将智慧权力作为创新资源配置的主导权，实现资源和优化配置，激活创新力并提高创新质量。但是我们也清晰地意识到，智慧权力作为权利的一种，也可能存在异化与寻租问题，如何解决这一问题则是在赋权给知识之外，必须关注的限权规制内容。

---

① Joost Mertens，"The Conceptual Structure the Technological Sciences and the Importance Action Theory"，*Studies in History and Philosophy of Science*，1992（6）.

② 王健：《建构解构知识权力的权力》，载于《自然辩证法通讯》2007 年第 4 期。

③ 德里达著，何佩群译：《德里达访谈录》，上海人民出版社1997年版，第211页。

（一）　由智慧权力主导配置资源

如前所述，在中国社会发展呈现了以关系为主导的发展态势，这与中国伦理文化密切相关，也不仅是中国独有现象。为了建设"智本为王"的创新型社会，应该扭转这一传统局面，建设以智慧权力为轴心的创新网络。

随着农业社会、工业社会、信息社会、知识社会的逐渐演进，智慧权力的重要性越来越高，从社会的配角逐渐成为与政治权力、经济权力相匹敌的重要权力。蒸汽机的发明引爆了工业革命，生产方式得到了颠覆性变革，使社会成员初步意识到了智慧权力的重要性，智慧资本的重要性也不断提高。随着社会的不断进步，每一次社会生产方式的颠覆性变化、社会组织模式的重要变革，不是靠比拼数量级资源产生的，都是靠关键的几位领军人才及他们掌握的知识实现的。由此，智慧权力的重要性不断上升，从社会权力结构中的配角走向主角。

知识的搜寻和重组是通过知识流动来实现的，而创新主体之间形成的网络是知识流动的载体①。以关系为轴心的资源配置模式不能实现知识价值最大化和知识边际生产效率最优，并不是最佳模式。拉詹和津加莱斯（Rajan and Zingales，1998）指出，组织对网络环境的依赖以及组织间的依赖，本质上是对知识的依赖②。智慧权力的价值、稀缺性和不可替代性决定了网络吸引力③。因此，以智慧权力为轴心配置资源，推进人才发展符合科学论断和实践经验。

智慧权力不仅对推进人才，还对整个创新型国家的惯例形成和演进，具有重要影响，而智慧本身又具备嵌入性、含默性和分布性等特点④，创新型国家需要组织起分散在不同载体、不同节点的多学科、多专业、异质性的智慧⑤，并加速知识集聚、推动智慧流动、实现智慧协作、促进互为催化，基于特定复杂情境，创造出推动创新的关键智慧⑥。在这一过程中，如何考虑不同网络位置的知识具备何种智慧权力，每个行动者如何依托自身智慧权力撬动所需资源、如何实现网络智慧权力优化搜寻，加速创新速度，提高创新浓度和创新质量，是需要认真探

①　Cowan R，Jonard N，Ozman M，"Knowledge Dynamics in a Network Industry"，*Technological forecasting and Social Change*，2004（71）.

②　Rajan R G，Zingales L.，"Right in a theory of the firm"，*The Quarterly Journal of Economics*，1998（113）.

③　Perez Nordtvedt L，"Effectiveness and efficiency of cross-border knowledge transfer：an empirical examination"，*Journal of Management Studies*，2008（45）.

④　罗眠、夏文俊：《网络组织下企业经济租金综合范式观》，载于《中国工业经济》2011年第1期。

⑤　SAVORY C，"Building knowledge translation capability into public-sector innovation processes"，*Technology Analysis & Strategic Management*，2009（21）.

⑥　Cowan R，Jonard N，Zimmermann J B，"Bilateral collaboration and the emergence of innovationnetworks"，*Management Science*，2007（53）.

索的方向。

同时，我们看到智慧权力中蕴含的知识支配力量成了国际竞争的重要手段和壁垒，先发国家通过输出先进知识获取暴利，也通过遏制先进知识输出维持国际政治经济地位，智慧权力的多向性应用，与国家的软实力、硬实力均密切相关，成了国际竞争的关键一环。此外，在历史轨迹和诸多研究中，我们看到智慧权力有时会成为精英阶层的工具，也许并不是真正的合法智慧①，反映了权势者的需求，没有真正集聚创新所需的资源，甚至遏制了先进技术的创新发展。

综上所述，知识社会中，智慧权力作为最高质量的权力，适宜将其作为创新资源配置的"轴心"。为了避免与政治权力配置资源一样出现寻租现象，对智慧权力带来的"歧义、异质和矛盾"，同样需要限权。这点正是本书引入智慧权力的原因及目的。

（二）　保障智慧权力正常运行

现有的国家治理体系，依旧是行政化主导，仍旧在众多领域以行政权力为核心，智慧权力为配角的局面。不仅如此，即便是在科技创新领域，智慧权力应然具备的空间也一再被挤压，智慧权力并没有获得与自身相匹配的创新资源配置权力。最应该绽放知识光芒的高校体系内，学术机制也不够健全，智慧权力仍然处在一个生态环境差、地位低、影响力弱的学术创新环境②，仍旧存在行政权力排斥智慧权力，以与行政权力关系强弱为资源配置标准。智慧权力来源不是外在的赋予，而是内在生成，即知识的学术威信与声望③。因此，应重点研究如何确保智慧权力正常运行，而不必进行赋权设计。

1. 分离行政权力与智慧权力

知识社会的社会运转制度应该在宏观层面，主导政府为推动创新性知识社会建设，将政治权力更多让渡给智慧权力。需要政府将科学集聚创新资源作为知识的基本权利看待，对智慧权力在创新网络中的地位予以认可和支持。在这样的认识基础上，赋予知识配置创新资源的权力。

随着知识社会被政府主导变革的局面得以改变，传统的高度集中的权力结构正向现代分权型的权力结构发展，知识型组织的管理结构将发生嬗变，"官本位"的价值观应被"知识本位"彻底取代，构建以智慧权力为主的社会运转机制和对

①　刘欢：《瓦解知识权力——马克思主义哲学视域内的阿普尔的批判教育思想解析》，黑龙江大学硕士论文，2015年。

②　谢凌凌：《大学知识权力行政化及其治理——基于权力要素的视角》，载于《高等教育研究》2015年第3期。

③　刘黎明、王静：《我国高校学术委员会学术权力行使的制度分析》，载于《教育研究与实验》2015年第3期。

智慧权力正向发展进行科学赋能与限权。在知识型组织结构中，应保持行政权力和智慧权力的相对独立，打破层次制的束缚，采用平等、民主的方式进行决策，行政权力为智慧权力服务，智慧权力则以更好地推进人才发展为出发基点和导向。

2. 以智慧权力为主导，保障智慧权力按照自身逻辑运行

尊重智慧学习、开发、创造规律，让掌握智慧的人才拥有应得的权力，不仅可以科学自由地开拓科学领域，还享有预知匹配的价值利益知识，维护智慧权力的地位[1]。在遵循发展规律的前提下，对知识型组织赋予合理的智慧权力，破除阻碍知识创新的行政制度，不仅不能让科学家沦为财务报销会计，更应在智慧领域放权，让智慧体系自我正向生长与建构，遵照事物发展的理性逻辑，彰显智慧权力的自我建构力量。

如前所述，智慧权力具备真理力量、生长力量和逻辑力量，因为这些力量的内涵性，让智慧权力按自身逻辑运行，可以建构起科学的知识体系，即便过程中可能会出现偏差，但是因为真理力量的作用，依旧会回归到科学、理性、求真的道路上来。而这一过程，要注意智慧权力的话语力量，这些话语力量要尽可能与行政权力分离，让真理性智慧迸发出来，而不是为了谋求政治地位，"粉饰"知识。

3. 建立智慧权力运行保障制度

我们看到现有的实际情况是，即便在大学和科研机构这样典型的知识型机构里，当下的职工代表大会和各类学术委员会形同虚设，这些机构仅仅是行政机构的配角，他们的智慧权力仅仅是行政权力的发声筒。面对此现象，我国也在积极变革，如《高等学校学术委员会规程》正式颁发后，有不少专家发表评论认为张扬高校智慧权力的春天已经来临，但也有的专家认为面对学术经营兼职行政职务的现状，这一规程实施也是障碍重重。应在分离行政权力和智慧权力的基础上，给予上述机构充分的民主和自我运行权力，并在权力运行制度上予以保障。

罗素指出："权力基本上依靠组织，……纯粹的精神权力……不会成为重要的权力[2]。所以，只有体现为具体组织的社会机构才可以说拥有并行使权力"[3]。由此可见，没有制度保障的智慧权力将没有任何发展根基，也不能真正发挥效力，更不可能享有对等权益。为此，应在知识型组织内将职工代表大会制度作为组织内的根本政治制度，使职工代表大会成为知识型组织的最高权力机构。然后

---

① 谢凌凌：《大学知识权利行政化及其治理——基于权力要素的视角》，载于《高等教育研究》2015年第3期。

② 罗素：《权力论——新社会分析》，商务印书馆1998年版，第112页。

③ 丹尼斯·朗：《权力论》，中国社会科学出版社2003年版，第65页。

以职工代表大会为基础，民主建设科学研究委员会等能引领组织内部科学研究的机构，其对研究领域中遇到的问题具有积极指导作用和示范作用。加强智慧权力的制度化建设，也有利于防止智慧权力本身的异化[①]。

4. 建立良好生态环境，张扬智慧权力

知识型社会应建立百花齐放、百家争鸣的创新研究环境，使知识工作者能在保有"科学理性"的态度基础上，积极开展创新研究与实践活动，相互网联协作创新。中国历史上并非没有百家争鸣的时代，但是随着历史的发展，"官本位"思想愈发严重。建设创新型国家、推进人才发展，就需要让行政回归行政本位，让知识回归知识本位，先行在知识型组织中变革这种生态环境，而后在整个社会变革这种生态环境，形成尊重知识、尊重人才、发扬创新的生态文化氛围。

例如，在去大学行政化前提下，大学校长应强化乃师者之师、学校之魂的智慧权威性。应基于智慧素养的魅力，发挥智慧权力优势，利用知识权威和影响力建立学术自由的环境、促进学者人格的独立、规约学术自由的边界、促进大学各学科的自由生长和学术繁荣，减少政治与行政对大学的干扰。

（三）建立规制，避免知识霸权

知识社会建设，必须遵循智慧发展的内在逻辑，一方面本着智慧权力的正义，充分张扬科研自由的理念，给智慧权力应有的地位和空间；另一方面，智慧权力扩张同样要有一定的边界，不能超出科研事之外，如果智慧权力滥用而导致知识霸权，反过来会影响智慧权力的健康发展，[②] 可见一些智慧权力行使的随意性。

1. 建立权力运行及监管机制

在知识型社会，要进一步根据权力要素分离行政权力与智慧权力，确定智慧权力和行政权力的行权范围，各司其职；进而明确行政权力的赋权和规权，智慧权力的放权和规权，避免偏离异化，相互耦合形成权力滥用之殇；配合治理机制，当出现行政权力与智慧权力异化问题，通过治理机制合理重置权力清单；进而推进制度体系演化建设。实现以立法与章程保障智慧权力；以监督与制度规约智慧权力；以改革和创新张扬智慧权力[③]。智慧权力和行政权力分离的建设框架如图4-5所示。

---

① ② 寇东亮：《知识权利：中国语义、价值根据与实现路径》，载于《高等教育研究》2006年第12期。

③ 谢凌凌：《大学知识权利行政化及其治理——基于权力要素的视角》，《高等教育研究》2015年第3期。

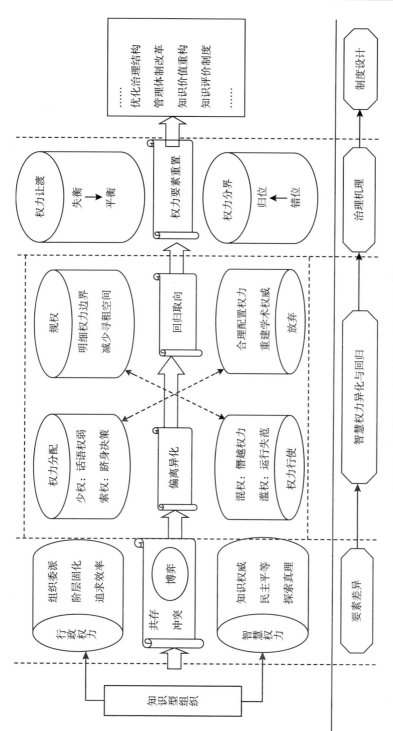

图4-5 智慧权力和行政权力分离建设框架

2. 行政分离，实现载体束权

中国国情体制下，很多拥有先进知识的人才，热衷于获得行政权力，当然这与中国几千年的"学而优则仕"思想有关，事实上，具备高知识储备的官员大多比低知识储备的官员在管理中更加思想宽阔。但是在科技创新领域，也因智慧权力与行政权力耦合引发了学术腐败问题。即便是政府机构，欧美国家也在尝试技术型公务员与行政型公务员的分离。那么在知识型组织中，更应实现人才的身份分离。近日，中国提出的去大学行政化，也正体现了这种趋势。

亟须打破"混权"，在科学合理的范畴内，赋予智慧权力真正的创新自由，彻底破解官僚权力决定资源配置的现状。知识型组织内推动不同岗位职责明确的职业化制度，既明确对行政人员的"专职化"职责，也对知识研究人员的研究职责提出明确要求，并强调研究专职化。对于既往存在的"双肩挑"情况进行妥善处置及安排，专职化岗位可以避免各类行政权力配置资源的扭曲现象，积极发挥智慧权力的创新活力。

3. 行使规权，完善治理体系

唯有权利与义务相对等，社会运转才会良性发展。因此，智慧权力也必须受到义务或责任的规制。社会这个综合体中，没有任何权力可以毫无限制，智慧权力也不例外，也同样具有各种非理性倾向。众所周知，任何权力获得无所限制的自由，都会带来不自由甚至灾难。如果对智慧权力没有任何规制，知识平等、知识独立、知识创新都会受到严重损害，更不可能保障人才在创新研究和实践中发挥好主体作用。

知识分子也有着自身弱点，当智慧权力出现过度集中、缺乏规制时，必然产生知识霸权。虽然知识分子有凭借自身知识价值配置创新资源的权力，并借此激活创新不断发展，但他们也必须严格按照规章制度来开展工作，使智慧权力在规范性与自主性协同的道路行进。知识型组织不仅要根据权力要素内涵制定制度明确利益各方的权力边界，还必须强化制度践行性，当遇到现实与制度规范有矛盾，仔细分析寻找破解方案，防范制度制定既与实际需求矛盾重重，又毫无实践过程。发挥智慧权力的道德约束作用，鼓励知识分子在追求真理的过程中保持道德操守，对创新研究与实践活动中可能出现的腐败及风险进行内心的自我约束。

第四节 打破内卷，建立以智慧权力为轴心的创新网络

基于世界范围审视，可见创新理论与实践主要遵循"熊彼特创新思想—创新要素—创新系统—创新网络"的发展脉络[①]。因此，本书从创新网络建设视角切

[①] 李兰冰：《区域创新网络的多层次发展动因与演进机制研究》，载于《科技进步与对策》2008 年第 25 期。

入进行研究。各国经济学和管理学研究者在创新网络建设方面进行了大量研究，在网络中知识流动速度、知识扩散效果、网络建设动机、网络位置、网络搜寻、网络节点等方面取得了系列研究成果，但是都忽略了创新网络轴心的基本起点，本节重点分析如何建设以智慧权力为轴心的创新网络。

一、基于智慧权力的创新网络建设动力机制

因为创新网络不同节点的成员具备不同的知识储备，彼此合作可以在依托自身智慧权力的基础上吸引、搜索、吸附网络中其他合作方进行网联创新，提高创新率，同时丰富创新模式，并提高科技成果转化。

（一）提高创新率吸引成员

熊彼特（J. A. Schumpeter）提出创新理论之始，将创新定义为企业家的一种出众能力，而后众多的创新行为及研究都是基于企业内部的线性创新，普遍采用"基础和应用研究—产品和方法开发—生产—扩散和市场化"的创新架构，企业间的创新扩散并未引起过多重视。但是随着工业化生产复杂性的提高、跨区域合作的逐渐开展，理论界和实践界都意识到创新不是单一线性研发和扩散，而是越来越复杂，彼此网联的巨复杂系统。而且在创新扩散过程中，学习者的掌握程度、合作者之间的合作效率、整体创新系统的建设都是被详细探讨和实践的问题。

同时，社会随着信息技术的快速发展，已经成为一个跨国家、跨行业、跨领域的，彼此交互网联、信息快速流动、数据爆炸增长的社会。用网络的研究与实践方法，比用创新系统构建模式更容易解决一些现实问题，创新网络更强调合作者之间的知识流动、合作创新方式、网络重要节点的辐射作用等。在当下的社会宏观环境中，更能有效提高创新率。

创新网络的开放式创新模式，强调了合作与共享，既能整合企业外部资源，又可以帮助企业将导致创新失败的不利因素，转化为网络中其他企业可利用的有效资源，企业与企业之间，形成以核心智慧资本为枢纽的快速交互创新网络，帮助每一个企业以内部知识为支点，发挥智慧权力效应，网联网络内适宜企业发展的合作资源，杠杆化创新价值。

创新网络是企业和国家的战略部署，通过创新网络不仅有效降低失败率、分散创新投资风险、实现难点破解、缩短创新周期、发挥核心智慧资本的杠杆作用[①]，还可以借助网络获取合作伙伴的有效资源，跟踪创新热点及趋势，为突破

① 蒋翠清、杨善林、梁昌勇、丁勇：《发达国家企业知识创新网络连接机制及其启示》，载于《中国软科学》2006 年第 8 期。

发展提供机遇。

（二） 多种创新模式增加合作性

创新网络的充分合作，实现了创新模式从三个方面变革：创新模式从企业内部创新，转为开放式创新；创新从传统的原始性创新转为原始创新、改良创新和集成创新多种创新模式并存；从技术创新一枝独秀，到技术创新和商业模式创新同时推动社会变革。

内部创新并不能满足社会的快速发展要求，也很难帮助企业积极响应激烈的市场竞争。即便是世界五百强企业，也开始将部分创新工作实行开放式合作，快速发展的互联网，为异地同步工作和柔性机制提供了保障，创新人才们可以在不同国家协同开展工作，弹性化的工作方式在保障人才个性要求的基础上，也更大地激发了人才活力。

原始创新意味着从头开始，具备颠覆性创新的基础，是最可能推动技术跨越发展、经济运转模式变革的模式，这一模式还将进一步影响社会成员的生活方式，甚至推动政治体制改革。但是，原始创新的难度最大，不是每一个企业或人才都具备原始创新，更多的创新是在原始创新的基础上进一步修改或集成，这就产生了改良创新和集成创新这两种模式。而集成创新，因为借助创新网络，可以实现真正意义上的跨学科、跨区域集成，也带来了颠覆性的创新效果，更加推动了创新网络的快速发展。

越来越多的企业创新，展示了商业模式创新的魅力。一些企业仅仅依靠商业模式创新就推动了企业快速崛起，如最近备受关注的共享单车、共享汽车模式，都是先以商业模式创新，辅以计算机算法技术实现运行过程中的不断优化，在发展过程中，以创新模式和迅速攀升的用户量，不断吸引资本进驻，甚至推动了国家相关政策的变革。可见，商业模式创新和技术创新相辅相成，可以推动更多的变革与发展。

（三） 提高科技成果转化创造价值

一方面，创新网络打开了含默知识的壁垒，为企业提供了与优秀技术专家合作的途径，在反复合作互动中，企业真正有机会学习到专家掌握的含默知识，或者依托专家的含默知识进行合作创新，这为监测产业技术动态，跟踪专业知识走向，提供了可行性路径。同时，借助创新网络建立更好的创新合作制度，实现了含默知识和显性知识的有效配置，突破知识创新壁垒。

另一方面，创新网络连接了技术专家和企业。现有的科技成果转化模式可以进一步落地，以创新网络嫁接起创新成果与产业之间的转化桥梁，跨越科技成果转化"死亡谷"。此外，未来社会将产生巨大变革，依托创新网络，每一个人都可以成为"产销者",自己创新设计满足自身需求,借助 3D 打印设备进行个性化单品生产,创新社会将真正实现。

（四） 助力形成行业技术标准

标准是高技术企业主宰市场的战略,能否将自身掌握的技术确立为产业标准,决定了企业长期竞争地位和经营成败[1]。很多企业技术研发中的瓶颈就是产业技术标准,而创新网络可以基于技术标准连接具备不同技术优势的企业,参与基于技术标准竞争与合作的创新网络,已成为企业重要的开拓战略。基于这一机理聚合的创新网络,直接影响着网络中行动者的技术研发战略,关联着产业技术标准再发展。

创新网络为技术标准的形成、发展与创新提供了规模条件、竞争力量、协作动力和机制基础。高科技产业跨国创新网络的特定资源和整合能力应该包括制定和采用共同技术标准的需求和协调能力[2]。创新网络不同节点上的行动者,持续处于竞合博弈状态,这一博弈过程推动了创新网络的持续演进,这是创新网络技术标准合作的内在机理,并将不断改进产业技术标准。

二、基于智慧权力的创新网络生成机制

创新网络利用结构洞增加了连接价值,提供了连接机制,网络连接成功后,优秀的搜索机制为网络成员搜索知识提供了保障,合作机制又为高质量创新、科技成果转化、降低博弈风险提供了保障。

（一） 连接机制

结构洞为创新网络行动者彼此连接创建了桥接机制。结构洞是美国芝加哥大学商学院勃特（R. Burt, 1992）在做社会网络研究时,提出的具备经典意义的社会学理论[3]。勃特认为结构洞是非冗余联系人之间存在的缺口[4]。因为结构洞的存在,洞两边的联系人实现了累加性网络收益[5]。从复杂网络角度看,拥有较多结构洞的网络节点更有利于信息的传播。由此,结构洞推动了网络之间相互连接,而连接的几方因为借助结构洞可以获得丰富的交互信息,增加合作可能,提

---

[1] Hill Charley W I, "Eynbliahing a Sandard Competitive Strategy and Technological Standards in Winner-take-all Industries", *Academy of Management Executive*, 1997（11）.

[2] 袁信、王国顺：《高科技企业跨国创新网络及风险机制研究》,载于《软科学》2007 年第 21 期。

[3] Burt R S. Structural Holes, "The Social Structure of Competition", Harvard University Press, 1992, 38.

[4] 孙笑明、崔文田、王乐：《结构洞与企业创新绩效的关系研究综述》,载于《科学学与科学技术管理》2014 年第 35 期。

[5] 梁鲁晋：《结构洞理论综述及应用研究探析》,载于《管理学家》（学术版）2011 年第 4 期。

高学习含默知识机会，而自愿加入网络实施相互连接。

首先，占据结构洞的行动者，因为连接了更多行动者，可以获得更多行动者的丰富信息，并且实现信息网联交互，信息的有效交互对创新网络内的行动者具有高吸引力和价值，不仅搭建了成员彼此联系的桥梁，也增强了关系强度，利于更紧密的创新合作。其次，奥利弗（Oliver 2007）指出信任水平与结构洞共享呈现正相关关系，网络中结构洞的共享可以提升创新合作程度。最后，从资源共享角度，结构洞搭建了各类创新要素交互的机制，促进了创新。

人才与组织、组织与组织之间，相互交错连接的关系构成了庞杂的知识网络，在创新合作中，每一个行动者都获得了自己的网络位置，从自身位置出发，在网络中搜索、获取、吸收、合作创新知识。在网络中掌握关键结构洞和处于网络中心位置的行动者[1][2]，具有更高的智慧权力，对网络内其他行动者具有更高的吸引力和价值，能够获取更多联系人的信息流，更容易建立高效创新合作，[3]占据主动地位并具有先发优势[4]。

（二） 搜索机制

创新开放化、复杂化、快速更迭都在日益显著，促使每一个人才、组织都积极寻求合作创新伙伴，但是过多的合作伙伴、海量的知识，又犹如"大海捞针"，搜索机制和搜索能力就愈加重要，通过网络搜寻可以使人才及组织跳出封闭式创新造成的"能力陷阱"[5]，减少创新过程中的风险和非确定性[6]，降低创新联盟中的交易成本[7]，带领创新绩效跃升[8]。

创新网络中，占据关键网络位置和结构洞的行动者，往往具有更大吸引力，也有相对丰富的知识含量。随着网络节点的增加，行动者数量不断增加，知识数量级别也随之剧增，一个高效的创新网络可以通过构建搜索机制，帮助提高知识

---

① 党兴华、孙永磊：《技术创新网络位置对网络惯例的影响研究——以组织间信任为中介变量》，载于《科研管理》2013 年第 34 期。

②⑤ 熊伟、奉小斌、陈丽琼：《国外跨界搜寻研究回顾与展望》，载于《外国经济与管理》2011 年第 33 期。

③ Goodwin V L, Bowler W M, Whittington J L, "A Social Network Perspective on LMX Relationships: Accounting for the Instrumental Value of Leader and Follower Networks", *Journal of Management*, 2009 (35).

④ Zaheer A, Bell G G, "Benefiting from Network Position: Firm Capabilities, Structural Holes, and Performance", *Strategic Management Journal*, 2005 (26).

⑥ 袁健红、龚天宇：《企业知识搜寻前因和结果研究现状探析与整合框架构建》，载于《外国经济与管理》2011 年第 33 期。

⑦ Zhang Yan, Li Haiyang, "Innovation Search of New Ventures in a Technology Cluster: The Role of Ties with Service Intermediaries", *Strategic Management Journal*, 2010 (31).

⑧ 邬爱其、李生校：《从"到哪里学习"转向"向谁学习"——专业知识搜寻战略对新创集群企业创新绩效的影响》，载于《科学学研究》2011 年第 29 期。

搜索效率和质量，而行动者借助自身智慧权力撬动网络知识流，搜寻到最佳合作伙伴，获得高质量知识，实现不同知识元素的组合与创新[1]。

优秀的搜索机制将帮助行动者实现跨时间、跨地域、跨组织边界、跨内容的搜索，不仅可以搜索到关键知识，还可以进一步掌握卓越的创新学习方法[2][3]，通过搜寻网络中的"游戏规则"以便企业不断优化创新方法、创新模式和网络合作方式[4]。

（三）合作机制

创新网络成员之间的合作必须有风险管控机制、违约惩罚机制、扩散和学习机制和成果转化机制。

风险管控机制包括创新生态系统风险管控、治理风险管控、伙伴选择风险管控等内容。生态系统风险管控包括：网络生态结构设计、网络技术兼容性设计、网络价值创造设计、技术专利差异化考评等。治理风险管控包括：知识产权保护、合作控制权监管、利益分配设计等。伙伴选择风险管控包括：人才流动风险、合作知识泄密等内容。

违约惩罚机制在创新网络中具有普遍适用性，网络多节点设计导致了成员数量较多，网联合作中的违约可能性就有所增加。尤其是网络中智慧权力较大的节点，一旦发生违约，对整个网络影响巨大。因此，需要基于风险管控机制，对违约中可能存在的问题进行惩罚约束。

扩散和学习机制保证了网络成员之间的知识交流与学习。网络中的核心技术往往是含默知识，含默知识的学习机会相对难以获得，学习程度也不好掌控。但是创新网络通过高效的扩散和学习机制，使不同级别的智慧权力相互撬动，增加了学习深度和广度。

创新成果的转化落地保障了产业顺利发展。创新网络中集聚了各领域人才及各类组织，也吸附了大量资本，多样资源的相互耦合，为成果转化落地提供了桥梁和保障。

依托科技创业领军人才的智慧权力，生成创新网络体现了领军人才凭借智慧权力吸引、集聚资源的过程，在这个过程中连接机制、搜索机制和合作机制充分

① Laursen K，Salter A，"Open for Innovation：The Role of Openness in Explaining Innovation Performance among UK Manufacturing Firms"，*Strategic Management Journal*，2006（27）。

② 邬爱其、李生校：《从"到哪里学习"转向"向谁学习"——专业知识搜寻战略对新创集群企业创新绩效的影响》，载于《科学学研究》2011年第29期。

③ Aloini D，Martini A，"Exploring the Exploratory Search for Innovation：A Structural Equation Modelling Test for Practices and Performance"，*International Journal of Technology Management*，2013（61）。

④ Zhou K Z，Li C B，"Howstrategic Orientations Influence the Building of Dynamic Capability in Emerging Economies"，*Journal of Business Research*，2010（63）。

发挥了作用，创新网络构建而成。当面对新的刺激时，原创新网络又会做出相应反应，实现创新网络的再平衡发展。刺激—反应、再平衡机制是创新网络的进化机制，将在下面进一步阐述。

三、基于智慧权力的创新网络进化机制

创新网络进化机制在面临刺激的基础上，做出自适应反应，实现升级进化。同时，当创新网络面临不平衡状态时，为了实现再平衡，网络会为了实现再平衡进行更大范围的进化，在这次进化中，网络中心位置的行动者可能发生更换，智慧权力大小在网络不同位置发生了变革。

（一）　基于"刺激—反应"模型的自适应机制

霍兰构建的"刺激—反应"模型（Stimulus-response Models），反映了异质性主体之间在面临动态变化环境刺激之下，所作出的反应行动。波兰尼指出："一个问题，就是一个智力上的愿望"[1]。所有的刺激引致问题解决过程都是创新的一次升级过程。综合而言，影响企业创新的外界刺激因素包括：宏观经济环境、行业周期、法规政策、客户市场、合作伙伴、竞争对手、行业技术走势等。内部刺激因素包括：产品更迭、技术落伍、人才建议等。在对外部和内部各种刺激因素进行综合分析和趋势判断后，人才或组织会在能力范围内寻求突破，一个重要的反应机制就是开放性创新，推动创新网络升级，与掌握优势结构洞的企业进行合作。

上述过程显示了基于"刺激—反应"的自适应升级过程，这些刺激可能是突变的，也可能是梯度变化式，所引发的反应行动也各不相同，可能经历涌现、突变、分岔等一系列自组织过程，也可能是"灾变"或"渐变"的选择过程。但是无论何种反应行动，都是为了更好地升级发展。

（二）　再平衡推动机制

创新网络的进化机制是基于创新网络结构变革的一种再平衡推动机制[2][3]。对于行动者而言，合作关系固然重要，更重要的是合作方之间相互网联构建成了动态平衡的创新网络。凭借再平衡推动机制，无论是外部环境发生变化，还是网络内部结构发生演变，创新网络都能在动态变化中不断调优达成最优均衡

①　Polanyi M，"Problem Solving"，*British Journal for the Philosophy of Science*，1957（8）.

②　Koza M P，Lewin A Y，"The Co-evolution of Strategic Alliances"，*Organization Science*，1995（9）.

③　Dyer J H，K Nobeoka，"Creating and Managing a High Performance Knowledge Sharing Network：The Toyotacase"，*Strategic Management Journal*，2000（21）.

状态①，动态均衡状态包含多种形式，既可能是某一时点的某一均衡状态，如强关系和弱关系的平衡，也可能是网络整体的均衡状态，如创新网络与外部环境的均衡②。

企业创新网络进化的动力，就是在每一次不平衡来临后，网络中心位置的行动者，发挥智慧权力，网联整个网络中的关键行动者，一起发挥智慧权力，推动实现再平衡。当然，也可以不是中心位置的行动者，但是如果是别的位置的行动者发起再平衡行为，网络的中心者就会发生更换，一个更大变革的创新网络再次构建。在这些过程中，依据不同的条件和性状，网络再平衡过程中包括了开放和转化、涌现和突变、演化和分岔等多种形式③。

如果在平衡失败，这一创新网络将解体，网络中的成员将通过连接机制、搜索机制、合作机制，生成或加入另外一个新的创新网络，又一次创新网络动态建设和平衡过程再次发生，周而复始，不断推动着创新网络的构建与进化。

四、基于智慧权力的创新网络运行保障机制：市场决定资源配置

资源扭曲错配是全要素生产率低的重要原因，而制度因素又是资源错配的重要因素。缓解制度因素导致的资源错配，主要靠市场机制进行调节。党的十八届三中全会，我国也明确将由市场决定资源配置。但是这一过程不是一蹴而就，我们当下仍旧处于新旧制度交替进程中，如何更好地发挥市场对资源配置的主导地位，仍是一定时期内的重要议题。

（一）经济学视角下的市场决定资源配置

早在18世纪，亚当·斯密（Adam Smith）就在《国富论》中，指出要发挥市场这只"看不见的手"调节经济社会。可以说，自从有了经济学理论，市场的作用从未被忽视过。某种视角下，资源配置的根源是新古典经济学的资源稀缺理论，因为资源尤其是关键资源并非无穷尽地供使用甚至是浪费，人类无穷尽的欲望需求与终将耗竭的资源供给就产生了必然矛盾。于是，人类社会必须直面三个基本经济问题：生产什么、如何生产以及为谁生产。资源稀缺性决定了产品存在着"生产可能性边界"，资源有效性配置就成了经济领域的重要研究议题。新古典经济学派借助数学模型，通过一系列假设约束和模型推倒，分析论证了资源配

---

① Uzzi B, "Social Structure and Competition in Interfirm Networks: The Paradox of Embeddedness", *Administrative Science Quarterly*, 1997（42）.

② 王大洲：《企业创新网络的进化机制分析》，载于《科学学研究》2006年第5期。

③ 刘敏：《生成的逻辑——系统科学"整体论"思想研究》，中国社会科学出版社2012年版，第162页。

置的经济学机理，提出完全竞争模型可以实现帕累托最优，由此资源配置效率达到最优。[①] 诸多学者在资源配置领域取得了丰硕的成果，如海瑟赫（Hsieh C，2009）将中国和印度的资源进行重新配置，使劳动力和资本的边际产品与美国趋于一致，中国的全要素生产率将增加 30%～50%，而印度将增加 40%～60%。

但是市场与政府之间的界限如何界定，二者之间的关系到底如何协调，经济学派和实践过程中却反复争论并不断演进。从古典自由主义到新自由主义，自由主义经济学派倡导经济由市场自身主导，政府的职能在于政治、军事和外交。从亚当·斯密到米塞斯、哈耶克、米尔顿·弗里德曼和乔治·斯蒂格勒，都反对政府对宏观和微观层面的经济调节与干预。自由主义经济学派认为市场能高效调节经济活动，保持经济协调发展。但是周期性的经济危机给了这一理论重重打击，市场这只"看不见的手"失灵。"凯恩斯主义"诞生，强调政府干预和决策的重要性，政府制定了一系列政策，积极实施了一系列措施，在一定程度上减缓了欧美经济危机。汉森、哈罗德、罗宾逊、希克斯、萨缪尔森、斯蒂格利茨等人，秉承了凯恩斯的基础理论，赞同政府进行积极干预。但是随着凯恩斯主义的不断推行，政府开始出现过度干预市场经济现象，通货膨胀和经济滞涨的双重困扰不断显现。实践和理论界关于市场与政府之间的边界再次陷入了探索和争论。

由此可见，即便是相对成熟的先发国家经济界，在市场与政府之间的界限和关系上，仍旧在反复探讨。对于中国而言，我们有着自己的国情特色，不能照搬欧美理论，这一领域的变革与实践更加复杂和艰巨。但是即便存在着上述争论，我们仍旧可以看出市场在资源配置上发挥着重要作用，也大大降低了政治权力的寻租现象，与政府集权相比，市场决定资源配置有着不可替代的优势。针对中国特殊国情和当下阶段特质，人民大学卫兴华教授等人提出：中国实行社会主义市场经济，市场要起决定资源配置的作用，但主要是微观经济领域的决定作用。在社会主义宏观经济领域，不能由市场决定资源配置，而主要依靠党的领导和政府的决策[②]。

（二）打破行业垄断，清除地方保护

行业垄断仍旧是中国一个普遍现象，除了关乎国计民生的基础行业存在进入壁垒，很多具备开放竞争条件的行业，也因为有利益分配等问题存在着垄断现象。诸多行业，显示了国有企业与非国有企业之间的不公平竞争，市场机制没有有效发挥作用。随着中国民营企业的快速发展，超过国有企业的经济贡献，成为

[①] 周小亮：《新古典市场配置资源论述评》，载于《福州大学学报》（哲学社会科学版）2004 年第 14 期。

[②] 卫兴华：《关于市场配置资源理论与实践值得反思的一些问题》，载于《经济纵横》2015 年第 1 期。

中国第一经济力量之时，这种不公平竞争严重束缚了中国经济的健康发展。垄断行业存在的"旋转门"和"玻璃门"问题，促使民营企业要想进入就必须进行政治关联寻租，由此垄断行业成了"腐败"的温床。除了垄断，民营企业在获得财政补贴、银行贷款、税收优惠、土地批复上也往往处于不利地位。

建立全国统一开放、竞争有序的市场体系也是中国当下改革的重要目标之一。当下的地方市场保护现象依旧普遍存在，相当一部分要素并不能在全国范围内自由流动和配置。在同一市场的要求下，一些地方保护不但没有削减，保护方法和手段反而逐渐升级，在这种环境下，地方保护的方式不仅多样化，也更加隐蔽和不易监管。一是在保护内容上，已不再仅仅是原来的保护本地产品或本地资源，而是将范围扩大到保护本地市场，外地商品被种种屏障挡在市场之外。二是在保护手段上，表面上看起来似乎不再野蛮粗暴，设置关卡的简单屏障行为已经越来越少，但是演变为了更加具有影响力的地方行政壁垒。三是在保护范围上，范围不断扩大，已经从简单保护商品扩大到保护要素和服务市场[①]。

在这种市场保护下，民营企业的寻租方式也变得多样化，寻租频率也有所增加。地方政府主导地方市场的不正常现象，造成了全国市场没有真正统一，甚至出现"地方势力"抬头现象。要实现真正意义的市场决定资源配置，就需要积极破除地方保护，打破地方市场壁垒。

（三）深化要素市场改革，优化国民经济体系

生产要素是维系国民经济运行的基本要素，经过不断演进和发展，生产要素在包括传统的劳动力、土地、资本、企业家才能四大要素基础上，又增加了技术、信息等基础要素。要素之间相互交易交换，构成了完整的价格体系。目前，我国商品市场机制相对健全，但是要素市场机制仍需大幅优化，政府仍然掌握着部分关键要素的定价权和配置权，导致市场活力不足。尤其对劳动力、土地、资本三个关键要素要加快改革进程。

劳动力市场因为户籍、信息滞后、地区差异等问题，尚不能实现自由流动。北京、上海等地户口的高门槛，和与户籍紧密相连的医疗、教育等问题，都阻碍了人才的市场交换活动。而一直备受争议的城乡二元制，也因户籍阻碍了农民工就业和子女教育问题。此外，因为劳动力市场信息交互滞后性等问题，劳动力市场还存在着人才错配现象，人岗不匹配问题较为常见。而信息滞后也影响到了大学生选择专业的科学性，出现了某些专业"入学热门，工作无门"的困境，一些职业人才紧缺的专业学生数量不足。此外，地域差异，又导致人才集聚涌向经济

---

① 韩俊、任兴洲：《着力发挥市场配置资源的决定性作用》，载于《价格理论与实践》2013 年第 11 期。

发达地区，而西部等地区人才匮乏，造成劳动力区域性不均衡发展。

　　土地要素配置一直是中国一个重要矛盾，土地市场机制尚不健全，尚未建立起统一的建设用地市场。城市土地价格高涨，"地王"频现，地价的高昂引致高房价，住房的刚需问题无法得到彻底解决，引发系列矛盾。农村土地流转呈现无序状态，土地征用制度落实不到位，城镇化的推进过程中，围绕土地征收又产生系列新冲突。需要进一步深化土地管理制度改革，深化使用权规范机制，纠正土地流转价格扭曲问题，建立城镇土地价格体系顺利衔接的价格体系，加大土地流转中介服务机构培育力度。

　　资本要素配置扭曲与我国金融市场建设时间不长，经验不足有关。信用制度、股权、产权是与资本市场紧密交织在一起的问题。信用制度的不健全，引致产权尤其是无形资产产权，在交易中面临重重难题。尤其是科技型企业，由于缺少固定资产，在信用评价和抵押担保上，缺少解决制度和政策，不利于科技型企业利用知识产权进行融资。而股权交易市场中主板市场对企业要求较高，绝大多数企业没有机会进行场内市场交易。"新三板"市场也并不能满足大多数企业融资需求，区域性场外交易市场就成了绝大多数中小企业期盼的交易方式，但是区域性股权交易市场经历了开放—关闭—开放的多次曲折建设过程，制度的不完善现象尤为明显。我们应在应对金融风险的基础上，积极建设全体系、全方位的金融市场，尤其针对带领创新发展的科技型企业设计个性化解决方案，促进资本市场健康、稳健发展。

（四）　明确政府角色定位，屏蔽政治关联寻租

　　市场并不是万能的，也存在着失灵现象，此时就需要政府进行积极协调。如上所述，市场与政府之间的界限一直是个需要反复探索和实践，根据不同阶段现状进行不同规划的问题。党的十八届三中全会指出：凡是市场有能力做好的事情就交给市场去做，政府的职责和作用主要是保持宏观经济稳定，加强和优化公共服务，保障公平竞争，加强市场监管，维护市场秩序，在市场机制发挥作用有限的领域积极作为，弥补市场失灵，防止"缺位"和"失位"。

　　政府应做好管理者、裁判员和服务员。凯恩斯主义虽然后来饱受诟病，但是在当时通过相机抉择的政策，成功熨平了经济周期，解决了经济危机难题。可见，在市场发生失灵之时，政府做好管理员的必要性。政府要做积极的有作为的管理员，要在宏观经济领域上进行积极主导。林毅夫指出：少数经济体取得成功的共同点在于经济发展和转型中既有有效的市场，也有有为的政府，转型中国家的有为的政府尤其重要①。

---

　　① 苏发金：《经济转型期政府在市场决定资源配置中的角色定位》，载于《三峡大学学报》（人文社会科学版）2015年第5期。

　　政府在管理和裁判过程中，需要明确自己的权力界限，将经济配置权交由市场，尊重市场规律，建立健全市场体系，按市场规律办事，积极改革垄断行业现行规则，优化市场准入机制，同时大力推动国有企业和民营企业平等竞争。做好裁判员，制定公平公正的市场规则和机制，完善产权制度和股权制度，监管要透明而阳光，避免出现代理人寻租现象，建立完整的要素市场，统一全国市场体系，推动市场资源自由流动并合理配置。

　　政府在服务过程中，要大力推动公共服务，在医疗卫生、基础设施、教育、社会保障等方面，不断提高公共产品服务水平。加强中央政府宏观调控能力，在市场失灵时，积极调节。针对公民普遍关心的国计民生问题，不断健全发展机制和体系，强调公平发展，推动依法治国，避免"缺位"和"错位"，提高公民幸福生活指数。

第五章

优化知识产权制度推进人才发展

2015 年中国专利占全球专利总和的 40% 以上，申请量超过 110 万件。世界知识产权组织总干事高锐指出中国是世界首个 1 年内受理专利申请超过 100 万件的国家。知识产权的普惠和重要性将达到从未达到过的高度，也是当下领军人才非常关注的话题。研究科技创业领军人才的知识产权保护强度是否合理、应如何保护，就需要先站在中国国家范围内探析中国知识产权战略的现状，研判中国当下阶段适合的知识产权保护强度，进而针对科技创业领军人才最为关注的以知识产权入股、知识产权融资等问题进行了深入分析。因此，本章按照这一逻辑展开研究。

第一节　中国知识产权战略建设研究

2007 年，党的十七大报告中明确提出"实施知识产权战略"。2014 年，推动《深入实施国家知识产权战略行动计划（2014－2020 年）》。随着国家知识产权战略的逐渐推动，中国对知识产权制度的建设与实施逐渐深入，但是仍旧面临着一些问题，需要进一步改进。

一、中国知识产权保护发展历程

知识产权的概念是从西文引入的，又可称为智慧财产权、智力财产权，是指对科学技术、文化艺术等方面从事智力活动所缔造的精神财产在一定地域、一定时间内依法所享受的权利。中国知识产权制度建设是从强迫到主宰的政策变化史[①]，也有人把中国知识产权保护的发展历程称为"被动立法的百年轮回"[②]。根

[①] 吴汉东：《利弊之间：知识产权制度的政策科学分析》，载于《法商研究》2006 年第 5 期。
[②] 曲三强：《被动立法的百年轮回——谈中国知识产权保护的发展历程》，载于《中外法学》，1999 年第 2 期。

据发展进程，可以将中国知识产权制度建设分为四个阶段。

（一）知识产权保护的初步提出：1900～1948 年

1900～1948 年是中国知识产权的初始阶段。始于清朝末年的知识保护，是被迫接受的结果，是帝国主义列强为了攫取更多利润的工具[①]。当然，清朝政府从中也学到了一些先进的政策。因为一系列不平等条约，外国企业在中国不必缴纳任何税费，于是自 19 世纪后期，中国企业为了逃税，开始仿冒外国公司商标。[②] 在这种复杂背景下，清朝政府在 1898 年实施了中国史上首部专利法规《振兴工艺给奖章程》，是为了支持中国技术发展，却伴随"戊戌变法"的挫败而早夭。此后，清政府被迫颁布了《中英续议通商行船条约》（1902）、《中美通商行船续订条约》（1903）、《商标注册试办章程》（1910）、《大清著作权律》（1910）等法律法规[③]。这些法律都是照搬的外国法律，不仅不适合中国，更多地为了保护帝国列强的利益。此外，还强行要求中国遵守国际公约中规定的知识产权，这些条约中的知识产权保护实际给中国带来了更多剥削和压迫[④]。

（二）新中国成立引领知识产权保护进入了新阶段：1949～1979 年

从时间节点上进行划分，可知随着新中国的成立，在 1949～1978 年改革开放之前这段时间，知识产权保护进入了新阶段，出台了一些知识产权保护法律法规，但是进展缓慢，而且在知识产权保护领域政府治理程度不高。例如，虽然 1953 年出台了《关于纠正任意翻印图书现象的规定》，在新中国成立后的 40 年内，一直没有颁布过有关著作权的法律。同样，新中国成立后，在 1950～1954 年间，针对专利、商标、发明权等制定了相关规定，但是都是条例，并没有形成法律条款。可见，这一阶段，中国的知识产权保护建设仍处于较低水平，很多条例仅仅是暂行条例，不仅保护效果差，而且不具备长期指导意义。严格而言，这一阶段尚没有建立真正意义上的知识产权保护政策[⑤]。

（三）改革开放快速推动知识产权保护建设：1978～2004 年

1978 年改革开放政策，不仅推动了中国经济快速发展，也进入了中国知识产权政策系统提高阶段。但是 1978～2004 年期间，仍旧没有进入一个完全主动建设知识产权保护阶段。

①⑤　吴汉东：《利弊之间：知识产权制度的政策科学分析》，载于《法商研究》2006 年第 5 期。

②　郝燕平：《中国 19 世纪的商业革命》，上海人民出版社 1971 年版，第 265 页。

③　孙运德：《政府知识产权能力研究》，吉林大学研究生院博士论文，2008 年。

④　曲三强：《被动立法的百年轮廻——谈中国知识产权保护的发展历程》，载于《中外法学》1999 年第 2 期。

这个阶段前期，是中国政府在经历了数十年的准备和积淀后，在20世纪70年代末至90年代，逐渐推出了《中华人民共和国商标法》《中华人民共和国专利法》和《中华人民共和国著作权法》，开始创建知识产权法律准则体制。尤其是在中国进行加入世贸组织谈判过程中，知识产权是谈判中备受关注的话题。自此，中国又进入了一次知识产权全面建设和提升阶段。中国在入世前的十年期间就全面修订了多项知识产权方面的法律，包括：《中华人民共和国著作权法》（2001年）、《中华人民共和国专利法》（1992年、2000年）、《中华人民共和国商标法》（1993，2001）。此外，还颁布了《中华人民共和国植物新品种保护条例》（1997）、《集成电路布图设计保护条例》（2001）等，基本满足了入世的系列要求[1]。但是这个阶段，因为经验不足和时间有限，法律制定和修订仍旧是效仿外国法律过多，本土化仍需时间进一步提升，如果说利用知识产权保护提升中国在国际社会中的软实力，则需要更多的时间。

（四） 中国知识产权保护进入全面战略主动阶段：2004年至今

随着国家技术创新水平不断提高，中国政府加大了知识产权战略主动速度：于2004年和2005年分别建立了"国家保护知识产权工作组"和"国家知识产权战略制定工作领导小组"；2007年，党的十七大报告中明确提出"实施知识产权战略"；2008年，中国颁布了《国家知识产权战略纲要》；2014年，推动《深入实施国家知识产权战略行动计划（2014－2020年)》；党的十八大提出要"实施知识产权战略，加强知识产权保护"；党的十八届三中全会和四中全会也进一步提出了要求和建议；2015年4月公布了《中华人民共和国专利法》第四次修订的征求意见稿；2016年也出台了系列关于知识产权的政策文件，包括《国务院关于印发"十三五"国家知识产权保护和运用规划的通知》《国务院办公厅印发〈国务院关于新形势下加快知识产权强国建设的若干意见〉重点任务分工方案的通知》《国务院办公厅关于印发知识产权综合管理改革试点总体方案的通知》等。李克强总理一再指出：保护知识产权就是保护民族工业。中国知识产权制度建设迈进了战略主动的新进程，2015年版《世界知识产权指标》报告指出，2015年期间中国在专利、商标、工业品外观设计的知识产权领域的申请量均位居世界第一。2016年的专利申请数量超过美国和日本总和，继续保持世界第一水平。

二、中国知识产权战略建设现状剖析

自从进入知识产权保护战略主动阶段以来，中国知识产权保护进入了一个全

---

① 吴汉东：《利弊之间：知识产权制度的政策科学分析》，载于《法商研究》2006年第5期。

新的阶段，获得了系列成绩，但是仍具有少许典型问题。

（一） 中国知识产权战略取得的经验与成绩

1. 逐渐形成制度政策束

新中国成立以来，在经历了三个阶段的长足发展过程中，中国政府在知识产权保护上经历了被动到主动的转变，政策制定也呈现了由简单学习模仿到本土化修订的转变。到目前为止，中国政府在知识产权保护的制度及政策制定上，具备了较强的制度供给能力。尤其是加入世贸组织前，进行了 10 年左右的知识产权保护法律和条例建设，基本满足了国际社会要求。从立法上看，中国知识产权法律体系已近乎完善——这是国内外大多数人的评判。[1]

2. 政府治理水平不断提高

一方面，随着知识产权管理专业部门建设，部门工作人员不断提供专业技术水平，知识产权保护的政府治理水平不断得以提升，取得了长足进步；另一方面，近年来，中国政府一直致力于全面提升政府治理水平，在治理能力建设上进行了全局性与阶段性相结合的布局。尤其是随着信息技术的提升，包括网格化等精准治理方式的推陈出新，不仅提升了政府综合治理水平，也提升了知识产权专项治理的能力。

3. 推动普遍创新意识形成

知识产权的本质是维护创新并激活创新，中国知识产权保护进展缓慢，这不仅与当时环境有关，也与中国知识产权保护经验不足有关，虽情有可原却也压抑了知识分子的创造热情，甚至有时是破坏了创新意识。随着知识产权保护制度体系的完善，人才和企业对专利、著作权等的保护意识渐强，也在一定程度上激活了大众的创新意识。而这与中国政府提出的建设创新型国家不谋而合，也符合知识社会对知识产权保护的要求。

4. 人才队伍建设逐渐完善

知识产权保护是专业性要求非常高的工作，随着中国国家战略的不断推进，将倒逼知识产权保护专业人才队伍加快质量和数量的建设。尤其是随着国际交融度加大，信息技术提升，涌现了一系列新问题，这些都需要专业人才跟紧国际形势和技术趋势，快速提升自身专业素质。可以说，国家知识产权战略既对专业人才构建提出了新的要求，也倒逼着人才队伍快速升级。

（二） 中国知识产权战略的不足

虽然中国知识产权保护经历了百余年的发展，取得了系列进步，但是面临着

---

[1] 陈昌柏：《自主知识产权管理》，知识产权出版社 2006 年版，第 70 页。

快速发展的外部环境，仍旧存在着很多不足。当然，这其中有些不足不仅是中国独有问题，也是整个国际范围内需要再思考的问题。

1. 国际与国内在标准与思想上的融合统一

因为知识产权对中国来说属于舶来品，对于国内技术创新人才来说，一方面，传统思维让很多技术人员，尤其是传统手工艺者囿于"教会徒弟，饿死师傅"的思维，不愿选择在获得保护的方式下公开申报知识产权；另一方面，由于知识产权保护制度的滞后和执行力度的不足，就算申报了知识产权，恐怕只会让仿冒者跟进更快，反不如悄无声息地研发和生产来得保密。这种对知识产权保护的认知与国际社会不一致，与中国传统文化、历史积淀和现有环境有关，随着知识社会建设步伐的加快，这一思想需要被打破，并建立起激活创新、激发思想、保护创新的社会制度。

如果再观察整个国际社会，知识产权保护更多地成了技术输出国的利润放大器，成了国际竞争的角力场。为了入世，我们在十年时间里进行了较多改变，但是比较先发国家数百年的制度嬗变，中国仍显匆忙。很多标准在一定期限内是欧美国家的利润保护伞，中国应在这一角力场中积极参与，提高话语权和技术能力，逐渐推动并主导利于中国战略发展的国际知识产权条例修订，同时积极引领中国步入知识产权保护健康成长的轨道。

2. 仍需完善法律制度和组织管理结构

虽然法律政策时时刻刻追随着形势，但仍需完善法律体系。例如，我国还没有数字版权保护的专门法律，有关概念区分模糊导致执法一直扮演"事后诸葛"，很难把握主动权[1]。面对各类新技术的快速涌现，法律上如何跟进是一个重要议题。

同时，虽然政府治理不断提高，但是仍有进一步完善的空间，包括理顺知识产权保护管理体制、提高知识产权保护技术能力、建设专业对对和独立的管理机构等。目前，涉及管理知识产权保护的部门有近十个[2]，仍旧处于多龙治水阶段。这种情况造成了系列问题：管制分散、彼此推脱、效率不高等。在很多地级市，至今都没有独立的知识产权管理机构，而是与科技局实行"两套牌子，一班人马"，有的甚至仅是隶属于科技局的一个部门。多部门分割式的版权保护制度，造成了执法力度不强，执法水平不高，执法速度过慢等问题，目前盗版现象屡见不鲜，尤其是在软件市场和音像市场更为明显，互联网的快速普及更是扩大了盗版的可能性，我国的知识产权保护管理水平亟须快速提高。这样的组织结构管理体制，导致在中国的知识产权保护缺乏权威性，也没有实现中国知识产权管理的

---

[1]　陈洁、王楠：《全媒体出版时代数字版权保护三要义——纵观英国近年版权制度改革》，载于《中国出版》2016 年第 3 期。

[2]　郭民生、王锋：《区域专利发展战略》，知识产权出版社 2005 年版，第 123 页。

系统性建设，更不能很好地解决中国现阶段知识产权保护面对的系列新疑问、新困难①。

3. 不能有效应对新技术发展引发的新要求

随着信息技术的快速发展，知识产权受让人可以通过越来越丰富和便捷的方法，跨地域、跨国界去寻找出让人，并达成交易，这个过程不断网联交织，将传统简单的知识产权交易方式构建成了一个越来越复杂的动态网络。在这个网络中，开放式交易成为主要交易方式，阶层制领导模式已不适用。而不断发展的网络结构方式中，又会依靠交易规则，陆续加入新的节点成员，提出旧有落后成员，网联成为新的知识产权复杂交易网络，各种前所未有的智力成果展示、交易方式和渠道快速累加。这些都是依靠先进信息技术实现的，既增加了交易范围、交易频率，但是也带来了跨地域尤其是跨国界知识产权交易中的更多矛盾。

知识产权概念的出发点是智力成果权范式，但是这一百年来爆发的新技术甚至多于过去数千年创造的技术，一些颠覆性技术也加快了涌现速度。知识产权相关法律显然很难快速跟进对这些技术的保护，于是出现了技术持有者呼吁保护，而法律难以跟进的矛盾。当下的代表性问题，既包括网络传播带来的知识产权保护失灵，也包括生物技术创新发展诞生了如基因这样从未想到的客体。面对这些新问题，治理形式已经开始出现故障，它无法合并全部的客体，也无法为知识产权的各个权利之间构建同一的逻辑根基②。数字市场的快速发展改变甚至是颠覆了知识产权产品的生产制作和消费传播方式，也催生了一系列新业态的快速发展。数字化传播发展之迅速，远远超出了常规想象，除了上面提到的法律制定不可避免的滞后，技术保护和管理水平也亟须围绕数字版权保护进行快速跟进。当前，数字版权规范不一致问题凸显，即使每个出版商、公司都有相对完备的版权保障技能技术，但由于它们所使用的数字内容规范、版权形容和封装等标准还没有统一，而整个数字出版行业也尚未产生完善、一致的数字出版规范和标准，以致不同的数字版权管理系统自相独立，很难达成电子出版物之间、电子出版物与终端之间的相通③。

面对社会发展带来的技术和伦理冲击，必须加快制度创新，提高应对新问题的响应速度和处置能力。同时，知识产权保护关键技术不高，稳定性较差，也面临着易遭到破解的困境。这些对法律法规修订、知识产权保护方式、技术手段、组织机构建设都提出了新的要求。

---

① 朱雪忠、黄静：《试论我国知识产权行政管理机构的一体化设置》，载于《科技与法律》2004 年第 3 期。

② 余海燕：《"智力成果权"范式的固有缺陷及危机——兼论知识产权统一性客体》，载于《理论导刊》2011 年第 7 期。

③ 刘莎：《我国数字版权保护问题及对策研究》，载于《中国报业》2016 年第 6 期。

4. 知识产权与其他领域交叉运用经验不足

为了激发创新活力，提高创新治理，知识产权不仅要被保护，还应具有多重作用，包括人才以知识产权入股、企业用知识产权进行融资、创新型科技企业可以依据知识产权减免税收等。例如，《中华人民共和国担保法》仅规定专利权、商标权和著作权可设定知识产权质权，而没有认定商号权、商业秘密权、集成电路布图设计权、邻接权等质权性质。这些都是知识社会中重要的问题，都与知识产权成果价值认定与政策激励相关。但是，因为制度建设的相对落后，这些问题至今仍没有很好地解决。随着社会的快速发展，问题与问题之间又呈现彼此交叉的态势，让问题变得更为复杂。这样一来，知识产权制度的缺陷一方面导致了制度本身对产权交易调节功能有限，甚至是阻碍了知识产权交易，影响了经济发展；另一方面，知识产权使用规章的缺乏，致使权力和利益界限不明，引发了知识产权使用的种种矛盾。① 因此，亟须在这些问题上进行改革创新，并推动落地实践。

三、进一步优化国家知识产权战略的建议

根据上述问题分析和调研结果，建议先行进行以下几方面的战略优化。

（一） 知识产权战略应与经济战略协调支撑

知识产权保护战略并非独立战略，而是嵌入中国社会大系统中的一个子战略，应考虑多战略之间的彼此融合、互相支撑。考虑知识产权保护是为了更好地激活创新，通过创新提升国家政治经济实力，因此应将知识产权战略与国家经济发展战略进行彼此协调，以知识产权战略支撑国家政治经济发展。但是目前诸多研究证明，知识产权保护强度与国家经济水平并非表现为简单线性正向关联。根据中国国内经济发展不同阶段、国际社会融合战略部署，应进行不一样的知识产权保护强度布局。这种布局需要对知识产权和经济两个子系统进行协同发展研判分析，而不是简单地以先发国家现阶段知识保护强度为参考依据。但是，目前看来中国相关部门并未开展这方面的工作。

建议一方面，组织相关部门依托中国近些年的知识流量、知识存量和腐化率等指标测量中国创新度；另一方面，建立符合中国特点的知识产权保护强度评价指标体制，测量中国近些年的知识产权保护强度，进而剖析中国知识产权保护强度和经济系统之间的关联性，研判当下中国处于何种阶段，应采用什么样的知识保护强度。这部分内容是本章下面重点研究的内容。

---

① 李正生：《中国版权制度与版权经济发展关系研究》，华中科技大学研究生院博士论文，2010 年。

（二）　完善顶层战略规划，成为国际规则制定者

自 2004 年步入知识产权战略主动期以来，中国政府在知识产权保护上更加积极主动，逐渐改变了原有的被动零和博弈观点，变为多方合作积极共赢的态度。但是纵观国际竞争，我们应进一步在积极合作的基础上，争取更多的中国话语权，将知识产权战略衍生为中国软实力，在知识产权领域由被动转为主动，逐渐变成国际社会知识产权保护规则制定的主宰者[1]。

这就需要中国政府积极完善知识产权保护战略的政策体系，尤其是完善顶层元政策。虽然，我国自 2004 年底就开始提出建设知识产权的国家战略，2016 年年底颁布了《知识产权综合管理改革试点总体方案》，也提出了一些细则，但是至今仍旧没有完善顶层制度，导致不仅部门政策和区域政策各自为战，也没有形成由上至下的统一制度体系。在微观层面上，知识产权战略也没有形成统一性目标和保护机制，无法具备整体竞争力[2]。

建议在进行顶层元政策制定的基础上，逐级构建包括区域知识产权战略、行业知识产权战略和企业知识产权战略[3]等子系列，由此构建一个具备完善性、系统性、领先性、协调性的知识产权战略体系。此外，在构建过程中要充分考虑国际知识产权保护的利益争夺和冲突，积极争取国际话语权，争取知识产权利益分配的国际主导地位。

在政策制定与评价中，要综合考虑政策的周期规律、对创新和政治经济的传导机制、客体利益平衡机制、政策外部性等多方面内容。只有基于多维度的因素综合考虑，建立实现知识生产与传播多方高效的制度[4]，才能更好地实现政策制度的制定和变革。

（三）　完善知识产权保护的法律与行政管理体系

知识被实现产品物质化后，其中的创造性就被进一步具体化，实现了知识复制可能性，且复制成本可能较低且不易监控。因此，知识产权比其他产权更需要国家政府的监管和保护[5]。同时，因为知识产权的抽象化特点，以此为基础构建的法律体系也因此相对虚拟。进而引致知识产权比其他财产权更不易保护，也更容易被异化。此外，随着上述谈及的信息技术带来的新范式、新方式，这些不仅需要进一步完善知识产权保护的法律体系。而"对价平衡"式下的国家法定职

---

① 董涛：《中国知识产权政策十年反思》，载于《知识产权》2014 年第 3 期。
② 吕薇：《知识产权管理 10 道门槛》，载于《法人》2004 年第 2 期。
③ 运德：《政府知识产权能力研究》，吉林大学研究生院博士论文，2008 年。
④ 张耀辉：《知识产权的优化配置》，载于《中国社会科学》2011 年第 5 期。
⑤ 钱小刚、马晓燕：《国家治理技术视阈下的知识产权》，载于《求索》2010 年第 8 期。

责，是动态点集，而不是一个静态单点，需要国家治理体系和法律制度体系都随着外部环境的变化，实现动态进步。2014 年，国家全面深化改革领导小组第三次会议原则通过了有关成立知识产权法院的建设方案。这是推动知识产权建设的一个重要举措，仍需进一步考虑实务中面对的系列问题：法院区域布局、法院层级体系、法官选拔、案件处理的标准及特殊流程等。

因为知识价值估值的繁复性和知识创造过程的连续性，都导致知识产权的确权过程繁杂且不宜过早。否则，不仅可能导致知识产权的交易成本快速上升，还将阻滞知识产权成果的实践转化。为此，不仅要如上所述不断优化知识产权保护的制度体系，实现内生性交易成本的逐步降低。还应该通过提高行政服务部门的工作效率，借助先进的技术开发提高知识产权信息的透明度和完整度①。这就对行政管理体制摆出了更深层次上的科学性与效率性的要求。

截至 2016 年底，世界知识产权组织 188 个成员国中，有 181 个国家实行综合管理。2015 年 1 月 1 日，全国第一家单独设立的知识产权管理和执法机构——上海浦东知识产权局正式运行，集专利、商标、版权行政管理和综合执法职能于一身，明确了 9 个责任事项、75 个权力事项，打通了知识产权创建、使用、保障、管制、服务全链条，同时针对知识产权融资等事项进行了改革创新，为全国知识产权管理提供了先进经验。其他省市也应积极改变知识产权多头治理阶段，积极整顿并联合已有知识产权管理部门的职能，改变现有多组织部门共同管理带来的职能交叉、责任分散、效能不足等问题。国际社会中的知识产权强国，都通过建立统一的管理机制和确定一级协调部门，保障一国知识产权保护体系运作的统一性和协调度。提升现有联席制的运行机制和执行效率，进一步完善国家知识产权战略实施部际联席会议制、打击虚假、以次充好等侵害知识产权行为的领导小组、软件正版工作联席会议制度的定位与关系。我们可以借鉴多国的先进制度，建立国务院综合协调机制，实现"精简、效能、统一"的改革方向。如日本为实行知识产权强国策略，2003 年就在内阁成立了直属首相的咨询机构——知识产权战略本部②。

（四）　积极破解知识产权与其他领域交叉应用难题

知识产权保护是个难题，但是更为困难的是知识产权与其他领域的交叉应用，包括前面说的金融、税收等系列问题。应在明确知识产权保护牵头管理部门基础上，组建与知识产权相关的金融、税收等部门的联系工作制，针对知识社会中较为重要的系列问题进行深入研究。

---

① 张耀辉：《知识产权的优化配置》，载于《中国社会科学》2011 年第 5 期。
② 宋世明、孙彩红：《建立知识产权治理的国务院综合协调机制研究》，载于《行政管理改革》2016 年第 1 期。

除了上述谈到的为了激活创新，而探索冲破束缚的知识产权多维应用。知识产权保护还与某些权力相互冲突，这也需要引起我们的注意。如知识产权与健康权之间的矛盾，一些医疗的重大突破往往伴随着高昂医疗费用；知识产权与文化权之间也有冲突，如 1998 年，有学者就对美国版权扩张法案提起诉讼，认为这些夸张领域侵犯了公共知识领域①。此外，在国际交易领域中，先发国家知识产权保护往往会受到技术引进国的质疑，认为技术持有国一味进行国际扩张，而忽略国家之间的公平发展。

第二节　知识产权保护经济效果研究

提出知识产权的初衷是为了保护创新，促进社会发展，但是理论界与实践界对于知识产权保护对社会经济发展是促进还是阻滞仍未达成统一认知。大体上，理论界对此有两种不同观点，一种认为过度追随发达国家知识产权保护强度，遏制了中国现阶段产业发展；另外一种观点认为，现在的保护强度仍旧不足，不能促进创新并推动经济发展②。因此，针对知识产权保护的经济效果进行研究，具有重要战略意义③。

一、国内外研究现状

（一）　国际研究现状

国际上认为知识产权保护对经济效果影响有两种可能，第一种可能是通过知识产权保护提高了创新积极性，进而提高了国家经济绩效；第二种可能是知识产权保护降低了资源配置效率，阻碍了市场自由流动，降低了国家经济效率。

认为知识产权有利于创新，进而提高国家经济发展的典型研究如下，1975年，索罗（Solow）构建了劳动、资本和技术对经济增长贡献的模型，论证了技术进步对经济增长的作用，引出了后面其他学者对技术进步制度重要性的系列研究。卢卡斯（Robert ELucas，1988）和罗莫（Paul Romen，1990）等构建的内生增长理论进一步突出了技术重要性。艾尔普曼（Helpman，1993）在实证研究基

---

① 丛雪莲：《知识产权与人权之法哲学思考》，载于《哲学动态》2008 年第 12 期。
② 蔡伟：《中国知识产权：二十五年检阅》，载于《中国外资》2005 年第 4 期。
③ 吴凯、蔡虹、蒋仁爱：《中国知识产权保护与经济增长的实证研究》，载于《科学学研究》2010 年第 28 期。

础上，指出知识产权保护短时间内可提高创新速度，长时间则会减缓创新速度①。古德和格鲁本（Gould and Gruben，1996）采集了 100 个国家的面板数据进行分析，指出一个国家的开放度越高，知识产权保护对经济的正面推进作用越大。帕雷利翁（Parello，2008）指出知识产权保护可以提高后发国家私人机构的创新积极性②。汤姆森等（Thompson et al.，1996）的回归分析结果证实虽然知识产权保护对经济增长作用的系数为正值，却非显著。

认为知识产权并不一定能促进创新，甚至阻碍国家经济发展的典型研究如下，英国知识产权委员会（CIPR，2003）认为后发国家不应过度保护知识产权，否则会限制经济增长。富鲁卡瓦（Furukawa，2007）指出知识产权过度保护会配置垄断部门，进而影响经济良性发展。堀井（Horii，2007）认为知识产权不可过度保护，否则会负向影响经济发展③。格罗斯曼（Grossman，1991）指出在知识产权保护下，在位企业不会增加研发投入进行技术创新，而是将资金投入到扩大市场范围，扭曲了创新资源配置④。帕克（Park，1999）认为发达国家的知识产权保护对经济无直接作用。法尔维（Falvey，2004）在采集 1975～1994 年 80 个国家面板数据进行分析后，指出知识产权保护仅对中等收入国家没有影响，对高收入和低收入国家的经济收入都是正影响。2012 年，杜希格和洛尔（Duhigg and Lohr）再次提出专利是“企业妨害竞争，榨取许可费的利刃”（Duhigg and Lohr，2012）。

（二）　中国研究现状

国内研究文献在 2000 年后开始大量涌现，韩玉雄（2005）在构建内生增长模型基础上，分析出技术领导国进行知识产权保护，既对技术模仿国的跟随效仿无益，也不利于技术领导国本身创新，进而阻滞了世界范围内的经济稳态增长。朱东平（2004）建立了修正的寡头垄断产量竞争模型，指出先发国家是否向后发国家进行对外直接投资，要综合考虑后发国家生产成本与知识产权保护力度。杨全发（2006）则提出后发国家应保有适度的知识产权保护强度，这样才能够提升DFI 流入量，并通过引入先进技术提高生产效率。吴凯、蔡虹等（2010）对知识产权保护强度和中国经济关系进行了分析，指出知识产权保护应适度实行。董雪

---

①　Helpman F，"Innovation Initation and Intellectual Property Rights"，*Econametrica*，1993（61）.

②　Parello C P，" A North South Model of Intellectual Property Rights Protection and Skill Accumulation"，*Journal of Development Economics*，2008（8）.

③　Horii R，Iwaisako T，"Economic Growth with Imperfect Protection of Intellectual Property Rights"，*Journal of Economics*，2007（90）.

④　Grossman G M，Helleman E，"Quality Ladders in the Theory of Growth"，*The Review of Economic Studies*，1991（58）.

兵、朱慧、康继军、宋顺锋等（2012）的研究结果与此一致[1]。李雪茹（2009）在大量问卷调查的基础上，利用解释结构模型法分析问卷数据，验证了经济指标是作用知识产权保护的第一要素。董涛（2014）根据进入 21 世纪后的 10 年数据分析，发现进入中国的外资企业在知识产权保护下更倾向于进行垄断经营，进而放弃积极研发创新[2]。

总体而言，中国目前关于知识产权保护和经济之间的相互影响，还处于模仿欧美国家研究方法的阶段，但是对分析中国现状仍旧有较大帮助。

二、中国知识产权保护水平的量化

知识产权保护涉及因素广泛，包括了法律方面的立法、司法和执法全链条内容，也包括了行政管理、企业管理等相关因素。基纳特和帕克（Ginarte and Park，1997）建构了一套评判知识产权保护程度的指标体系，包括五个评判指标：专利法覆盖程度、参与国际协议的程度、损失保障条例、执行机制和专利保护期限，并提出了指标体系计算方法[3]。韩玉雄和李怀祖在执法力度方面创新了 Ginarte-Park 方法[4]。许春明和单晓光则进一步优化了知识产权执法强度指标体系[5]。董雪兵等则进一步构建了立法强度和执法强度的指标体系。本部分对 Ginarte-Park 方法和董雪兵提出的指标体系进行进一步优化，计算知识产权保护度[6]。

（一） 知识产权保护立法强度指数

知识产权保护立法强度指数借鉴 Ginarte–Park 方法，分别计算出我国的专利权、版权和商标权指数。

1. 专利权指标体系

这一指标体系包括五个指标，具体如表 5 - 1 所示。

①⑥ 董雪兵、朱慧、康继军、宋顺锋：《转型期知识产权保护制度的增长效应研究》，载于《经济研究》2012 年第 8 期。

② 董涛：《中国知识产权政策十年反思》，载于《知识产权》2014 年第 3 期。

③ Ginarte J C，Park W G.，"Determinants of Patent Rights Across-national Study"，*Research Policy*，1997，26（3）：283–301.

④ 韩玉雄、李怀祖：《关于中国知识产权保护水平的定量分析》，载于《科学学研究》2005 年第 3 期。

⑤ 许春明、单晓光：《中国知识产权保护强度指标体系的构建及验证》，载于《科学学研究》2008 年第 4 期。

表 5 - 1　　　　　　　　　　　专利权指标体系

一级指标名称	二级指标	评分方法	备注
保护范围	药品	共 8 个二级指标，每具备 1 个保护范围，得 1/8 分	满分 1 分
	化学制品		
	食品		
	医疗器械		
	微生物		
	实用新型		
	软件		
	动植物品种		
国际条约成员资格	1883 年巴黎公约以及后来的文本	每加入 1 个条约得 1/5 分	满分 1 分
	1970 年专利合作条约（PCT）		
	1961 年植物新品种保护国际条约（UPOV）		
	1977 年微生物保存的布达佩斯条约		
	1995 年的 TRIPS 协议		
专利权的限制	实施要求	每满足一个限制，得 1/3 分	满分 1 分
	强制许可		
	无效宣告		
执行机制	诉前禁令	每满足一个机制，得 1/3 分，每满足一个限制，得 1/3 分	满分 1 分
	帮助侵权		
	举证责任倒置		
保护期限	保护期限	实际保护年限/专利法最低保护期限	实际保护年限超出最低期限的也得 1 分

2. 版权指标体系

版权指标体系包括四个指标：保护范围、国际条约成员资格、版权的使用、执行机制。总分分数为四项内容的平均分，具体评分方法如表 5 - 2 所示。

表 5 - 2　　　　　　　　　　　版权指标体系

一级指标名称	二级指标	评分方法	备注
保护范围	一般作品（文学和艺术）	法定保护期限/70 年	分值越高保护越强
	表演作品		
	音像作品		
	电影作品		

续表

一级指标名称	二级指标	评分方法	备注
保护范围	广播的保护期限		分值越高保护越强
	再次销售利益分享份额	再次销售利益分享份额/5%	
	计算机程序	受保护得1分，不受保护为0	
国际条约成员资格	1886年伯尔尼公约	每加入1个条约得1/7分	全部加入得1分
	1952年以及1971年世界版权公约		
	1961年罗马公约		
	1971年日内瓦公约		
	1974年的布鲁塞尔公约		
	1995年的TRIPS协议		
版权的使用	版权使用程度	完全使用或不提私人使用得0分	
		私人研究或合理使用得0.33分	
		对装置和媒介征税使用得0.66分	
		不允许私人使用得1分	
执行机制	刑事制裁	满足1项得1/4分	满足1项得1/4分
	诉前禁令		
	扣押和销毁		
	反规避条款		

3. 商标权指标体系

商标权指标体系包括三个指标：保护范围、国际条约成员资格、程序。具体二级指标和评分方法如表5-3所示。

表5-3　　　　　　　　　　　商标权指标体系

一级指标名称	二级指标	评分方法	备注
保护范围	服务商标	每一项受保护得1/6分，否则为0分	满分1分
	证明商标		
	集体商标		
	颜色		
	图形		
	驰名商标		

续表

一级指标名称	二级指标	评分方法	备注
国际条约成员资格	1883 年巴黎公约	每加入 1 个条约得1/7 分	满分 1 分
	1891 年马德里协定		
	1957 年尼斯协定		
	1958 年里斯本协议		
	1973 年维也纳协定		
	1994 年商标法律条约		
	1995 年 TRIPS 协议		
程序	禁止商标善意使用	满足 1 项得 1/9 分	满分 1 分
	注册限制		
	使用或丧失法律条款		
	国际展会保护		
	刑事处罚		
	当地保护请求		
	通用商标		
	不连同企业转让		
	使用在先原则		

计算出我的专利权、版权和商标权指数，然后将三者通过主成分分析法确定权重，合成出知识产权立法强度指数。

（二） 知识产权保护执法强度指数

本部分依照董雪兵的方法改进许春明等构建的指标体系，同时在董雪兵的方法基础上进行了进一步修改，包括如下指标，司法保护水平、行政保护水平、经济发展水平、公众意识水平、国际监督水平。具体内容及方法如表 5-4 所示。

表 5-4　　　　　商标权指标体系

一级指标名称	二级指标	评分方法	备注
司法保护水平	律师占总人口的比例	比例/5‰	律师人数/总人口数≥5‰，则司法保护水平较高
行政保护水平	立法时长（年）	时长/100	参照各国的立法史，假设一国法律体系的完善需经历 100 年，中国立法的起始点是 1954 年

续表

一级指标名称	二级指标	评分方法	备注
经济发展水平	人均 GDP	人均 GDP/3855	世界银行认为人均 GDP 在 976 ~ 3855 美元为中等偏下收入国家，在 3856 ~ 11905 美元为中等偏上收入国家
公众意识水平	成人识字率	成人识字率/95%	发达国家成人识字率均超过 95%
国际监督水平	是否为 WTO 成员	是 - 1；谈判期则为 0 ~ 1	考虑加入 WTO 谈判改进期限，每年递进分值为 1/期限长度，中国 1986 ~ 2001 年为谈判期

（三） 知识产权保护总指数

知识产权保护总指数应是知识产权保护立法指数与执法指数的综合，利用董雪兵的计算方法，用 LL 知识产权保护立法指数，PI、CI 和 TI 代表指数化处理后专利权指数、版权指数和商标权指数的指标评分值；用 W_1，W_2，W_3 代表主成分分析法生成的各分指标值的权重。

知识产权保护立法指数　　　$LL = W_1 \times PI + W_2 \times CI + W_3 \times TI$ 　　　　(5 - 1)

由此，知识产权保护总指数（IPR）如式（5 - 2）所示。

$$IPR_t = LL_t \times LE_t \qquad\qquad (5 - 2)$$

其中，IPR 为我国在 t 年的知识产权保护强度；LL_t 为我国在 t 年的知识产权立法强度；LE_t 为我国在 t 年的知识产权执法强度[①]。

1. 执法强度指数

根据指标查找数据，计算得到 1990 ~ 2015 年的知识产权执法强度指数如表 5 - 5 所示。

表 5 - 5　　　　　　　　　中国知识产权执法强度指数

年度	1990	1991	1992	1993	1994	1995	1996
执法强度指数	0.58	0.6	0.63	0.71	0.73	0.78	0.83
年度	1997	1998	1999	2000	2001	2002	2003
执法强度指数	0.86	0.88	0.92	0.96	1.94	1.99	2.04

---

① 董雪兵、朱慧、康继军、宋顺锋：《转型期知识产权保护制度的增长效应研究》，载于《经济研究》2012 年第 8 期。

续表

年度	2004	2005	2006	2007	2008	2009	2010
执法强度指数	2.11	2.2	2.31	2.45	2.68	2.81	3.03
年度	2011	2012	2013	2014	2015	—	—
执法强度指数	3.35	3.57	3.79	3.99	4.12	—	—

从表 5-5 可知，中国知识产权执法强度指数呈现稳健上升态势，尤其在 2001 年出现一次显著跃升，经过最近 20 余年的发展，知识产权执法强度增强近数倍，取得了显著效果。

2. 立法强度指数

立法强度指数通过二级指标赋权得到一级指标，因此，先计算二级指标。

（1）专利指数、商标权指数和版权指数。通过指标数据，可以计算得到 2005~2015 年的专利指数、商标权指数和版权指数，如表 5-6 所示。

表 5-6 　　　　　　　　　中国知识产权立法强度二级指标指数

年度	专利指数	商标权指数	版权指数
1990	1.37	0.9	0
1991	1.37	0.9	2.09
1992	1.74	0.9	2.37
1993	1.74	0.95	2.37
1994	1.74	1.1	2.37
1995	1.94	1.43	2.37
1996	1.94	1.43	2.37
1997	1.94	1.43	2.37
1998	2.14	1.57	2.37
1999	2.34	1.57	2.37
2000	2.68	1.57	2.37
2001	2.88	2.05	4.52
2002	2.88	2.05	5.52
2003	2.88	2.05	5.52
2004	2.88	2.05	5.52
2005	2.88	2.05	5.52
2006	2.88	2.16	5.52
2007	2.88	2.16	5.52

续表

年度	专利指数	商标权指数	版权指数
2008	2.88	2.16	5.52
2009	2.88	2.16	5.52
2010	2.88	2.16	5.52
2011	2.88	2.16	5.52
2012	2.88	2.16	5.52
2013	2.88	2.16	5.52
2014	2.88	2.16	5.52
2015	2.88	2.16	5.52

（2）指标赋权。将专利指数、商标权指数和版权指数这三项数据导入 SPSS 软件中，运用主成分分析法确定其权重。

表5-7 是对本例是否适合于主成分分析的检验，可知 KMO 的取值为 0.762 > 0.6，说明此数据基本适合运用主成分分析的方法确认其权重。

表5-7　　　　　　　　　　KMO 和 Bartlett 的检验

取样足够度的 Kaiser - Meyer - Olkin 度量		0.762
Bartlett 的球形度检验	近似卡方	111.883
	df	3
	Sig.	0.000

从表5-8 可知，前1个主成分对应的特征根>1，提取前1个主成分的累计方差贡献率达95.897%，超过80%。因此前1个主成分基本可以反映全部指标的信息，可以代替原来的3个指标（专利指数、商标权指数、版权指数）。

表5-8　　　　　　　　　　解释的总方差

成分	初始特征值			提取平方和载入		
	合计	方差的%	累积%	合计	方差的%	累积%
1	2.877	95.897	95.897	2.877	95.897	95.897
2	0.093	3.111	99.008			
3	0.030	0.992	100.000			

注：提取方法：主成分分析。

从表 5 - 9 可知第一主成分对原来指标的载荷数。例如，第一主成分对专利指数的载荷数为 0.983。

表 5 - 9 成分矩阵

	成分
	1
专利指数	0.983
商标权指数	0.986
版权指数	0.968

注：提取方法：主成分；已提取了 1 个成分。

根据上述所输出的结果可以确定权重，指标权重等于以主成分的方差贡献率为权重，对该指标在各主成分线性组合中的系数的加权平均的归一化。因此，要确定指标权重需要知道指标在各主成分线性组合中的系数、主成分的方差贡献率、指标权重的归一化。

确定指标在不同主成分线性组合中的系数。用表 5 - 9 中的载荷数除以表 5 - 8 中第 1 列对应的特征根的开方。在第一主成分 F_1 的线性组合中，专利指数的系数 $= 0.983 // \sqrt{2.877} \approx 0.580$、商标权指数的系数 $= 0.986 // \sqrt{2.877} \approx 0.581$。版权指数的系数 $= 0.968 // \sqrt{2.877} \approx 0.571$。由此得到的这个主成分线性组合如式（5 - 3）所示。

$$F_1 = 0.580x_1 + 0.581x_2 + 0.571x_3 \qquad (5 - 3)$$

注：x_1，x_2 和 x_3 分别代表专利指数、商标权指数和版权指数。

确定主成分的方差贡献率。表 5 - 7 中"初始特征值"下的"方差%"表示各主成分的方差贡献率，方差贡献率越大则该主成分的重要性越强。因此，方差贡献率可以看成是不同主成分的权重。由于原有指标基本可以用前 1 个主成分代替，因此，指标系数可以看成是以这个主成分方差贡献率为权重，对指标在这个主成分线性组合中的系数做加权平均。即按照上面的思路，由于原有指标只能提取一个主成分因子，因此所有指标的综合得分系数与上述线性组合中的系数是相同的。则所有指标的综合得分模型为：

$$y = 0.580x_1 + 0.581x_2 + 0.571x_3 \qquad (5 - 4)$$

进行指标权重的归一化。由于所有指标的权重之和为 1，因此指标权重需要在综合模型中指标系数的基础上归一化。

即专利指数的权重 $= 0.580 / (0.580 + 0.581 + 0.571) = 0.335$

商标权指数的权重 $= 0.581 / (0.580 + 0.581 + 0.571) = 0.336$

版权指数的权重 = 0.571/（0.580 + 0.581 + 0.571）= 0.329

表 5 - 10 显示了我们基于主成分分析，最终所得到的指标权重。

表 5 - 10　　　　　　　　　　　　　立法强度权重

	综合得分模型中的系数	指标权重
专利指数	0.580	0.335
商标权指数	0.581	0.336
版权指数	0.571	0.329

（3）计算知识产权立法强度指数。根据表 5 - 10 权重，进一步计算得到中国知识产权立法强度指数，如表 5 - 11 所示。

表 5 - 11　　　　　　　　　　　知识产权立法强度指数

年度	专利指数	商标权指数	版权指数	立法强度指数
1990	1.37	0.9	0	0.76
1991	1.37	0.9	2.09	1.45
1992	1.74	0.9	2.37	1.67
1993	1.74	0.95	2.37	1.68
1994	1.74	1.1	2.37	1.73
1995	1.94	1.43	2.37	1.91
1996	1.94	1.43	2.37	1.91
1997	1.94	1.43	2.37	1.91
1998	2.14	1.57	2.37	2.02
1999	2.34	1.57	2.37	2.09
2000	2.68	1.57	2.37	2.21
2001	2.88	2.05	4.52	3.14
2002	2.88	2.05	5.52	3.47
2003	2.88	2.05	5.52	3.47
2004	2.88	2.05	5.52	3.47
2005	2.88	2.05	5.52	3.47
2006	2.88	2.16	5.52	3.51
2007	2.88	2.16	5.52	3.51

续表

年度	专利指数	商标权指数	版权指数	立法强度指数
2008	2.88	2.16	5.52	3.51
2009	2.88	2.16	5.52	3.51
2010	2.88	2.16	5.52	3.51
2011	2.88	2.16	5.52	3.51
2012	2.88	2.16	5.52	3.51
2013	2.88	2.16	5.52	3.51
2014	2.88	2.16	5.52	3.51
2015	2.88	2.16	5.52	3.51

由表 5 – 11 可知，知识产权立法强度指数呈现阶梯式增长方式，在 1995 年、2002 年、2005 年三次明显阶梯式上升。

3. 中国知识产权保护强度指数

根据执法强度指数与立法强度指数，计算得到中国知识产权保护强度指数如表 5 – 12 所示。

表 5 – 12　　　　　　　　　中国知识产权保护强度指数

年度	1990	1991	1992	1993	1994	1995	1996
知识产权保护强度指数	0.44	0.87	1.05	1.19	1.26	1.49	1.59
年度	1997	1998	1999	2000	2001	2002	2003
知识产权保护强度指数	1.64	1.78	1.92	2.12	6.09	6.90	7.08
年度	2004	2005	2006	2007	2008	2009	2010
知识产权保护强度指数	7.32	7.63	8.10	8.59	9.40	9.85	10.63
年度	2011	2012	2013	2014	2015	—	—
知识产权保护强度指数	11.75	12.52	13.29	13.99	14.45	—	—

由表 5 – 12 可知，中国知识产权保护强度一直在提高，其中 1992 年和 2001 年前后出现跃升，尤其是 2001 年的跃升非常明显，这与 1992 年、2001 年进一步修订知识产权法的事实是相契合的，同时 2015 年又再次修订了知识产权法，但是效果还需进一步观察。

三、中国技术知识存量的计算

（一）模型构建

一国技术知识存量由自主技术知识存量和引进技术知识存量组成：

$$S_t = DS_t + FS_t \qquad (5-5)$$

其中，S_t 表示第 t 年度国家技术知识存量；DS_t 表示年第 t 年度国家自主研发投资形成的技术知识存量，FS_t 为第 t 年度引进技术知识存量。

参考美国经济学家兹维·格里里奇（Zvi Griliches）的观点，采用传统的永续盘存法计算技术知识存量[1]：

$$DS_t = DSF_t + (1-\rho)DS_{t-1} \qquad (5-6)$$

$$DSF_t = \sum_{i=1}^{n} \mu_i ES_{t-i} \qquad (5-7)$$

其中，DS_t 为 t 年度自主技术知识存量；DSF_t 为第 t 年度技术知识流量；ES_{t-i} 为第 i 年度 R&D 投资额；ρ 为技术知识陈腐化率；n 为投资育成技术知识的滞后期；μ_i 为 R&D 投资在第 i 年形成技术知识的份额，用平均时间滞后 m 来进行推算，假定：

$$\mu_i = \begin{cases} 1\cdots(i=m) \\ 0\cdots(i \neq m) \end{cases} \qquad (5-8)$$

由此可得到 $DSF_t = ES_{t-m}$。即设定某年的 R&D 投资在平均时间滞后 m 后全部形成技术知识，t 期的技术知识流量用平均时间滞后 m 年前的 R&D 投资额来近似替代。基期 tb 年自身研发的技术存量的计算公式如式（5-9）所示。

$$DS_{tb} = \frac{ES_{tb+1}}{g_s + \rho} \qquad (5-9)$$

其中，g_s 为 R&D 投资在基准年以后的增长率。

蔡虹课题组根据中国产业结构和技术特点进行了调研统计，采用众数法得出中国自主研发滞后期为 4 年，同时技术实际使用年限为 14 年的倒数得到技术知识腐化率为 7.14%。本书同样采用这一腐化率[2]。同理，引进技术知识腐化率为 7.14%，滞后期间则为 0。

---

① 吴凯、蔡虹、蒋仁爱：《中国知识产权保护与经济增长的实证研究》，载于《科学学研究》2010 年第 28 期。

② 蔡虹、许晓雯：《我国技术知识存量的构成与国际比较研究》，载于《研究与发展管理》2005 年第 15 期。

（二） 中国知识存量计算

1. DS 基年计算

$$DS_{tb} = \frac{ES_{tb+1}}{g_s + \rho}，\ g_s \text{ 为 R\&D 投资在基准年以后的增长率}$$

$$\rho = 7.14\%$$

因此可得：

$$g_s = \frac{ES_{2007} - ES_{2006}}{ES_{2006}} = \frac{3710.2 - 3003.1}{3003.1} \times 100 = 23.55\% \qquad (5-10)$$

$$DS_{2006} = \frac{ES_{2007}}{g_s + \rho} = \frac{3710.24}{23.55\% + 7.14\%} = 12089.41 \qquad (5-11)$$

2. 自主技术知识存量 DS 计算

$$DSF_t = ES_{t-m}，\ m = 4$$
$$DS_t = DSF_t + (1-\rho)DS_{t-1} \qquad (5-12)$$

由此可得，

$DSF_{2007} = ES_{2003} = 1539.6$

$DS_{2007} = DSF_{2007} + (1-\rho)DS_{2006} = 1539.6 + (1-7.14\%) \times 12089.41 = 12765.9$

$DSF_{2008} = ES_{2004} = 1966.3$

$DS_{2008} = DSF_{2008} + (1-\rho)DS_{2007} = 1966.3 + (1-7.14\%) \times 12765.9 = 13820.7$

$DSF_{2009} = ES_{2005} = 2450.0$

$DS_{2009} = DSF_{2009} + (1-\rho)DS_{2008} = 2450.0 + (1-7.14\%) \times 13820.7 = 15328.9$

$DSF_{2010} = ES_{2006} = 3003.1$

$DS_{2010} = DSF_{2010} + (1-\rho)DS_{2009} = 3003.1 + (1-7.14\%) \times 15328.9 = 17195.7$

$DSF_{2011} = ES_{2007} = 3710.2$

$DS_{2011} = DSF_{2011} + (1-\rho)DS_{2010} = 3710.2 + (1-7.14\%) \times 17195.7 = 19678.2$

$DSF_{2012} = ES_{2008} = 4616.0$

$DS_{2012} = DSF_{2012} + (1-\rho)DS_{20011} = 4616.0 + (1-7.14\%) \times 19678.2 = 22889.2$

$DSF_{2013} = ES_{2009} = 5802.1$

$DS_{2013} = DSF_{2013} + (1-\rho)DS_{2012} = 5802.1 + (1-7.14\%) \times 22889.2 = 27057.0$

$DSF_{2014} = ES_{2010} = 7062.6$

$DS_{2014} = DSF_{2014} + (1-\rho)DS_{2013} = 7062.6 + (1-7.14\%) \times 27057.0 = 32187.7$

$DSF_{2015} = ES_{2011} = 8687.0$

$DS_{2015} = DSF_{2015} + (1-\rho)DS_{2014} = 8687.0 + (1-7.14\%) \times 32187.7 = 38576.5$

3. FS 基年计算

$$DS_{tb} = \frac{ES_{tb+1}}{g_s + \rho}，\ g_s \text{ 为 R\&D 投资在基准年以后的增长率}$$

$$\rho = 7.14\%$$

因此可得：

2006 年技术引进经费（亿元）：320.4

2007 年技术引进经费（亿元）：452.5

$$g_s = \frac{452.5 - 320.4}{320.4} \times 100 = 41.23\%$$

$$FS_{2006} = \frac{452.5}{g_s + \rho} = \frac{452.5}{41.23\% + 7.14\%} = 935.5 \qquad (5-13)$$

4. 引进技术知识存量 FS 计算

$$DSF_t = ES_{t-m}, \quad m = 0$$

$$DS_t = DSF_t + (1-\rho)DS_{t-1} \qquad (5-14)$$

因 2005 年及之前的数据不全，计算 2007 年之后的技术知识存量，由此可得，

2007 年技术引进经费（亿元）：452.5

$$FS_{2007} = 452.5 + (1-\rho)FS_{2006} = 452.5 + (1-7.14\%) \times 935.5 = 1321.2$$

2008 年技术引进经费（亿元）：440.4

$$FS_{2008} = 452.5 + (1-\rho)FS_{2007} = 440.4 + (1-7.14\%) \times 1321.2 = 1667.3$$

2009 年技术引进经费（亿元）：394.6

$$FS_{2009} = 452.5 + (1-\rho)FS_{2008} = 394.6 + (1-7.14\%) \times 1667.3 = 1942.8$$

2010 年技术引进经费（亿元）：386.1

$$FS_{2010} = 452.5 + (1-\rho)FS_{2009} = 386.1 + (1-7.14\%) \times 1942.8 = 2190.2$$

2011 年技术引进经费（亿元）：449.0

$$FS_{2011} = 452.5 + (1-\rho)FS_{2010} = 449.0 + (1-7.14\%) \times 2190.2 = 2482.8$$

2012 年技术引进经费（亿元）：393.9

$$FS_{2012} = 452.5 + (1-\rho)FS_{2011} = 393.9 + (1-7.14\%) \times 2482.8 = 2699.5$$

2013 年技术引进经费（亿元）：394.0

$$FS_{2013} = 452.5 + (1-\rho)FS_{2012} = 394.0 + (1-7.14\%) \times 2699.5 = 2900.7$$

2014 年技术引进经费（亿元）：387.5

$$FS_{2014} = 452.5 + (1-\rho)FS_{2013} = 387.5 + (1-7.14\%) \times 2900.7 = 3081.1$$

2015 年技术引进经费（亿元）：414.1

$$FS_{2015} = 452.5 + (1-\rho)FS_{2014} = 414.1 + (1-7.14\%) \times 3081.1 = 3275.1$$

5. 中国技术知识存量 S 计算

$$S_t = DS_t + FS_t \qquad (5-15)$$

由此可得：

$$S_{2006} = DS_{2006} + FS_{2006} = 12089.4 + 935.5 = 13024.9$$

$$S_{2007} = DS_{2007} + FS_{2007} = 12765.9 + 1321.2 = 14087.1$$

$$S_{2008} = DS_{2008} + FS_{2008} = 13820.7 + 1667.3 = 15488.0$$
$$S_{2009} = DS_{2009} + FS_{2009} = 15283.9 + 1942.8 = 17226.7$$
$$S_{2010} = DS_{2010} + FS_{2010} = 17195.7 + 2190.2 = 19385.9$$
$$S_{2011} = DS_{2011} + FS_{2011} = 19678.2 + 2482.8 = 22161.0$$
$$S_{2012} = DS_{2012} + FS_{2012} = 22889.2 + 2699.5 = 25588.6$$
$$S_{2013} = DS_{2013} + FS_{2013} = 27057.0 + 2900.7 = 29957.7$$
$$S_{2014} = DS_{2014} + FS_{2014} = 32187.7 + 3081.1 = 35268.8$$
$$S_{2015} = DS_{2015} + FS_{2015} = 38576.5 + 3275.1 = 41851.7$$

注：此过程中技术引进经费支出只包括引进经费，不包括消化吸收经费及国内技术经费，包含二者的计算方法相同。

6. 包括消化吸收经费及国内技术经费的知识存量计算

2006~2015 年中国知识存量明细如表 5-13 所示。

表 5-13　　　　　　　　　　　　　中国知识存量

时间	R&D 经费支出（亿元）	自主技术知识存量 DS（亿元）	技术引进经费支出（亿元）	引进技术知识存量 FS（亿元）	技术知识存量 S（亿元）
2006	3003.1	12089.4	489.7	1441.4	13530.8
2007	3710.2	12765.9	688.7	2027.2	14793.0
2008	4616.0	13820.7	713.0	2595.4	16416.1
2009	5802.1	15283.9	733.1	3143.2	18427.1
2010	7062.6	17195.7	772.7	3691.5	20887.2
2011	8687.0	19678.2	871.7	4299.6	23977.8
2012	10289.4	22889.2	752.4	4745.0	27634.2
2013	11846.6	27057.0	758.9	5165.1	32222.1
2014	13015.6	32187.7	744.2	5540.5	37728.3
2015	14169.9	38576.5	752.4	5897.4	44473.9

通过知识存量计算，可知 2006 年至今的中国知识存量一直在稳健增长，经过近 10 年的发展，2015 年是 2006 年中国知识存量的 3 倍，取得了巨大进步。为我国进入知识社会奠定了良好基础。

四、知识产权保护的经济效果分析

（一）　模型构建

本书用人均 *GDP* 作为经济增长的代理变量，用人均固定资产投资作为固定资本存量的代理变量，用技术知识存量作为知识积累的代理变量，用知识产权保护强度指数作为知识产权保护水平的代理变量，为了检验知识产权保护强度的经济效果，建立回归模型如下：

$$\ln GDPPC_t = \beta_0 + \beta_1 \ln GDIPC_t + \beta_2 \ln TKS_t + \beta_3 \ln IPR_t + \beta_4 \sum (\ln PR_t)^2$$
$$+ \beta_5 \ln HCSP_t \qquad\qquad (5-16)$$

其中，$GDPPC_t$ 是 t 年人均 *GDP*；$GDIPC_t$ 是 t 年人均固定资产投资；TKS_t 是 t 年的技术知识存量；IPR_t 是 t 年的知识产权保护强度指数；$HCSP_t$ 是第 t 年的人力资本存量；u_t 是误差项；β_0，β_1，β_2，β_3，β_4 是回归系数。

（二）　模型回归结果分析

1. 模型数据

知识产权保护强度与经济关联分析模型数据如表 5 – 14 所示。

表 5 – 14　　　　　知识产权保护强度与经济关联分析模型数据

年度	人均固定资产投资额 GDIPC	人均 GDP	全国人力资本存量 HCSP	技术知识存量 TKS	知识产权保护强度 IPR
2006	7103.09	16738	2396200	2403303.1	8.10
2007	8890.14	20505	2711900	2720790.1	8.59
2008	11200.00	24121	3082100	3093300.0	9.40
2009	14531.32	26222	3601000	3615531.3	9.85
2010	18005.00	30876	4157000	4175005.0	10.63
2011	22443.77	36403	4479000	4501443.8	11.75
2012	26945.59	40007	4825000	4851945.6	12.52
2013	32023.30	43852	5189000	5221023.3	13.29
2014	36646.99	47203	5691000	5727647.0	13.99
2015	40126.73	49992	6383000	6423126.7	14.45

2. 数据分析

本书选取人均 GDP 作为衡量经济增长的指标，将时间跨度定位在 2006～2015年，为了剔除知识产权保护指数与经济增长之间可能存在的异常关系、消除异方差，对样本数据进行对数处理，然后通过最小二乘法 OLS 进行回归分析，建立回归模型，然而研究知识产权保护指数与经济增长关系的关系。具体过程如下。

（1）数据描述性分析。在得到 $lgdp$，$lipr$，$ltks$，$lgdipc$，$lhcsp$ 样本对数处理数据后，进行描述性分析，得到数据如表 5－15 所示。

表 5－15　　　　　　　　　　　　　数据描述性分析

		$lgdp$		
	Percentiles	*Smallest*		
1%	9.725437	9.725437		
5%	9.725437	9.928424		
10%	9.826931	10.09084	*Obs*	10
25%	10.09084	10.17435	*Sum of Wgt.*	10
50%	10.42007		*Mean*	10.36264
		Largest	*Std. Dev.*	0.3732159
75%	10.68858	10.59681		
90%	10.79092	10.68858	*Variance*	0.1392901
95%	10.81962	10.76221	*Skewness*	-0.3558397
99%	10.81962	10.81962	*Kurtosis*	1.851032
		$lipr$		
	Percentiles	*Smallest*		
1%	2.091864	2.091864		
5%	2.091864	2.150599		
10%	2.121231	2.24071	*Obs*	10
25%	2.24071	2.287472	*Sum of Wgt.*	10
50%	2.413767		*Mean*	2.402155
		Largest	*Std. Dev.*	0.2059674
75%	2.587012	2.527327		
90%	2.654519	2.587012	*Variance*	0.0424226
95%	2.670694	2.638343	*Skewness*	-0.1409229
99%	2.670694	2.670694	*Kurtosis*	1.637394

续表

	ltks			
	Percentiles	Smallest		
1%	9.512724	9.512724		
5%	9.512724	9.60191		
10%	9.557317	9.706017	Obs	10
25%	9.706017	9.821578	Sum of Wgt.	10
50%	10.01589		Mean	10.0522
		Largest	Std. Dev.	0.4050309
75%	10.38041	10.22681		
90%	10.62041	10.38041	Variance	0.16405
95%	10.70266	10.53817	Skewness	0.2246296
99%	10.70266	10.70266	Kurtosis	1.791096
	lgdipc			
	Percentiles	Smallest		
1%	8.868286	8.868286		
5%	8.868286	9.092693		
10%	8.98049	9.323669	Obs	10
25%	9.323669	9.584061	Sum of Wgt.	10
50%	9.908587		Mean	9.837056
		Largest	Std. Dev.	0.6064005
75%	10.37422	10.20158		
90%	10.55444	10.37422	Variance	0.3677216
95%	10.5998	10.50909	Skewness	−0.2712982
99%	10.5998	10.5998	Kurtosis	1.740025
	lhcsp			
	Percentiles	Smallest		
1%	14.68939	14.68939		
5%	14.68939	14.81316		
10%	14.75128	14.94112	Obs	10
25%	14.94112	15.09672	Sum of Wgt.	10
50%	15.27761		Mean	15.21705

续表

		lhcsp		
		Largest	Std. Dev.	0. 3249236
75%	15. 46205	15. 38932		
90%	15. 61177	15. 46205	Variance	0. 1055753
95%	15. 66915	15. 5544	Skewness	− 0. 2867572
99%	15. 66915	15. 66915	Kurtosis	1. 876736

通过观察表 5 – 15，可知各样本的百分位数、最大值、最小值、平均值、标准差、偏度、峰度等数据总体质量高，没有极端异常值，变量之间的量纲差距及变量的偏度（都是负偏度但不大）、峰度都是可以接受的，可以进行下一步分析。

（2）相关性分析。

通过观察表 5 – 16 的分析结果，可以看出变量指标之间的相关关系显著，可以进行下面的回归分析过程。

表 5 – 16　　　　　　　　　　　　数据相关性分析

	lgdp	lipr	ltks	lgdipc	lhcsp
lgdp	1. 0000				
lipr	0. 9954	1. 0000			
ltks	0. 9727	0. 9870	1. 0000		
lgdipc	0. 9974	0. 9972	0. 9801	1. 0000	
lhcsp	0. 9932	0. 9908	0. 9786	0. 9963	1. 0000

（3）数据回归分析。

数据回归分析如表 5 – 17 所示。

表 5 – 17　　　　　　　　　　　　数据回归分析

Source	SS	df	Ms	Number of obs	= 10
—	—	—	—	$F(4, 5)$	= 480. 63
Model	1. 25035885	4	0. 312589714	Prob > F	= 0. 0000
Residual	0. 003251859	5	0. 000650372	R-squared	= 0. 9974
—	—	—	—	Adj R-squared	= 0. 9953
Total	1. 25361071	9	0. 139290079	Root MSE	= 0. 0255

续表

Source	SS	df	Ms		Number of obs	= 10
lgdp	Coef.	Std. Err.	t	P > |t|	[95% Conf. Interval]	
lipr	1.882893	0.9665214	1.95	0.109	−0.6016292	4.367415
ltks	−0.3702839	0.1696146	−2.18	0.081	−0.806292	0.0657242
lgdipc	−0.0400786	0.422192	−0.09	0.928	−1.125358	1.0452
lhcsp	0.4844353	0.4099562	1.18	0.290	−0.5693905	1.538261
_cons	2.584386	3.317754	0.78	0.471	−5.944171	11.11294

通过表 5 – 17 的结果，可以看出一共有 10 个样本数据参与了分析，模型的 F 值 $F(4, 5) = 480.63$，P 值 $(Prob > F = 0.0000)$，这说明模型整体上市非常显著的。模型的可决系数 $= 0.9974$，修正的可决系数 $Adj = 0.9953$，说明此模型的解释能力是可以的；则模型的回归方程是：

$$lgdp = 2.58\_cobs + 1.88lipr - 0.37ltks - 0.04lgdipc + 0.48lhcsp + u_t \quad (5-17)$$

知识产权保护强度指数对经济增长有促进作用，即知识产权保护强度指数每增长 1%，大约可以带动 GDP 增长 1.88%。

（4）知识产权与经济发展倒"U"形关系分析。

添加新变量 slipr 即表示知识产权保护强度指数对数的平方，运用最小二乘法 OLS 进行回归，如表 5 – 18 所示。

表 5 – 18　　　　　　　　　倒"U"形关系数据分析

Source	SS	df	Ms		Number of obs	= 10
—	—	—		F(5, 4)	= 495.53
Model	1.25159012	5	0.250318023		Prob > F	= 0.0000
Residual	0.002020598	4	0.000505149		R-squared	= 0.9984
—	—	—		Adj R-squared	= 0.9964
Total	1.25361071	9	0.139290079		Root MSE	= 0.02248
lgdp	Coef.	Std. Err.	t	P > |t|	[95% Conf. Interval]	
lipr	11.76112	6.384315	1.84	0.139	−5.964579	29.48682
ltks	0.5585905	0.6134569	0.91	0.414	−1.144639	2.26182
lgdipc	0.037342	0.3720865	−0.10	0.925	−1.07042	0.9957357
lhcsp	−0.2893789	0.6133529	−0.47	0.662	−1.99232	1.413562
_cons	−5.990405	6.222182	−0.96	0.390	−23.26595	11.28514

通过表 5 - 18 可知 F 值 $F(4, 5) = 495.53$，P 值（$Prob > F = 0.0000$），这说明模型整体显著。模型的可决系数 $= 0.9984$，修正的可决系数 $Adj = 0.9964$，说明此模型的解释能力良好。进而建立模型的回归方程为：

$$lgdp = -5.99\_cons + 11.76lipr + 0.56ltks - 0.037lgdipc - 0.29lhcsp$$
$$- 2.19slipr + u_t \tag{5-18}$$

通过对 5 个变量的系数检验可知，模型很显著，在 5% 的显著性水平上通过了检验。进一步分析发现，知识产权保护强度指数的平方项的系数是负数，而知识产权保护强度指数项的系数为正数，则说明知识产权保护强度指数对经济增长的作用可能呈倒 "U" 形关系。

下面对运用 Excel 模拟出近年来知识产权保护强度指数对经济增长的关系的作用曲线，如图 5 - 1 所示，可见尚未达到倒 "U" 形拐点。

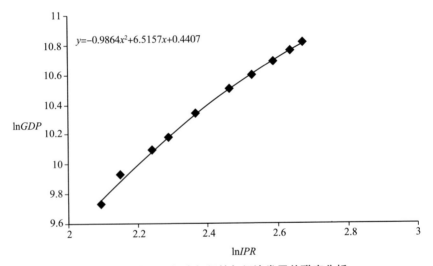

图 5 - 1　中国知识产权保护与经济发展关联度分析

根据回归模型中的知识产权保护强度指数项及其知识产权保护强度指数项平方项系数，可以计算得到，知识产权保护强度指数对经济增长有促进作用，由促进转变成阻碍的拐点出现在 $\ln IPR = (11.76 \div 2.19 \div 2) = 2.68$，此时 $IPR = 14.59$；也就是知识产权保护强度指数在区间（0，14.59）之间内变化时，知识产权保护强度指数对经济增长有促进作用，当知识产权保护强度指数超过 14.59 时，知识产权保护强度指数对经济增长有阻碍作用。观察我国 2015 年最新数据，可知尚未达到阻滞状态，目前接近最优状态。

第三节　优化技术人才知识产权入股制度

《中华人民共和国公司法》第二十七条赋予以知识产权作价入股的合法性，但是仅仅对出资条件进行了界定，其他与知识产权作价入股的问题均未涉及。加之知识产权估值技术难度大，公允价值认定复杂，入股风险不易监管等问题，知识产权入股制度仍具备亟须完善的空间。

一、中国知识产权入股困境分析

知识产权入股是出资人在公司创立或者增添资本时，依据出资协议的约定以及法律和公司章程的规定向公司支付知识产权并获得股权的行为。为了激活人才创新活力，2016年9月，财政部和国家税务总局联合出台措施，以使用权、处置权和收益权"三权"改革为突破口，对符合条件的公司股票期权、限制性股票和股权奖励延长纳税期限，切实减轻技术入股税收负担。在推动知识产权入股方面的制度建设上又前进了一步，从利益分配变革视角为人才提供了更多经济保障制度。但是知识产权入股仍存在如下问题：

（一）知识产权入股法律法规制度建设不完善

相关条款缺乏。知识产权入股，是指在公司初始成立或后期增资时，遵照法律法规，知识产权持有人向公司交付知识产权，并以此置换获得股权的行为。《中华人民共和国公司法》虽然赋予了知识产权入股的合法性，却没有条款对知识产权入股与实物出资入股进行明确区分。仅要求知识产权入股符合实物出资的两个条件："可以用货币估价"和"可以依法转让"。

职务发明限制多。同时，在科研院所和高校中，知识产权属于职务专利或发明，所有权归属人才所在单位，虽然政策正在逐渐放宽。但是高校或科研单位作为专利最大持有单位，知识产权入股，必须通过国有资产审批程序，相对复杂且时间周期过长，影响了企业正常运转。例如，在知识产权入股初期，需要通过国有资产使用审批和国有资产评估备案等流程。加之知识产权价值评估常不具备公允性，审批过程中对知识产权价值的认定常与企业预期不符，又再次产生了新的问题和矛盾。如果是在公司加资续股环节，一样要求经历国有资产审批和国有资产评估备案流程。并没有履行《中华人民共和国公司法》中规定的：拥有公司2/3以上股权的股东同意，公司就能加资续股。

出资程序不合理。第一，验资程序僵化且千篇一律，既不能体现知识产权估值的个性化与科学化，也强制性延长了入股程序时间，因此一些学者质疑强制验资程序的必要性，认为这并不是债权人和股东的要求，而是一种强制安排下的低效率活动安排①。第二，没有明确规定股东对知识产权价值确定的审核程序，导致了风险不确定性。第三，没有出资入股认定的公示程序。第四，出资支付时间不合理，《中华人民共和国公司法》规定股东认缴出资后即应按公司章程规定的各自所认缴的出资额按期足额实缴，但是以知识产权入股的，应依法办理知识产权权利转移手续，此时公司尚不具备法人资格，又如何将相关权利转移给尚不成立的主体？②

除上述问题，知识产权入股还面临出资方式、业务范围、交易主体等一系列具体问题，这些在法律中都缺乏明确规定，进而引致了实践中模式各异、方法不统一、标准难以界定的种种困境。包括如下具体问题：植物新品种不能确认为专利，更谈不上知识产权作价入股；暂时没有取得知识产权的高新技术，没有法律规定参考如何入股，而因为中国国情的现状，一方面技术持有人可能就不愿意申请知识产权；另一方面申请周期过长可能导致技术失去领先性。

（二）　估值方法及程序没有统一标准

目前的知识产权入股法律法规、实务实践过程中，有需要对知识产权的价值进行评估，并依据估值进行出资认定和交易，一旦发生债权债务纠纷，也需依据知识产权出资估值进行补偿。可见，知识产权估值是一个关键环节，但是因为只是产权的复杂性、无形性、专业性，受诸多外部环境因素影响，包括：国家政策导向、市场同类知识产权价值、自有知识产权先进性、国际社会技术发展趋势等，因此知识产权估值认定复杂，且不易有公允价值可参考。

虽然现在学术界提出了多种知识产权评估方法，但是仍旧不能解决评估中遇到的多种问题。而实践中，中国很多评估机构并没有对知识产权进行专业性、针对性评估，多用收益现值法、重置成本法和协商法，进行知识产权这类无形资产的评估。知识产权作为思想、智慧的结晶，其物质成本可能并不高，显然不适合用成本法来估计其实际价值。而收益法的使用，受外部市场环境影响，包括：交易机制、信息透明度、行业波动等多方面因素，多因素的复杂交织加大了知识产权收益的确认难度，因此，也并不适用收益法进行评估。而协商法因为随意性较高，也存在利益输送空间，所以风险更大。

于是，知识产权入股方式在理论和实践中虽均受认可，却难以实践操作，导致以隐形知识产权入股代替知识产权入股的方式在各地多有实践。隐形入股则带

---

① 周学峰：《验资制度分析》，中国政法大学出版社 2003 年版。
② 程俊松：《高新技术出资入股法律问题研究》，华中科技大学研究生院博士论文，2007 年。

来了更多的法律纠纷和风险，损害了知识产权持有人和受让人的利益，阻滞了知识社会健康发展。

（三）　知识产权入股的义务与责任不明确

知识产权作价出资入股后，知识产权持有人的身份发生了转变，作为公司股东应在享有权益的同时，还应承担对等的义务与责任，但是公司法和其他法律法规均在此方面没有具体规定。

根据实践中的困惑，知识产权入股的义务与责任存在如下问题：

第一，关于知识产权入股是必须完整入股，还是所有权和使用权分离入股，尚有争议。一些学者推崇知识产权使用权入股，认为知识产权的知识含默性使使用权入股更加可行，而且所有权通常作价太高，也增加了公司的出资风险。

第二，知识产权持有人在知识产权受让后，对知识产权中涉及的技术如何使用、特殊注意事项等内容应有告知和辅导义务。尤其是含默性较高的知识产权，如果不加以后续辅导，受让价值将大打折扣，而这也是实践中容易引起纠纷的环节，也应该体现在知识产权入股相关法律条文里。

第三，对于违约责任认定不全面。公司法虽然对于出资违约有所认定，但是违约并非仅有出资违约一种，且即便是出资违约责任的后续责任要求、违约惩罚等具体细则都没有明确。而且，就违约民事责任而言，股份有限公司发起人比有限责任公司股东的民事责任要低[①]，这并不符合事实逻辑。

二、知识产权入股的构成要件

关于知识产权入股的构成要件，一些学者进行了研究，在美国、日本和瑞士等国进行了积极实践[②]，中国学者也对此进行了研究[③]，可以将构成要件归为如下几方面：

（一）　确定性

知识产权需要具备确定性。知识产权作为无形资产，除了估值不易确定，也不易物化，如果不能将应用范围、技术性能、应用标准进行准确而翔实描述，很可能导致知识产权入股后发生不确定风险。因此要求，知识产权入股要保证客观确定性，需要将涉及知识产权的一些具体内容进行详细标的，包括，受让人姓名、出资标的资产、知识产权名称、产权号（指专利号或软件著作权号等）、类

---

①　程俊松：《高新技术出资入股法律问题研究》，华中科技大学博士论文，2007 年。

②　志村治美著，于敏译，王保树审校：《现物出资研究》，法律出版社 2001 年版，第 134 页。

③　冯果：《现代公司资本制度比较研究》，武汉大学出版社 2000 年版，第 46 页。

型、申请日期和剩余有效期、知识产权作价金额、占股权比例等①。这在其他国家中相关法律有所规定②，如《日本商法典》第 168 条就对这些内容进行了类似规定，以确保知识产权的确定性。

（二） 现存性

知识产权需要具备现存性。现存性要求在入股前，呈现已经研发并确认完毕的知识产权，虽然英美法系的部分国家，在设置风险预防和保障的基础上，对知识产权现存性要求并不明确。但是考虑知识产权不现存可能导致的系列不可预知风险，再加之中国目前关于知识产权确认及入股的风险预防和控制能力，在中国有必要强调知识产权的现存性。

此外，仔细研判《公司法》，可知明确要求资本确定、资本维持、资本不变三原则。如果知识产权不能确保现存性，一旦研发过程和申请专利过程出现风险，将无法实现知识产权出资资本确定和不变，与上述三原则出现矛盾。

（三） 可独立转让性

知识产权需要具备可独立转让性。可独立性包括两方面内涵：一方面，要求知识产权持有人具有独立的转让支配权，符合转让的法律规定；另一方面，因为知识产权具有含默性，即便在申请专利或软件著作权时，将部分含默知识显性化表达出来，但仍有可能出现发明人含默知识和知识产权内容难以分离，知识产权无法脱离创始人实现商业化的问题。这就需要明确分析知识产权是否可以独立物化，并存在商业化可行性。

（四） 合法合理性

知识产权需要具备合法合理性。知识产权的合法合理性包括两个方面：一方面，要求符合法律相关规定，这是不可怀疑的；另一方面，要求符合社会道德和伦理要求。知识产权虽然是一类科学知识载体，应具备价值中立性。但是实际中，知识产权都会与社会伦理、道德公益相关联，一些技术虽然具备科学先进性，但是有可能违背社会伦理道德的基本底线。无论是《中华人民共和国合同法》还是美国、德国等都对此有明确规定，对违社会公共道德、破坏社会公益、违反法律法规条例的合作合约无效。

（五） 可评估性

如前所述，知识产权的价值评定是知识产权作价入股的前提条件，只有在知

---

① 吴椒军、朱双庆：《入股技术的法律界定》，载于《中国社会科学研究生院学报》2005 年第 3 期。
② 冯果：《现代公司资本制度比较研究》，武汉大学出版社 2000 年版，第 46 页。

识产权可科学评定的基础上，才能完成知识产权入股。可评估性要求考虑如下四个方面：第一，受让评估知识产权的同类产权可参考性；第二，知识产权的公允价值是否被认可；第三，支撑起估值的时效性和延续性；第四，评估方法的科学性。

三、制度优化建议

在上述论述中，明确了目前中国知识产权入股面临的问题，并进一步界定了知识产权入股的构成要件，这里将基于面临的问题提出制度优化建议。

（一） 完善行政管理制度

随着政府行政管理改革推进，行政管理制度已经得到了大幅优化，但是在审批备案流程和公式程序中，仍存在进一步优化空间。

1. 优化审批备案流程

根据现有制度，非国有资产背景的知识产权入股，只需公司股东认可即可。但是对于具有国有资产背景的知识产权入股，仍旧需要经历相对烦琐的审批制度。建议针对具有国有资产背景的知识产权入股进行审批制度优化，简化审批流程，对于通过技术交易市场公开交易的入股事项，可以不再进行事前审批。对于没有经过技术交易市场进行公开交易的事项，在评估作价环节，引入第三方评估机构进行高效率评审，缩短评审时间。

2. 完善公示程序

目前《中华人民共和国公司法》要求公司章程中需要明确合伙人的姓名、出资额、股份等内容，并根据规定在工商行政管理部门进行登记。但是因为公司章程并不完全对外公开，与公司有合作关系的债权人无法获得相关公开信息，没有真正体现公示应有的意义。中关村科技园区在这方面先行一步，在《中关村科技园区企业登记注册管理办法》第十五条中规定在《营业执照》"经营范围"栏的注明作为非货币出资的技术成果的价值金额、占注册资本的比例以及是否办理了财产转移手续的情况。建议在全国范围进行中关村科技园区这一做法的推广，这一做法可以大大提高公示范围和意义。

（二） 完善知识产权价值评估制度

知识产权价值评定的重要性不言而喻，与其相关的评定准则、评定标准和评定模式亟须优化。

1. 评估方法的科学运用

知识产权价值评估是知识产权入股中的关键环节，但是实践中因为估值的复杂性和估值方法的单一性，没有实现科学的价值评估。欧美国家在这个领域先行一步，结合知识产权价值评估涉及的多种因素进行综合考虑，针对专利、软件著作权、版权和商标的不同特点，制定了不同的评估方法，如专利评估中的可比较交易法①。我们可以参考借鉴这些方法，但是也应基于中国现状进行权衡考虑。

在评估方法设计与遴选中，建议考虑如下几个方面：

第一，考虑影响评估的市场因素。市场因素中要充分考虑技术适用的市场范围，市场现有技术成熟度、自有技术先进性带来的市场壁垒等内容。

第二，考虑影响评估的投资方式。技术投资方式有垄断性投资、排他性投资和一般性投资三种方式②，不同的投资方式应确定不同的技术价值。

第三，考虑使用成本。知识产权使用成本各有不同，成本过高也影响着价值确定。

2. 完善知识产权评估规范

虽然，中国已有《国有资产评估管理办法》和《资产评估准则——无形资产》，对资产评估机构和评估师的资质、评估对象、操作和披露等提出了一些具体要求。但是总体而言，与评估相关的法律并不完善，对实践指导意义不大。建议在充分考虑现有无形资产评估的范围、主体、特点、评估机构职责、评估师职责和权限等基础上，考虑完善无形资产评估相关制度，对知识产权等无形资产价值评估进行有效指导，解决实践中遇到的问题。

3. 采用强制评估与选择性评估结合

如前所述，强制性评估是降低了知识产权入股风险，但是增加了时间和经济成本，有时并不适用于知识产权机制评估。参考国际经验，美国因为具有较完善的公司治理结构，采用了董事会评估模式；法国和日本采用强制性评估与例外不需评估相协作模式。建议中国借鉴法国和日本的知识产权估值模式，即便是国有资产知识产权入股，也可以采用强制评估与选择性评估相协作的模式，在知识产权评估作价限制在一定数额和一定比例的情况下允许选择性评估。

（三） 完善知识产权入股责任制

在出资入股后面临资产贬值风险，应视不同的客观因素和主观因素进行区分对待，同时提高信息透明度，进一步完善债权人知情权制度。

1. 知识产权出资后价值贬损的民事责任

知识产权蕴含丰富的技术和思想，又因为当下社会技术进步的快速性、颠覆

---

① 白福萍、郭景先：《知识产权评估背景因素与评估方法的选择》，载于《财会月刊》2012 年第 12 期。

② Rowland T, Moriarty Thomas J. Kosnik, "Hightech Marketing: Concepts, Continuity and Change", *Management Review Summer*, 1989（1）。

性，知识产权存在着升值空间，也存在着贬值风险。① 由知识产权贬值引发的公司资本贬值风险，应根据客观和主观因素的不同采用不同的处置标准。

在生产经营过程中，因客观因素导致的知识产权贬值，应由公司承担损失和风险。这些客观因素包括：宏观环境复杂带来的贬值风险、生产经营中复杂因素导致的客观决策失误、行业技术的颠覆性变革等。

在生产经营过程中，因主观因素导致的知识产权贬值，应视具体情况选择损失和风险的承担主体。如因知识产权持有人的人为作假，或者存在知识产权先天技术缺陷，而导致知识产权被行政主管部门宣告无效或被撤销，那么知识产权出资的股东应当承担风险和贬值补偿责任。如因经营管理者主管因素导致的质量下降、品牌声誉受损等因素，则应由违反公司章程和法律法规的管理者承担相应风险和贬值补偿。

2. 完善债权人知情权制度

我国现行《公司法》已经取消了知识产权出资在注册资本中所占的比例限制以及工商行政部门的验资环节，但是这并不意味着《公司法》取消了对资本真实的法律要求，而完全在于股东（发起人）的诚信思想和自觉自律。② 但是，在实践中这也为部分公司发起人提供"钻空子"的可能性，股东为了达到法律对一些特殊行业的最低注册资本的要求，采用大部分或全部用知识产权"高价出资"的方法提升自有资本。

保罗·戴维斯指出：公司法对债权人自我救济所做的主要贡献是有关信息的披露和公司财务报告的公开③。为了避免上述问题带来的债权人风险，应进一步完善债权人知情权制度。近年来，我国有关部门也在积极开展行动，如2014年8月颁布的《企业信息公示暂行条例》，对信用公示提出了具体要求，国家市场监督管理总局也配套出台了五部法律法规，希望进一步保障债权人权益。但是目前来看，还存在一些不足，在如下信息公示方面监管不足，包括董事基本信息、监事基本信息、其他部门公示信息、司法协助公示信息。

第四节　人才知识产权融资制度优化研究

从"资本为王"时代迈向"智本为王"时代，最重要的就是将知识认知、掌握、转化提升到前所未有之高度。而知识产权作为领军人才的重要产权，在知识经济时代的重要性，已经远超过传统工业经济时代的物质生产要素。唯有在新

---

① 刘春霖：《论股东知识产权出资中的若干法律问题》，载于《法学》2008 年第 5 期。

② 赵旭东：《资本制度改革与公司法的司法适用》，载于《人民法院报》，2014 年 2 月 26 日第 7 版。

③ 保罗·戴维斯著，樊云慧译：《英国公司法精要》，法律出版社 2007 年版，第 97 ~ 98 页。

经济时代，充分将金融资本与知识产权融合，创新出更多利于知识产权转化、交易、增值的渠道和方式，才能更好地促进社会转型升级。

一、知识产权融资内涵

知识产权的概念是从西文引入的，又可称为智慧财产权、智力财产权，是指对科学技术、文化艺术等方面通过智力行为所获取的精神财产在一定地域、一定时间内依法拥有的职权和利益。

知识产权融资则是指知识产权所有权人根据商标专用权、专利权、著作权等知识产权的财产权得到资金援助的融资活动，主要有知识产权质押和证券化融资等[1]。小范围意义上的知识产权融资指的是知识产权担保融资，即公司能够通过它已有的知识产权来作担保品，向银行等金融机构或金融公司，设置质权，申请贷款[2]。大范围意义上的知识产权融资指的是知识产权资本化，即公司把知识产权当成一种资本，开展投融资活动，既包含债务融资，也包括交易融资和股权融资。

普遍认可的最早的知识产权融资是日本开发银行提出并推广的。日本在国家发展过程中，发现大量科技型公司缺乏传统土地、机器等固定资产进行抵押，而蕴含巨大创造价值的科技技术却无法获得资本投资，这些影响了高新技术公司的稳健发展。但是固有的商业银行业务并没有针对知识产权的担保及融资业务。自1995年，日本开发银行作为承担国家政策义务的银行，按照《新规事业育成融资制度》对欠缺固定资产担保的高新技术公司供长时间资本的供应，促进科技公司创立、育成及发展。为了适应这些需求，开发出了知识产权担保融资的新方式。其后，美国等国家开始大力推行知识产权融资，期望以此方式推动由工业经济向知识经济转型发展。[3] 而在中国，知识产权融资则是由《中华人民共和国公司法》规定并限制的[4]。

本部分从融资角度阐述、探析知识产权转化，所以基本上是研判拥有融资功能的知识产权，包括专利权、商标权、著作权、技术秘密权、集成电路布图设计专有权、植物新品种权、域名权、商品化权，等等。

---

[1] 苑泽明：《中小创新型公司知识产权融资核心路径》，载于《公司经济》2010年第9期。

[2] 知识产权融资的主体，通常是公司，还包括进行知识产权研发的机构或个人。本书设定的是公司融资的环境，来探讨知识产权融资问题。

[3] 安晓彬：《论中小高科技公司融资方式创新——知识产权担保融资》，浙江大学研究生院博士论文，2011年。

[4] 参见《中华人民共和国公司法》第二十七、第八十三条。两个限制前提为：可以用货币估价并可以依法转让；法律、行政法规规定不得作为出资的财产除外。

二、国内外研究现状

（一）　国际研究现状

为了更好地进行知识产权交易、转化及增值，需要对知识产权进行科学估价，这是知识产权融资的技术及制度保障，也是预防金融风险的提前手段。即使美国评估准则委员会（ASB）欧盟评估师协会（TEGO VA）和国际评估准则委员会（IVSC）都制定了评定标准，但是由于知识经济的发展，知识产权具备不断产生的变化性及不确定性，对知识产权的评估仍旧存在系列难题。

著名经济学家埃尔登·S. 亨得里克森（E. S. Hendrickson，1998）指出：无形资产的评判是会计理论界最不容易处理的难题。随后，一些学者开始了对这一领域的研究，比较典型的研究包括翁、桑和洛波（Won，Sung，and G J. Lobo，2000）采集大量数据，分析了知识产权、专利等无形资产与公司市场价值估值之间的关系，并从中发现各类无形资产的估值是低于传统固定资产等有形资产的估值。杰弗里（Jeffery，2010）研发了适用于品牌价值评价的方法和测评模型。索恩、吉米、金姆、穆恩（Sohn，Jimmy，Kim，and Moon，2011）采用结构方程，对知识产权融资与财务绩效之间的关联性。莱和彻（Lai and Che，2009）采集了4000多件专利侵权诉讼案例，通过数据分析，制定了一套专利测评方法和模型。

在实行知识产权估值之外，如何进行知识产权融资实际运营成为研究与实践热点。伏尔塔和珍妮（Folta and Janney，2014）跟踪了大量新技术公司之后指出，因为新技术的价值不易估测，对融资带来较大影响，通常提高了融资成本。在斯文森（Svensson R，2015）以瑞典中小公司和个人的专利数据为基本材料，提出外部融资对专利商业化具有举足轻重的作用。

（二）　中国研究现状

1995 年，颁布《中华人民共和国担保法》，我国也开始了部分关于知识产权的质押融资实践，但是并没有实现大范围的实践推广，也没有太多的学者对此开展深入研究。直到《国家知识产权战略纲要》（2008 年）和《关于加强知识产权质押融资与评价管理支持中小企业发展的通知》（2010 年）等相关政策颁布后，理论研究和实践才逐渐深入。

基础理论方法的研究。提出阻碍知识产权质押融资进步的关卡，并指出登记制度、电子公示、集合财产担保、简化程序、多渠道融资等促进知识产权质押融资进步的数个重要节点的描述。

知识产权质押融资问题。彭湘杰（2007）归纳整理了本国与海外知识产权融资实务。余薇和秦英（2011），对中国发达地区进行了知识产权融资贷款事务的各种形式的对比。周润书和曹时礼（2012）介绍了东莞市知识产权质押融资做法及经验。丁锦希、顾艳和王颖玮（2011）对中日知识产权融资制度进行了对比说明。杨千雨（2014）以美国《统一计算机信息交易法》（UCITA）的融资许可为参考，对我国知识产权融资许可制度构建提出了系列建议。吴鼎（2016）对创新型公司知识产权融资模式实行了比对分析。鲍新中、王言、霍欢欢和樊瑞炜（2016）对知识产权质押融资风险动态监控平台构建与实现实行了深入探讨。

知识产权融资估值。张涛和杨晨（2007）建立了一套知识产权评判指标体系和模型对知识产权进行估值。宋伟和彭小宝等（2008）运用知识集成的产权化定量分析方法对知识产权进行评定。李聪颖（2013）以商业银行知识产权质押贷款为背景，对知识产权质押估值进行了针对性探究。冯丹丹（2013）利用实物期权估值模型，模仿实际生活中知识产权转让双方的价值评定活动。李鹃（2016）指出知识产权效用性和稀缺性是评判该知识产权实现的资产价值和赢利技能的基础。姚秀壮（2016）在对传统评判对策在质押知识产权评估中的适合有用性与局限性的分析基础之上，从融资双方角度，对收益现值法模型进行改进。

知识产权证券化融资理论及风险问题。汤珊芬和程良友（2006）、余振刚、邱菀华和余振华（2007）、袁晓东和李晓桃（2008）、物鼎（2016）、王红和苑泽明（2016）对知识产权证券化的定义、操作流程、基本理论等方面进行了介绍与分析。黄光辉（2010；2011；2012）、王晓东（2012）、耿军会和王雪祺（2016）对知识产权证券化中存在的风险及控制方式进行了深入分析。

三、中国知识产权融资实践分析

（一）典型方式

通过这些年的研究与试行，中国产生了几种典型知识产权融资方式，包括知识产权质押融资、知识产权信托融资、知识产权融资租赁、知识产权证券化融资、知识产权期权融资等。

1. 知识产权质押融资

知识产权质押融资是公司把自有的知识产权授权其他公司或个人使用的预期许可费，当作质押物在担保公司实行质押担保，进而从金融机构获取融资。当债务到期后，按常规金融质押融资处理，如果发生债务人不按期偿还行为，债权人依法享有追索权，可追偿或处置质押物获得偿还。

2. 知识产权信托融资

知识产权信托融资将知识产权未来获得的收入进行详细评估及分割，把未来固定时限内的知识产权交付给信托投资公司进行运营管理。信托公司利用自身优势，将知识产权依照技术特性进行价值判断和包装，策划为可销售给社会投资者的信托产品，从而进行资产经营管制。

3. 知识产权融资租赁

知识产权融资租赁是一种相对新颖的融资手段。借鉴固定资产租赁融资方式，拥有知识产权的公司，将知识产权与租赁公司签订合约，由租赁公司购买知识产权，并享有合约期间的知识产权，同时根据合约将该知识产权回租给原公司。租赁合约期满时，租赁公司按合约把知识产权廉价卖给原公司或实行处理。

4. 知识产权证券化融资

知识产权证券化融资是目前较为热门的研究与实践方式。首先，由公司将持有的知识产权经过结构优化建设，让与知识产权发行人（SPV），SPV则对知识产权进行评级和增级服务，分离与重组知识产权中的风险与收益要素，并将此设计为证券进行销售融资，实现了知识资本与证券资本的相互结合，进而解决知识产权融资难题。

5. 知识产权期权融资

知识产权期权融资是对知识产权采取分门别类的评定，依据评定成绩策划整套期权合约，同时在知识产权交易中心进行售卖。期权合约的价格基本按照分门别类的评定成绩决定①。

（二）　典型模式

依照政府参与程度，国内知识产权质押融资典型模式可分为市场模式、政府引导下的市场模式、政府主导模式、政府行政命令模式，其具体模式内容如表 5－19 所示。

表 5－19　　　　　　　中国知识产权质押融资典型模式比较

模式类别	市场主导模式	政府引导下的市场化模式			政府主导模式		政府行政命令模式
代表性模式	湘潭模式	北京模式	武汉模式	南海模式	浦东模式	成都模式	内江模式
政府作用	完善政策法规；构建服务平台；政府鼓励	完善政策法规；构建服务平台；政府引导	完善政策法规；构建服务平台；政府财政支持（融资补贴、补贴企业和中介）	完善政策法规；构建服务平台；政府财政支持（融资补贴、补贴企业和中介）	完善政策法规；构建服务平台；政府信用支持（设立政策性担保机构）	完善政策法规；构建服务平台；政府金融支持（提供政策性贷款）	政府行政命令

① 邵永同、林刚：《科技型中小公司知识产权融资路径选择及其对策研究》，载于《现代管理科学》2014 年第 11 期。

续表

政府参与度	低	较低	一般		较高		高
扶持对象	优选的中小企业	成长期企业为主			初创期企业为主		政府选定企业
遴选方式	政府推荐银行主选	政府牵线银行主选			政府主选银行主选		政府指定
风险主要承担者	金融机构担保机构	金融机构担保机构保险公司	金融机构担保机构	金融机构担保机构	政府		金融机构
融资成本	高	较低			较低		低
融资效率	低	较高	一般	一般	较高		高
优点	政府鼓励;风险分散机制健全;市场化程度高	风险分散机制健全;政策保障;市场化程度高	银行审批严谨,资金安全保障高;市场化程度较高	知识产权局预审,资金安全保障高;市场化程度较高	政府担保银行与企业的信心强,积极性高;融资效率高	企业信心强,积极性高;融资效率高、速度快	融资效率高、中间环节少、速度快
缺点	各主体缺乏积极性,效率较低;对外部环境要求高	银行设置的贷款条件严苛;中小企业的融资成本较高	程序较复杂;风险分散机制不健全	知识产权局设置门槛较高,风险分散机制不健全	地方政府责任重,易陷入债务危机;风险分散机制不健全	政府负担重;财政压力大;缺乏风险分散机制	银行的风险高、缺乏主动权;违背市场规律
适用条件	市场成熟度高;融资服务机制与政策健全;商业银行资金充裕;企业信誉高	知识产权市场比较发达;市场成熟度高;融资服务机制与政策相对完善	融资服务机制与政策相对健全;市场成熟度高	融资服务机制与政策相对健全;市场成熟度较高	政府资金实力雄厚,财政预算充裕,产业聚集度高;市场成熟度低,知识产权质押试点阶段	市场成熟度较低,知识产权质押试点阶段	—

　　资料来源:根据宋光辉、田立民:《科技型中小公司知识产权质押融资模式的国内外比较研究》,载于《金融发展研究》2016年第2期整理。

　　可以看出上述模式因为产生背景不同,发展路径略有不同,也在模式上各有优劣势,适用条件也不尽相同。一般来说,政府主导度越高的模式,融资环节相对少,融资成本也相对低,但是政府主导度过高的模式往往是承担了更多的社会责任和义务,一旦缺乏政府大力推动,这一模式很难实现。而市场主导的模式,因为现在的市场环境尚不成熟,引致过高的融资成本和相对低的融资效率,但是因为市场推广渠道和方式的有限性，金融机构和担保机构不能获得理想的市场回报，所以市场积极性并不高。

（三）存在的典型问题

1. 知识产权抵押物少

我国能够抵押融资的知识产权通常仅仅包含商标专用权、专利权、著作权中的财产权，而美国保证资产收购价格机制定义下的知识产权资产领域则相对丰富，包含专利、版权、商标、勘探权、航空权、源代码、长期服务协议、许可权等[①]。在经济发展的当下环境中，原有的知识产权范围已然不够，应尽快丰富知识产权品种，为更多的公司提供融资抵押方式。

2. 政府依赖度过高

从上文的模式分析可以看出，融资效率高和融资成本高的融资模式，均是依靠政府主导或推动的。纯粹依赖市场机制进行融资的模式，不仅效率低，成本也相对高，有的地市实践下来的融资过程中要支付评估、保险、担保等程序产生的费用，而这通常占贷款数额的 4%～6%，然后算上贷款利息，使各区域的贷款手续费用占到贷款总数的 10% 左右[②]。更多的城市依赖政府补贴来进一步增加融资机构收益和激活融资机构的积极性，也借此降低了融资成本。

3. 风险测控和分担机制缺位

知识产权融资的价值评估风险、担保风险是制约知识产权融资的重要因素。一方面，知识产权融资价值评估不仅涉及内部风险评估，还涉及外部风险评估。内部风险主要指公司内部经营引致的风险，外部风险也指影响公司发展的宏观经济环境、行业发展环境等风险。现在对内部风险测控的研究和时间相对丰富，而对外部风险带来的影响测控罕有研究和实践，因此导致了风险测控的不全面。

除此之外，对风险的分担机制仍旧不健全，更多地依赖政府进行风险分担，如果政府不能大力支持，提供担保和资金的回报又不理想，则提供融资的机构风险压力显得尤其大，一旦知识产权融资在某一个环节出现问题，则将由提供资金和担保的公司全部承担，即便享有追索权利，在当下的中国追索也十分困难。

[①] 朱佳俊、李金兵、唐红珍：《基于 CAPP 的知识产权融资担保模式研究》，载于《华东经济管理》2014 年第 5 期。

[②] 余薇、秦英：《科技型公司知识产权质押融资模式研究——以南昌市知识产权质押贷款试点为例》，载于《公司经济》2013 年第 6 期。

四、基于科技创业领军人才创新知识产权融资模式

（一）创新依据及机理

围绕人才进行创新，不仅仅是靠创新吸引人才，更是知识经济社会的主要成长进步方向。依托科技创业领军人才社会网络，建立知识产权担保网络，通过担保网络为知识产权价值评估、风险分担、信用增级方面起到推动及保障作用；依托科技创业领军人才社会网络建立知识产权资产池，实施供应链金融，创新融资渠道和方式，并对信用进行重新分配。

1. 科技创业领军人才具有天然的社会网络

科技创业领军人才之间具有显著的"like-me"效应[①]，之间具有很多相互吸引的同质性和异质性个体特性及各类资源。林南（Lin，2001）提出的"情感—互动—资源"设定，占有类似资源的个体彼此之间的交往互动频率高，而且在社会结构中位于相互靠近座位的个体更容易产生互动。这类群体在相互交往中，容易形成联系频繁、关系密切、互助互惠的社会网络图谱，围绕着这样的社会图谱，构建知识产权网络互助担保网络，彼此之间在捆绑利益诉求、实现个人理想等方面具有天然一致性，并且相互之间愿意互相成就对方，通过信息、资金等各类资源的多次交互，充分搭建社会网络中的"结构洞"桥梁，不断发挥社会网络优势，并升级现有社会网络图谱。

2. 同社会网络信息交流和对称度高

对于包括科技创业领军人才在内的各类创业者而言，公司经营所需的资源存在于社会网络中的多个节点上，彼此相互网联、动态耦合，要识别并获得这些资源，需要先检索到这个节点，但是大量研究和实践表明，这种检索首先是对信息进行检索，而后才存在资源的识别与获取。由此可见，信息对社会网络的重要性。但是对于创业者来说，资源有可能存在于其社会网络中某个节点上，被与其关联的某个节点具有，那么获取这个节点的资源首先需要检索到这个节点，并识别出其所具有的资源就是创业者所急需的资源[②③④]（Granovetter，1973；1974；

---

① 彭华涛：《创业公司社会网络的理论与实证研究》，武汉理工大学博士论文，2006 年。

② Granovetter, M. S., "The Strength of Weak Ties. American Journal of Sociology", Harvard University Press，1973，136.

③ Granovetter, M. S., "Getting a Job：A Study of Contacts and Careers", Harvard University Press，1974，178.

④ Granovetter, M. S., "Getting a Job：A Study of Contacts and Careers（Second Edition）", University of Chicago Press，1995，60.

1995）。可以说，绝大多数创业过程就是信息检索和获取的过程（Cooper et al.，1995）[1]。柯兹耐尔（Kirzner，1973）认为创业者的核心任务就是将重要的信息检索和识别出来[2]。通常在同一个知识产权互助担保网络中比不在一个网络中，信息的交流和对称度明显要高。而随着科技创业领军人才之间形成的社会网络不断升级，这种信息交流和对称度也会不断升级，进而通过信息的充分交流，推动资源的识别、获取、高效利用，实现公司经营和人才发展的良性优化。

3. 同社会网络守信度增加

信任是知识产权互助担保网络得以继续维持和升级的必要因素之一，双方相互信任是对网络规范和网络成员的肯定与保障。只有构建信任机制，社会网络才会真正对资源形成吸引、集聚、扩散效应，降低社会交易和公司运营中产生的各类成本，不断提高社会网络层次，社会网络对人才与公司的成长才起到真正的正向促进。而处于同一社会网络中的成员，则会因错综交织的工作、生活的联系，受直接和间接、内部和外部、横向和纵向、群体和个体等多重网络关系的影响和监督，不可避免地受到其他成员影响，从而衍生出一种独特的声誉机制（Banerjee，1994）。在同社会网络中，一旦发生故意欺骗行为，欺诈方的行为必然被快速传播并受到普遍谴责，其很难在网络中继续占有节点，被驱逐出现有网络，非守信行为损失成本非常高，故公司的机会主义倾向显著减少，公司守信度将增加[3]，彼此自发地在内心相对强化诚信、奋斗、竞合等"正能量"，这比不在同社会网络的其他公司伙伴，往往更具有约束效应，守信度明显增加。从而维系了知识产权网络互助担保网络的持续运行[4]。

4. 同社会网络互助性强

知识产权互助担保网络中的主体把网络看作隐藏的朋友关系网，由于有控制投融资成本、提升协作效率等层面的思考，各主体在考虑选取合作伙伴时会更依赖于处于同一社会网络的其他成员，因为同社会网络的信息对称度更高，这在一定程度上增加了各成员对知识产权网络互助担保网络的依赖性与互助性。因为只有知识产权网络互助担保网络成员，相互之间友善互动，相互支持，并实现资源良好交互，网络才会更加稳健升级，同时越积极互助的成员，越会在未来的发展中占据网络中的中心节点位置，网联更多的成员和资源，进而在互助的良性互动中不断推动公司发展。

---

①　Cooper, A. C., Folta, T. B., and Woo, C., "Entrepreneurial Information Search", *Journal of Business Venturing*, 1995 (10).

②　Kirzner, LM, "Competition and Entrepreneurship", The University of Chicago Press, 1999, 38.

③　郝宇、陈芳：《我国高新技术产业集群的组织模式探析》，载于《科学学与科学技术管理》2005年第6期。

④　马毅、左小明、李迟芳：《高新技术中小公司知识产权网络互助担保融资研究——基于集群创新网络与融资创新视角》，载于《金融理论与实践》2016年第3期。

（二）模式创新

1. 同社会网络内知识产权网络互助担保模型分析

参考马毅、左小明、李迟芳的研究，本部分对同社会网络内知识产权网络互助担保存在的优势进行基础模型分析[①]。

（1）基本假设。

依据网络内成员公司是否缴纳担保保证金，将成员公司分为两类，如表 5-20 所示。

表 5-20　　　　　　　　　　知识产权网络互助担保模型基本假设

缴纳保证金公司	公司用 A_i 代表，有 A_1 到 A_m 家公司
	担保金用 a 代表，$a = \{a_{i,0}\} = \{a_{1,0}, a_{2,0}, \cdots, a_{m,0}\}$
	实际贷款担保中被使用的担保保证金为 $a_i = \{a_1, a_2, \cdots, a_m\}$
	如公司 A_i 提出了互助担保贷款申请，互助担保基金将根据其资信历史，为其提供杠杆贷款担保，杠杆放大倍数为 $r_i = (1, 2, \cdots, m)$
	因加入互助担保时进行过资信调查，申贷时，假设金融机构对其资信调查从简，假设费用为 0
	联保费用可以按照同期银行存款利率水平 $G_{同期存}$ 收取
	担保基金向内部成员收取的担保费率 $G_内$，相对于外部担保机构提供的费率 $G_外$ 满足 $G_内 < G_外$
	$P(A_i)$ 为 A_i 公司需要的贷款，且 A_i 需付出总贷款成本 $C(A_i)$
	商业银行面对的是高新技术公司时，要求的担保比率是 u
未缴纳保证金公司	公司用 B_j 代表，有 B_1 到 B_n 家公司
	如公司 A_i 提出了互助担保贷款申请，由 A 类提供联合担保，杠杆放大倍数为 $t_j = (1, 2, \cdots, n)$
	因加入互助担保时进行过资信调查，申贷时，假设金融机构对其资信调查从简，假设费用为 0
	$P(B_j)$ 为 B_j 公司需要的贷款，且 B_j 需付出总贷款成本 $C(B_j)$
	商业银行面对的是高新技术公司时，要求的担保比率是 u

[①] 马毅、左小明、李迟芳：《高新技术中小公司知识产权网络互助担保融资研究——基于集群创新网络与融资创新视角》，载于《金融理论与实践》2016 年第 3 期。

设外部公司 $Q = \{Q_s\} = \{Q_1, Q_2, \cdots, Q_h\}$，当 Q_s 进行申贷，资信调查费是 C_s，最大杠杆担保倍数是 t，金融机构对其要求的担保比率为 u。因知识产权网络互助担保网络存在着申贷优势，设 $r_i > t_j > t_s$，$(i = 1, 2, \cdots, m; j = 1, 2, \cdots, n; s = 1, 2, \cdots, h)$。

面向公司 A_i 提供担保时

（2）担保成本计算。

如 $r_i \times a_{i,0} \geqslant P(A_i) \times u$ 时，公司 a_i 使用担保基金中的自有资金，则有，

$$r_i \times a_i = P(A_i) \times u \tag{5-19}$$

则 A 的杠杆综合担保倍数为：

$$\frac{P(A_i)}{a_i} = \frac{r_i}{u} \tag{5-20}$$

A 公司综合贷款成本：$C(A_i) = [P(A_i) \times u - a_i] \times G_{内} + a_i \times G_{同期存}$ （5-21）

A_i 公司贷款的成本率计算过程是：$\dfrac{C(A_i)}{P(A_i)} = \dfrac{[P(A_i) \times u - a_i] \times G_{内} + a_i \times G_{同期存}}{P(A_i)}$

$$\tag{5-22}$$

如 $r_i \times a_{i,0} < P(A_i) \times u$，公司 A_i 向知识产权网络其他成员申请联合担保，则：

$$P(A_i) \times u = r_i \times a_i + \sum_{q=1,q\neq i}^{m} \lambda_q r_q a_{q,0} + \sum_{j=1}^{n} t_j b_j，其中 \lambda_q \in [0, 1] \tag{5-23}$$

此时，a_i 的保证金杠杆放大倍数为：

$$\frac{P(A_i)}{a_i + \sum_{q=1,q\neq i}^{m} \lambda_q a_{q,0} + \sum_{j=1}^{n} y_j} = \frac{r_i \times a_i + \sum_{q=1,q\neq i}^{m} \lambda_q r_q a_{q,0} + \sum_{j=1}^{n} t_j y_j}{u \times [a_i + \sum_{q=1,q\neq i}^{m} \lambda_q a_{q,0} + \sum_{j=1}^{n} y_j]} \tag{5-24}$$

A_i 的成本包括了自有资金的机会成本、互助基金的担保费和联保公司收取的联保费，所以：

$$C(A_i) = a_i \times G_{同期存} + [P(A_i) \times u - a_i - (\sum_{q=1,q\neq i}^{m} \lambda_q a_{q,0} + \sum_{j=1}^{n} y_j)] \times G_{内}$$

$$+ (\sum_{q=1,q\neq i}^{m} \lambda_q a_{q,0} + \sum_{j=1}^{n} y_j) \times G_{同期存} \tag{5-25}$$

其成本费率为：

$$\frac{C(A_i)}{P(A_i)} =$$

$$\frac{a_i \times G_{同期存} + [P(A_i) \times u - a_i - (\sum_{q=1,q\neq i}^{m} \lambda_q a_{q,0} + \sum_{j=1}^{n} y_j)] \times G_{内} + (\sum_{q=1,q\neq i}^{m} \lambda_q a_{q,0} + \sum_{j=1}^{n} y_j) \times G_{同期存}}{P(A_i)}$$

$$\tag{5-26}$$

面对未注入保证金的成员公司提供担保时，

如 B_j 向互助基金申请担保时，按规定，其必须提供至少一个 A 类成员的联

合担保，则有：

$$P(B_j) \times u = t_j \times y_j + \sum_{i=1}^{m} \lambda_i r_i a_{i,0} + \sum_{k=1, k \neq j}^{n} t_k b,$$

$$\text{其中} \lambda \in [0, 1], \text{且} \sum_{i=1}^{m} \lambda_i > 0 \qquad (5-27)$$

同时 B_j 的资金杠杆倍数为：

$$\frac{P(B_j)}{y_j + \sum_{i=1}^{m} \lambda_i a_{i,0} + \sum_{k=1, k \neq j}^{n} y} = \frac{t_j \times y_j + \sum_{i=1}^{m} \lambda_i r_i a_{i,0} + \sum_{k=1, k \neq j}^{n} t_k b}{u \times (y_j + \sum_{i=1}^{m} \lambda_i a_{i,0} + \sum_{k=1, k \neq j}^{n} y_k)} \qquad (5-28)$$

其公司综合成本仍然包括自有资金的机会成本、互助基金的担保费和联保公司收取的联保费，所以，

$$C(B_j) = b_j \times G_{同期存} + [P(B_j) \times u - b_j - (\sum_{i=1}^{m} \lambda_i a_{i,0} + \sum_{k=1, k \neq j}^{n} y_k)] \times G_{内}$$

$$+ (\sum_{i=1}^{m} \lambda_i a_{i,0} + \sum_{k=1, k \neq j}^{n} y_k) \times G_{同期存} \qquad (5-29)$$

其成本费率为：

$$\frac{C(B_j)}{P(B_j)} =$$

$$\frac{b_j \times G_{同期存} + [P(B_j) \times u - b_j - (\sum_{i=1}^{m} \lambda_i a_{i,0} + \sum_{k=1, k \neq j}^{n} y_k)] \times G_{内} + (\sum_{i=1}^{m} \lambda_i a_{i,0} + \sum_{k=1, k \neq j}^{n} y_k) \times G_{同期存}}{P(B_j)}$$

$$(5-30)$$

如果是公司 Q_S 提出贷款担保时，应满足：$P(Q_S) \times u = q_s \times t_s$ $\qquad (5-31)$

Q_S 的资金杠杆倍数为：

$$\frac{P(Q_S)}{q_s} = \frac{t_s}{u} \qquad (5-32)$$

其综合贷款担保成本：

$$C(Q_S) = q_s \times G_{同期存} + c_s + [P(Q_S) \times u - q_s] \times G_{外} \qquad (5-33)$$

Q_S 成本费率为：

$$\frac{C(Q_S)}{P(Q_S)} = \frac{q_s \times G_{同期存} + c_s + [P(Q_S) \times u - q_s] \times G_{外}}{P(Q_S)} \qquad (5-34)$$

（3）知识产权集群互助担保模式的优势分析。

资金杠杆放大倍数分析。

如 $\Phi^* = \min(r_i, t_j)$，$(i = 1, 2, \cdots, m; j = 1, 2, \cdots, n)$，则式（5-28）可以缩放为：

$$\frac{r_i \times a_i + \sum_{q=1,q\neq i}^{m} \lambda_q r_q a_{q,0} + \sum_{j=1}^{n} t_j y_j}{u \times [a_i + \sum_{q=1,q\neq i}^{m} \lambda_q a_{q,0} + \sum_{j=1}^{n} y_j]} > \frac{\Phi^* \times [a_i + \sum_{q=1,q\neq i}^{m} \lambda_q a_{q,0} + \sum_{j=1}^{n} y_j]}{u \times [a_i + \sum_{q=1,q\neq i}^{m} \lambda_q a_{q,0} + \sum_{j=1}^{n} y_j]} = \frac{\Phi^*}{u}$$

$$(5-35)$$

而式（5-28）可以缩放为：

$$\frac{t_j \times b_j + \sum_{i=1}^{m} \lambda_i r_i a_{i,0} + \sum_{k=1,k\neq j}^{n} t_k y_k}{u \times [b_j + \sum_{i=1}^{m} \lambda_i a_{i,0} + \sum_{k=1,k\neq j}^{n} y_k]} > \frac{P(B_j)}{b_j + \sum_{i=1}^{m} \lambda_i a_{i,0} + \sum_{k=1,k\neq j}^{n} y_k}$$

$$= \frac{\Phi^* \times [b_j + \sum_{i=1}^{m} \lambda_i a_{i,0} + \sum_{k=1,k\neq j}^{n} y_k]}{u \times [b_j + \sum_{i=1}^{m} \lambda_i a_{i,0} + \sum_{k=1,k\neq j}^{n} y_k]} = \frac{\Phi^*}{u} \qquad (5-36)$$

由于存在 $r_i > t_j \geqslant \Phi^* > t_s'$，且 $u \in (0, 1)$，可知 $\frac{r_i}{u} > \frac{t_j}{u} \geqslant \frac{\Phi^*}{u} > \frac{t_s'}{u}$，再结合式（5-20）、式（5-32）、式（5-35）和式（5-36）可知，公司 A_i 担保杠杆倍数 $> \frac{\Phi^*}{u} >$ 外部公司担保杠杆倍数。

公司 B_j 担保杠杆倍数 $> \frac{\Phi^*}{u} >$ 外部公司担保杠杆倍数。

（4）贷款成本分析。

因式（5-24）、式（5-26）、式（5-30）、式（5-34）具有类似的结构，即 $(p-w) \times G_内 + w \times G_{同期存} = P \times G_内 + (G_{同期存} - G_内) \times w$

因此分析三类公司的贷款成本费率，只需引入一个 $f_{(w)}$ 函数，且 $f_{(w)} = P \times G_内 + (G_{同期存} - G_内) \times w$

按照我国金融管理制度规定，可知 $G_内 < G_{同期存} < 1/2 G_{同期贷}$，同时，我国央行对同期存贷款利率的做法是指导利率乘折减系数，而通常存款折减系数 $> 1/2$ 贷款折减系数，即 $G_{同期存} > 1/2 \times G_{同期贷}$ 所以 $(G_{同期存} - G_内) > 0$，从而使得 $f'(w) > 0$，即 $f_{(w)}$ 单调递增。

比较式（5-22）和式（5-34），鉴于知识产权网络互助担保网络内部公司具有比外部公司更高的杠杆担保放大倍数，所以 $X_i < Q_S$，此时 $f_{(w)}$ 有：

$$\frac{q_s \times G_{同期存} + c_s + [P(Q_S) \times u - q_s] \times G_外}{P(Q_S)} > \frac{q_s \times G_{同期存} + c_s + [P(Q_S) \times u - q_s] \times G_内}{P(Q_S)} >$$

$$\frac{a_i \times G_{同期存} + c_s + [P(Q_S) \times u - a_i] \times G_外}{P(Q_S)}$$

可知：式（5-22）<式（5-34），式（5-26）<式（5-34）且式（5-32）<

式（5－34），即公司 A_i 付出的担保成本小于公司 B_j，公司 B_j 付出的担保成本小于公司 Q_s。

2. 基于"知识产权网络互助担保＋产业链金融"的融资体系

基于"知识产权网络互助担保＋产业链金融"的融资体系如图 5－2 所示。

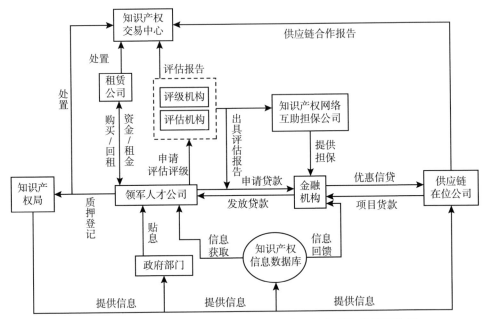

图 5－2　基于"知识产权网络互助担保＋产业链金融"的融资体系

（1）建立知识产权网络互助担保公司。

由人才管理部门会同公司协会等机构，组织科技创业领军人才公司组建知识产权网络互助担保公司，鼓励人才社会网络组员积极出资成立彼此帮助担保基金，并将基金进行封锁运作，在基金的基底上成立互助担保公司。封闭基金运作可以规避很多寻租行为，相对公平公正。这一担保公司并不以营利为第一目的，而是为了在成员公司需要中短期流动资金周转时，提供担保保障，解决现有市场上担保公司对知识产权质押、租赁、信贷等模式不积极的困境。这一担保公司基于成员公司互助互惠，公正公平为基本原则，由成员申贷公司提供知识产权质押，还款来源则是以知识产权网络互助担保公司，协同银行短时间的金融产品和封闭贷款运作进行一笔或额度授信担保融资，为成员申贷公司提供短期流动资金贷款担保[1]。

在成立并进入这个担保网络时，为避免"劣币驱除良币"而导致互助单位主

---

① 马毅、左小明、李迟芳：《高新技术中小公司知识产权集群互助担保融资研究——基于集群创新网络与融资创新视角》，载于《金融理论与实践》2016 年第 3 期。

体资质泛滥，需要严格资格审查制度，对申请公司的资产状况、技术持有情况、信用评级等进行重新评估，并采用保荐人制度，要求由两个或两个以上现有成员进行保荐，并经 2/3 以上的全体成员通过，方可进入互助网络。综合来看，这种模式，既可以缓解市场担保公司因知识产权不易评估等原因而不愿意担保的困境，又有利于提高网络成员的合作互助度，不断升级网络的信息交流度，加强网络守信度和监督程度。

（2）建设知识产权供应链金融。

知识产权质押供应链金融，是知识产权质押与租赁担保作用下的供应链金融形式，具体而言，是在供应链链条中，申请质押或租赁知识产权的公司以供应链中在营项目（申请融资的公司与供应链中的在位公司之间的合作项目）的未来收益为偿还贷款来源①。在这个模式中，银行和租赁公司对授信公司的信用评级相对宽松，但是同时对在位公司的发展状况和在营项目的真实运作十分关注，也就是以某一笔或打包的几笔在营真实业务流为基础，以申贷公司的知识产权为依据，形成一种新的金融模式。由于供应链金融交易事务的运营，事实上是以对供应链的物流、资金流和信息流的充足了解和把握为根本条件的，进而融资公司的信用程度相较于传统模式评定的高②。

在这一模式中，破解了申贷公司信用级别低等困境，通过捆绑在位公司，增加了知识产权质押的渠道。但是在位公司也在提供交易货款给银行或担保公司的基础上，享有金融机构的优惠信贷，这样才可能激活在位公司的动力。若在位公司发生不按期支付货款或其他违约行为，则对整个金融链条造成冲击，因此对在位公司的信用评级则相对更加重要。如果在位公司和申贷公司处于同一社会网络中，则可以大大增加守信度和监督机制。

（3）互助担保与供应链金融相结合。

通过基于"知识产权网络互助担保 + 产业链金融"的融资体系，可以看出基于这一模式，依靠知识产权网络互助担保和产业链金融，对传统的知识产权质押担保融资、知识产权租赁融资模式进行了创新修改，同时打通了知识产权质押担保融资与知识产权租赁融资模式的传统界限。在这种框架体系下，申贷公司可以根据自身特点，选择适合自己的任一种融资模式，或者进行两种模式相结合的融资模式。

需要指出的是，虽然融入了互助担保公司和供应链金融模式，但是现在的知识产权质押和租赁模式仍不能完全依靠市场，仍旧需要政府与市场相结合促进知识产权融资模式进步。因此，在框架体系中，在申贷公司进行知识产权质押或租赁后，可根据目前国内相关规定申请政府贴息。随着知识产权融资的进一步发

---

① 白少布：《知识产权质押担保供应链融资运作模式研究》，载于《经济问题探索》2010 年第 7 期。

② 白少布：《面向供应链融资公司信用风险评估指标体系设计》，载于《经济经纬》2009 年第 11 期。

展，渠道与模式更加丰富，金融机构能获得合理利润等情况下，可以逐步推动市场机制进一步发挥作用，政府则逐步减少在这一体系中的作用。

知识产权数据库将逐渐丰富，并发挥更大的作用。不断收集知识产权的各项数据，逐步积淀并利用先进的数据挖掘技术，基于知识产权的现有属性，深度处理分析更加适合知识产权融资的模式，将对推动"智本为王"的发展更加有利。

3. 基于"知识产权网络互助担保＋知识产权池"的融资体系

（1）建立知识产权池。

知识产权在信托、证券化、期权模式上的风险相对较高，这些模式下的知识产权的估值变得更加困难。抵押贷款等传统资产的信托、证券化、期权模式中，存在捆绑资产池模式。知识产权也可以参考这一模式进行捆绑，集纳科技创业领军人才公司的知识产权进行产权池构建。笔者建议尽可能利用人才社会网络优势，建立混合型知识产权池模式，对不同领域的知识产权进行组合，做到分散风险、提升市场竞争能力的要求。

知识产权池虽然在我国尚没有退出，但是在美国等国家已经有所推动，分别根据专利、著作版权等不同知识产权的特点打包进行捆绑资产池建立。基于"知识产权网络互助担保＋知识产权池"的融资体系如图5－3所示。

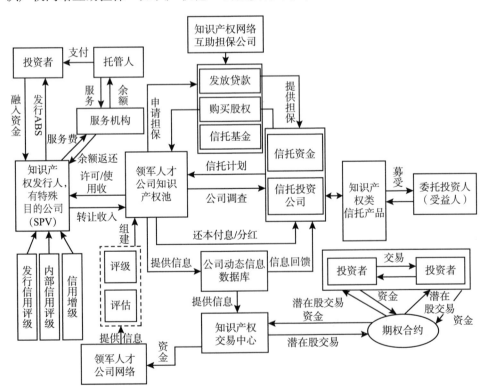

图5－3　基于"知识产权网络互助担保＋知识产权池"的融资体系

（2）知识产权网络互助担保与知识产权池相互融合。

将知识产权网络互助担保与知识产权池相互结合，可以更好地化解证券化、信贷、期权的风险，同时推动这三种模式的进一步发展。在框架体系中，打通了三种模式的传统界限，实现了公司的多种金融模式互通。

在信托模式下，在委托投资人的委托下，信托公司与担保公司相互结合，提供发放贷款、信托基金、购买股权等多种金融方式。在这一过程中，要充分调研领军人才知识产权池的详细信息，包括知识产权特点、估值、相关公司情况、捆绑打包情况等。知识产权池的这些信息同时要提供到公司动态信息库，不断丰富公司数据，为领军人才网络的建立与升级打下基础。

知识产权期权融资是对知识产权采取分门别类的评定，依据评定效果策划成整套期权合约，并在知识产权交易中心进行售卖。而公司动态信息库可以为知识产权期权融资提供更加丰富的信息，降低期权融资风险。

知识产权证券化融资分离与重组知识产权中的风险与收益要素，并将此设计为证券进行销售融资，实现了知识资本与证券资本的相互结合。领军人才知识产权池有效地破解了证券化过程中信用增级这一难题，通过信用增加实现证券化的优质销售与认购。

第六章

优化金融股权制度推进人才发展

金融正逐步转变为主导技术创新的重要力量，高技术与金融结合可以爆发出惊人的"杠杆"双面效应，在"资本为王"过渡到"智本为王"的社会过程中，应该逐步将金融科学高效地围绕人才进行合理配置。要想激活科技创业领军人才活力，就需意识到科技创业领军人才最关心自己创办的企业能否科学融资。这就需要首先探讨中国科技企业的金融股权产品与服务的优势与不足，发现束缚科技型人才与企业融资的关键问题，并据此提出解决建议。因此，本章围绕这一思路开展研究。

第一节　科技企业金融股权产品与服务现状探析

过去，中国科学家长期沿着他人的创新基础来进行研究；而今，随着科研实力的整体跃升，中国进入了一个颠覆性创新、源头创新逐渐涌现的时期；中国科技已经步入强国之列，达到了世界科技创新中心的边缘（国家自然科学基金委主任杨卫，2016）。但是我们看到如此丰富的科技创新成果，很多没有跨越科技成果转化的"死亡峡谷"，其中一个重要影响因素就是融资渠道、融资方式供给不足。因此，本部分站在科技创业领军人才的视角，研究以金融为中介手段，推动人才和人才创办企业的发展。同时，因这些人才与企业都具有较强的科技创新属性，进一步聚焦研究如何创新金融股权，推动领军人才发展。

一、国际科技金融体系比较

本章对日本、韩国和中国的科技金融体系进行了梳理和分析。

（一）日本科技金融体系

日本建立了较为完善的科技金融支持体系，包括企业支持系统、人力资源培训与咨询体系、金融机构和各类扶持组织，如图 6 - 1 所示。

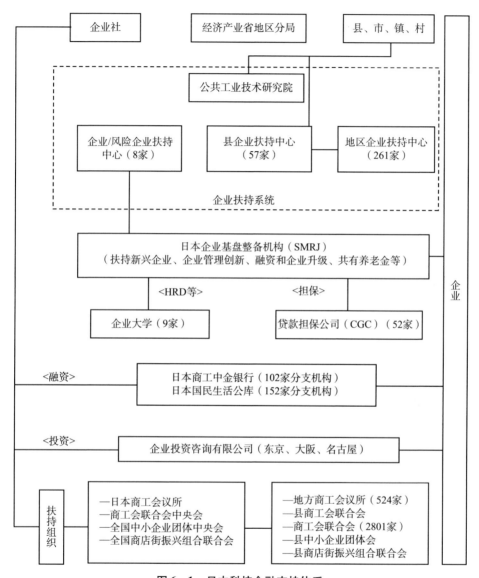

图 6 - 1　日本科技金融支持体系

　　企业支持系统属于政府公益行为，包括公共工业技术研究院、企业/风险企业扶持中心、县企业扶持中心、地区企业扶持中心。这些企业支持中心为企业提供公共研发平台、公共实验平台、关键技术咨询、金融风险咨询及各类政策咨询服务。全方位帮助各类企业稳健成长。

人力资源培训与咨询体系包括企业大学及多家企业投资咨询有限公司。在企业支持系统基础上，进一步满足公益服务无法满足的增值服务。与企业支持系统相辅相成。

扶持组织分为全国和地方两级。全国性扶持组织包括日本商工会议所、商工会联合会中央会、全国中小企业团体中央会、全国商店街报兴组合联合会。地方性扶持组织包括地方商工会议所（524家）、县商工会联合会、商工会联合会（2801家）、县中小企业团体会、县商店街报兴组合联合会。

（二）韩国科技金融体系

韩国对科技型企业提供了大量政府扶持，包括中央政府、韩国银行、地方政府三级帮扶体系，如图6-2所示。

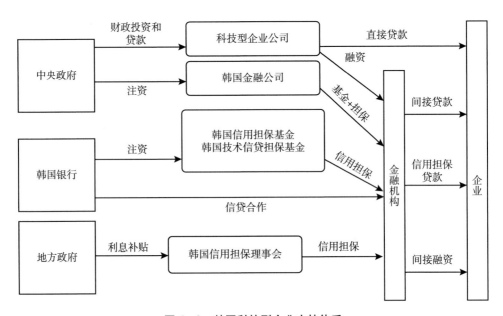

图6-2 韩国科技型企业支持体系

中央政府可以为优秀的科技型企业直接提供财政补贴和优质贷款。同时中央政府还注资给韩国金融公司，成立韩国信用担保基金和韩国技术信贷担保基金，通过基金＋担保的模式为科技型企业融资提供服务。

韩国银行是韩国的中央银行，其积极帮扶各类金融机构发展，为韩国企业融资提供了重要支撑。

地方政府不仅为优秀科技型企业提供财政补贴，还积极与韩国信用担保理事会合作，为科技型企业提供信用担保。针对科技型企业特点，设计适合这类企业的信用评级方式，合理进行信用评级。

（三）　中国科技金融体系

为了更好地扶持产业创新发展，我国制定了针对产业链不同环节的支持系统。上游主要通过建设基础研究、应用研究、重点实验室、科研院所等提供基础研发服务，同时对非共识项目、民间发明、民间技术创新积极提供帮扶。中游则围绕企业研发资助计划、技术开发、实验发展、国家和省科技项目的配套补助、技术标准研制资助计划和软件企业 CMM 认证资助计划提供具体帮扶。下游主要针对企业融资进行帮扶，包括科技贷款贴息计划、科技无息借款计划、创业投资匹配计划（风险投资）、科技龙头企业培育计划（产业细分）、创业型企业成长路线图资助计划，如图 6 - 3 所示。

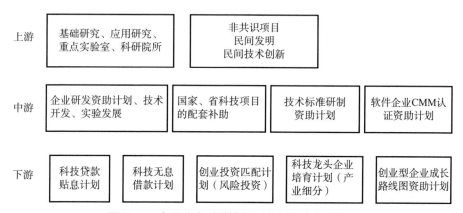

图 6 - 3　中国政府对科技创新产业链的支持体系

同时针对高新技术企业发展的不同阶段：种子期、发展期、扩张期和成熟期，设计金融支持体系。金融支持产品种类丰富，包括政府科技资助、商业银行贷款天使投资、引导基金、知识产权贷款、"新三板"、创业板、中小企业集合债、主板等多种渠道。虽然种类丰富，但是随着科技型企业的快速发展，企业提出了更多的融资需求，目前的金融支持体系仍需针对新需求、新特点进行持续动态优化，才能解决目前出现的融资难、融资慢等问题，如图 6 - 4 所示。

通过上述三个国家扶持科技型企业发展的金融体系，可知三个国家都无一例外地采取了多样化的财政补贴等政府扶持方式。除此之外，日本对企业大学这类培训咨询模式尤为关注，也建立了领先的企业大学体系。而韩国在信用担保上推出了系列举措，为解决科技型企业信用评级和担保难题提供了集成化方案。中国一直以来也致力于扶持科技型企业发展，做了大量的工作，也取得了很多成就，但与日本和韩国相比，在信用评级、贷款担保、企业培训方面还有欠缺。

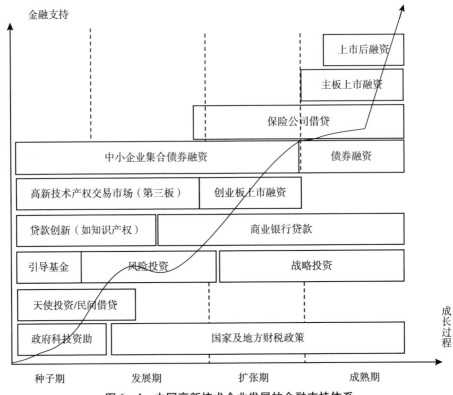

图6-4　中国高新技术企业发展的金融支持体系

二、中国各区域典型金融股权模式与产品

本部分对温州、杭州、广州三市的科技金融模式及产品进行梳理及比较。

（一）温州模式

1. 温州市科技金融体系

温州市的科技金融体系体现了中国大多数地区的科技金融体系架构，但是其民间资本尤其发达，出现了大量民间资本借贷中心，甚至有时取代了其他金融机构对企业的支持。

2. 温州市科技金融服务与产品

本部分根据产品、参与方、优势和劣势四个方面对温州市科技金融服务与产品体系进行梳理介绍。其中产品主要包括：专业担保公司担保贷款、政府支持项目融资、企业联保互助贷款、联保金贷款、互保金贷款、行业协会和商会会员贷款及中小企业集合债。每一类型产品都满足了企业的不同需求，也具备不同的优势和劣势。例如，专业担保公司担保贷款的优势是：担保物范围大，可以是房产、

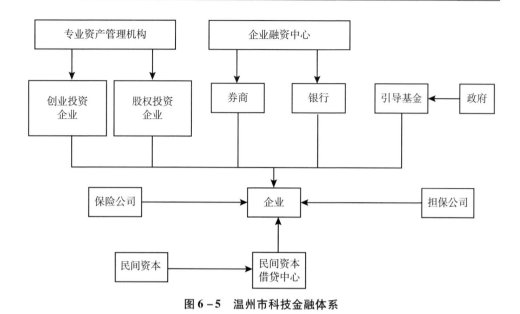

图 6 - 5　温州市科技金融体系

设备、股权甚至是信用，可以有效放大融资倍数。但是其也具备明显的融资费用高这一劣势，如表 6 - 1 所示。

表 6 - 1　　　　　　　　　　　温州市科技服务与产品

产品	参与方	优势	劣势
专业担保公司担保贷款	银行、小规模企业	担保物范围大，可以是房产、设备、股权甚至是信用；放大融资倍数	承担额外的担保费用，融资费用高
政府支持项目融资	科技局、财政局、政府战略行业	获得政府支持（贴息、贴保费、杠杆贷款），降低融资成本；担保方式灵活，杠杆贷款可放大融资倍数	门槛高、政府审核严格
企业联保互助贷款	银行、少数彼此信任的企业联保小组	范围广泛，不限行业、规模等；实现高额信用增信；融资成本较低	彼此担保的企业之间高信任度
联保金贷款	政府银行、成长型中小拟上市企业	企业准入门槛高，政府对企业资质审核严格	门槛高，政府审核严格
互保金贷款	财政局、大规模民营企业	担保方式灵活，获得政府信用增信；期限长，可达 3～5 年	门槛高，政府审核严格

续表

产品	参与方	优势	劣势
行业协会、商会会员贷款	协会、商会、优质园区企业	实现高额信用增信	企业须得到各方认可；可能承担额外的融资费用
中小企业集合债	规模型规范企业	融资时间长、锁定融资成本；直接债市融资，实现信用增信，提高企业知名度	发债流程较长；对企业资质审核较严肃

（二）杭州模式

因为温州市金融体系模式代表了大多数区域的金融体系，杭州模式里主要介绍杭州市高新企业的科技金融运行模式，从另外一个视角观察科技金融的发展状况。

1. 杭州市高新企业科技金融运行模式

为了更好地支持高新企业发展，杭州市专门设置了杭州银行高新支行和杭州科技银行，为高新企业提供特色金融服务。高新园区的企业在土地和租金、利息补贴、信用评估担保等方面都享有优惠，如图6-6所示。

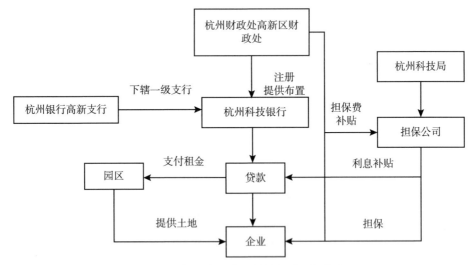

图6-6 杭州高翔企业科技金融运行模式

2. 杭州市科技金融体系

为了更好地支持高新企业发展，杭州市还设计了系列针对高新企业的金融产品，包括政策性拨款预担保贷款、房产抵押特殊服务、应收账款质押、知识产权质押贷款、合同能源管理贷款、期权贷款、租金贷、跟进保证贷款等，如表6-2所示。

表6-2　　　　　　　　　杭州市高新企业科技金融服务与产品

产品	金额	期限	担保方式	特点
政策性拨款预担保贷款	政府补助资金5折起	最长期限1年，补助资金到位用于归还贷款	担保公司担保，实际控制人连带责任	有政府补助资金就可申请贷款，无须其他担保方式
房产抵押	房产评估金额全额	最长期限1年	房产抵押，实际控制人连带责任	实现房产100%足额抵押不打折，操作快捷，费用优惠
应收账款质押	应收账款或其他可预见的未来现金流7折以内	最长期限1年	应收账款或其他可预见的未来现金流质押，实际控制人连带责任	应收账款确认方式灵活，其他可预见的未来现金流形式多样
知识产权质押贷款	知识产权评估金额3折以内	最长期限1年	知识产权质押，实际控制人连带责任	依据质物及企业还款能力灵活选择操作模式；根据知识产权质物的不同细分为发明专利权质押贷款、实用新型专利权质押贷款、商标专用权质押贷款、牌权质押贷款四大产品
合同能源管理贷款	根据项目节能收益5~7折以内	流动资金贷款最长期限1年，项目贷款最长期限5年	合同能源管理项目的节能收益质押，实际控制人连带责任	盘活合同能源管理企业沉淀资金，方法灵活
期权贷款	根据企业估值及盈利情况确定	最长期限1年	第三方机构担保，实际控制人连带责任	企业以股权换取资金加快企业发展，实现双方共赢
租金贷	不超过2年租金总额	最长期限2年	实际控制人连带责任	提高企业资金使用效率
跟进保证贷款	创投投资金额50%以内且不超过1000万元	最长期限1年	杭州高科技担保有限公司担保，实际控制人连带责任	股权、债权相结合，银行、担保公司、风投运作加快企业发展

（三）广州模式

在了解了温州市金融体系和杭州市高新企业金融体系运行模式的基础上，进一步树立广州市金融服务机制，以此更好地了解国内现有金融产品和服务的发展情况。

1. 广州市科技金融服务机制

为了更好地为高新企业提供融资服务，广东省科技厅成立了科技型高新企业投融资服务中心，广州市的高新企业可以通过广州市科技局，向科技型高新企业投融资服务中心提出申请，符合条件的企业将获得特别提供给高新企业的低息贷款。同时，广东省科技厅缴纳风险准备金给银行作为担保，银行由此与担保公司合作，为科技厅批准的企业提供低息贷款。除此之外，还通过开发评审组组织评审、专家管理组组织评审、贷款审议组组织审议等系列评审，准许企业加入信用协会，为后期享受更好地信贷服务打下基础，如图6-7所示。

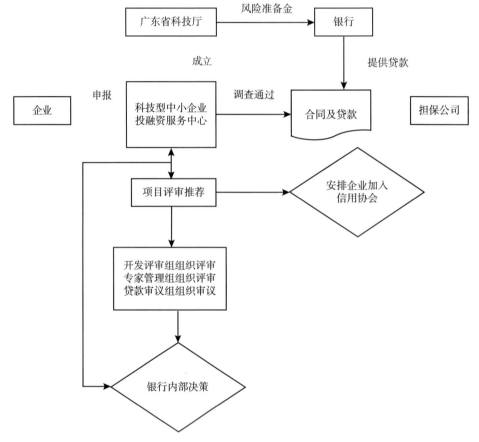

图6-7　广州科技金融服务运作机制

2. 广州市科技金融服务与产品

在温州和广州科技金融服务产品之外，广州市还提供了系列风险补偿服务，包括补偿科技信贷专营机构贷款投放风险、补偿融资性担保机构开展贷款担保风险、补偿保险公司开展融资型保险业务风险、补偿科技型企业贷款利息。同时积极推出新的金融业务产品模式，鼓励开展科技金融创新，如表6-3所示。

表6-3　　　　　　　　　　广州市科技金融服务与产品

服务	特点
补偿科技信贷专营机构贷款投放风险	对通过银行审贷程序的项目，按照科技厅与合作银行的合作协议，协助科技厅为其推荐的科技项目提供贷款额5%的风险准备金
补偿融资性担保机构开展贷款担保风险	担保风险补偿资金用于扶持不向企业收取保证金并符合国家及省市相关条件的融资性担保公司，担保机构每年在高新区对中小科技企业贷款担保实际代偿损失给予一定比例的损失补偿
补偿保险公司开展融资型保险业务风险	鼓励保险公司利用贷款保证保险等融资型保险业务帮助高新区企业获得银行融资，对保险公司和科信贷专营机构合作开展该类保险业务，当年度总理赔损失超过年度总保费一定比例的部分，由风险补偿资金池给予一定比例的补贴
补偿科技型企业贷款利息	中小企业获得银行贷款后，按实际支付利息金额的一定比例给予贴息支持
鼓励开展科技金融创新	开展新的金融业务产品模式，为中小企业提供有效的融资服务，如合同能源管理等

三、融资障碍分析

为深入了解科技创业领军人才及其创办企业发展情况，及其在融资过程中有哪些问题，对融资的典型需求，笔者对国内领军创业人才展开了深入调研。

（一）基于小样本调查的融资主要障碍分析

根据扎根理论访谈，我们总结出融资中提出的主要障碍，如表6-4所示。

表6-4　　　　　　　　　　　融资障碍分析

序号		主要障碍	提及率（%）
1		缺乏针对高科技企业特性的融资模式	35
2		科技型企业缺乏可抵押的固定资产	68
3		无形资产融资渠道少	72
4		知识产权融资难	78
5	融资渠道	流动资产融资难	52
6		股权融资难	78
7		供应链融资难度大（包括订单、动产、仓单、应收账款、保兑仓）	38
8		融资租赁难度大	42
9		企业联保互助贷款难度大	35

序号		主要障碍	提及率（%）
10		企业信用度不高	43
11		缺失针对科技创业型人才的个人信用信贷机制	82
12	信用评级	现有信用评级制度不科学	42
13		缺乏信用担保机制	36
14		信用保险融资难度大	35
15	场内外投资	风险投资对初创企业认可度不高	52
16		不想接受大型基金并购式投资	31
17	银行贷款	贷款审批流程复杂、时间长	52
18		银行贷款关系过于重要	52
19	信息获取	没有渠道获知更多的融资方式	30
20		没有渠道接触到更多高质量投资人	30
21	其他	政府促进科技企业发展的引导基金不完善	35
22		融资利率过高	52

通过表 6 - 4 可以看出领军人才普遍在以下方面存在融资障碍：融资渠道不足、信用评级不科学、场内外投资不满足需求、银行贷款时间漫长又侧重关系、信息获取不足等。

（二）基于大样本调查的融资主要障碍

1. 调查基本情况

调查对象：科技创业领军人才

调查方法：问卷调查、现场访谈

调查时间：2016.2～2016.7

调查途径：网络问卷、电话访谈、现场访谈

调查内容：基本信息、企业需求信息、融资渠道、融资典型难题等

样本规模：有效样本 258 个

返回的 258 个样本中，企业所属区域分布如下：北京市 14%、上海市 15%、浙江省 14%、天津市 8%、重庆市 3%、江苏省 7%、湖北省 6%、湖南省 5%、河北省 2%、河南省 3%、安徽省 3%、山西省 2%、陕西省 2%、海南省 1%、黑龙江省 1%、吉林省 1%、辽宁省 1%、甘肃省 1%、内蒙古自治区 1%、新疆维吾尔自治区 1%。

行业分布如下：农业 3%、生物制药 4%、通信及电子设备 5%、智慧医疗

9%、新能源3%、信息服务业4%、新材料13%、教育13%、智慧交通3%、软件12%、文化、体育和传媒6%、化学制品5%、跨行业企业15%、其他3%。

注册资本如下：100万元以下（含100万元）43%；101万~500万元46%；500万~5000万元7%；5000万元以上2%。

2. 问卷信度分析

问卷主要包括两道题，依据扎根理论访谈得出的融资方式与融资障碍，第一题调研常用融资方式（多选题，包括8个子选项），第二题调研融资障碍（量表题，包括22个子题目），具体见附录3。

对量表题进行信度和效度分析，如表6-5所示。

表6-5　　　　　　　　　　融资障碍问卷信度及效度分析

量表	题项	Cronbach's α 系数（信度）	KMO（效度）
融资难因素	22	0.976	
第1题　缺乏可抵押的固定资产		0.978	0.921
第2题　无形资产融资制度不完善		0.995	0.943
第3题　企业信用度不高		0.904	0.833
第4题　缺失针对科技创业型人才的个人信用信贷机制		0.874	0.703
第5题　现有信用评级制度不科学		0.863	0.816
第6题　缺乏信用担保机制		0.870	0.778
第7题　信用保险融资难度大		0.802	0.840
第8题　风险投资对初创企业认可度不高		0.995	0.929
第9题　知识产权融资难		0.912	0.908
第10题　流动资产融资难		0.961	0.932
第11题　股权融资难		0.974	0.912
第12题　供应链融资难度大（包括订单、动产、仓单、应收账款、保兑仓）		0.892	0.840
第13题　融资租赁难度大		0.960	0.943
第14题　企业联保互助贷款难度大		0.910	0.900
第15题　不想接受大型基金并购式投资		0.788	0.566
第16题　政府促进科技企业发展的引导基金不完善		0.885	0.842
第17题　缺乏针对高科技企业特性的融资模式		0.934	0.906

续表

量表	题项	Cronbach's α 系数（信度）	KMO（效度）
第18题　没有渠道获知更多的融资方式		0.856	0.812
第19题　没有渠道接触到更多高质量投资人		0.976	0.914
第20题　融资利率过高		0.997	0.956
第21题　贷款审批流程复杂、时间长		0.938	0.873
第22题　银行贷款关系过于重要		0.923	0.895

　　表6-5所示为问卷量表题的信效度分析结果。一般实证研究中，信效度大于0.9表示信效度非常高，完全可以接受；信效度系数处于0.8~0.9表示信效度较高，可以接受；信效度系数处于0.6~0.8表示信效度一般，可以接受；信效度系数处于0.5~0.6表示信效度可用；信效度系数低于0.5表示不可用，即不能接受。整体问卷信度系数为0.976，信度非常高，即问卷可靠性很高；各个子题目信度系数均大于0.8，说明量表题信度较高，即各个题目调查可靠性较高。

3. 目前的主要融资方式（见表6-6）

表6-6　　　　　　　　　　　融资方式频率分析

频率分析				
多选题		响应		个案百分比（%）
		N	百分比（%）	
您进行融资贷款的渠道包括？	银行直接贷款	100	27.9	67.6
	知识产权等通过担保公司贷款	26	7.3	17.6
	股东筹借	96	26.8	64.9
	新兴众筹模式	22	5.9	14.3
	风险投资	56	15.7	37.4
	股权交易	18	5.0	12.6
	供应链融资	21	5.8	14.1
	民间借贷	20	5.6	37.4
总计		358	100.0	241.9

表 6 - 6 为此次调查对象对该题选择统计量表，可知银行直接贷款有 100 人，占 67.6%；知识产权通过担保公司向银行贷款有 26 人，占 17.6%；股东筹借有 96 人，占 64.9%；新兴众筹模式有 22 人，占 14.3%；风险投资有 56 人，占 37.4%；股权交易有 18 人，占 5.0%；供应链融资有 21 人，占 14.1%；民间借贷有 20 人，占 13.5%。

此次调查显示出一个与其他学者和研究报告关于中小型企业调查显著不同之处：领军人才企业的民间借贷比率相对低。国内关于中小型企业金融状况调查的代表报告，北京大学国家发展研究院和阿里巴巴集团于 2011 年联合调查发布《小企业经营与融资困境调研报告》指出，50% 的小企业依靠民间借贷实现融资。这一数字与笔者进行的调查相差数倍。一方面，由于报告发布年份尚在 2011 年，近几年出现了一些新的融资模式；另一方面，则更为重要，通过进一步深入访谈发现，领军人才在融资渠道的认知度上较高，他们更了解一些新发布的政策和新的融资渠道如何获取，同时他们具有较高的社会资本，这些都帮助他们获得了更多的融资渠道。

但是，通过数据分析，我们也看出融资方式仍旧更多局限于传统方式：银行贷款和股东筹借。人才们非常关注的知识产权融资、股权融资等方式没有占据较大比率，这些都是亟须拓宽的融资渠道和融资方式。

4. 主要融资障碍分析

（1）问卷调查频率分析，如表 6 - 7 所示。

表 6 - 7　　　　　　　　　　　融资障碍频率分析

题目/选项 （1~5 打分，"1"障碍最小）	1	2	3	4	5	平均分
缺乏可抵押的固定资产	8.11%	8.11%	27.03%	40.54%	16.22%	3.49
无形资产融资制度不完善	4.05%	12.16%	29.73%	39.19%	14.86%	3.49
企业信用度不高	6.76%	10.81%	20.27%	44.59%	17.57%	3.55
缺失针对科技创业型人才的个人信用信贷机制	6.76%	6.76%	27.03%	41.89%	17.57%	3.57
现有信用评级制度不科学	10.81%	2.7%	22.97%	40.54%	22.97%	3.62
缺乏信用担保机制	5.41%	12.16%	18.92%	47.3%	16.22%	3.57
信用保险融资难度大	6.76%	6.76%	20.27%	47.3%	18.92%	3.65
风险投资对初创企业认可度不高	6.76%	8.11%	29.73%	32.43%	22.97%	3.57
知识产权融资难	5.41%	8.11%	22.97%	43.24%	20.27%	3.65
流动资产融资难	6.76%	6.76%	17.57%	43.24%	25.68%	3.74

题目/选项 （1～5 打分，"1" 障碍最小）	1	2	3	4	5	平均分
股权融资难	5.41%	10.81%	18.92%	48.65%	16.22%	3.59
供应链融资难度大（包括订单、动产、仓单、应收账款、保兑仓）	6.76%	6.76%	29.73%	45.95%	10.81%	3.47
融资租赁难度大	6.76%	9.46%	27.03%	44.59%	12.16%	3.46
企业联保互助贷款难度大	8.11%	9.46%	33.78%	36.49%	12.16%	3.35
不想接受大型基金并购式投资	9.46%	18.92%	28.38%	33.78%	9.46%	3.15
政府促进科技企业发展的引导基金不完善	6.76%	10.81%	24.32%	39.19%	18.92%	3.53
缺乏针对高科技企业特性的融资模式	5.41%	6.76%	31.08%	39.19%	17.57%	3.57
没有渠道获知更多的融资方式	5.41%	9.46%	37.84%	32.43%	14.86%	3.42
没有渠道接触到更多高质量投资人	6.76%	8.11%	28.38%	37.84%	18.92%	3.54
融资利率过高	12.16%	8.11%	14.86%	43.24%	21.62%	3.54
贷款审批流程复杂、时间长	13.51%	5.41%	13.51%	44.59%	22.97%	3.58
银行贷款关系过于重要	9.46%	9.46%	18.92%	41.89%	20.27%	3.54

（2）因子分析。

如表6-8所示为 KMO 和 Bartlett 的检验结果。可知 KMO 的统计量为0.914，大于最低标准0.5，适合做因子分析。Bartlett 球形检验，$P = 0.000 < 0.001$，有统计学意义，拒绝单位相关阵的原假设，适合做因子分析。

表6-8　　　　　　　　　　　融资障碍问卷因子分析

KMO 和 Bartlett 的检验		
取样足够度的 Kaiser - Meyer - Olkin 度量		0.914
Bartlett 的球形度检验	近似卡方	1955.820
	df	253
	Sig.	0.000

如表6-9所示为公因子方差分析结果，每个指标变量的共性方差大部分都大于0.5，说明公因子能够较好地反映原始各项变量的大部分信息。

表6-9　　　　　　　　　融资障碍问卷公因子方差分析

公因子方差

	初始	提取
缺乏可抵押的固定资产	1.000	0.770
无形资产融资制度不完善	1.000	0.749
企业信用度不高	1.000	0.646
缺失针对科技创业型人才的个人信用信贷机制	1.000	0.690
现有信用评级制度不科学	1.000	0.759
缺乏信用担保机制	1.000	0.745
信用保险融资难度大	1.000	0.790
风险投资对初创企业认可度不高	1.000	0.736
知识产权融资难	1.000	0.749
流动资产融资难	1.000	0.791
股权融资难	1.000	0.842
供应链融资难度大（包括订单、动产、仓单、应收账款、保兑仓）	1.000	0.821
融资租赁难度大	1.000	0.757
企业联保互助贷款难度大	1.000	0.797
不想接受大型基金并购式投资	1.000	0.544
政府促进科技企业发展的引导基金不完善	1.000	0.709
缺乏针对高科技企业特性的融资模式	1.000	0.681
没有渠道获知更多的融资方式	1.000	0.763
没有渠道接触到更多高质量投资人	1.000	0.705
融资利率过高	1.000	0.717
贷款审批流程复杂、时间长	1.000	0.734
银行贷款关系过于重要	1.000	0.727

提取方法：主成分分析

如表6-10所示为主成分列表，即解释的总方差，结果显示前2个主成分的特征值大于1，它的贡献率达72.514%，故选取前2个公共因子。

表 6 - 10　　　　　　　　　　融资障碍问卷解释总方差分析

解释的总方差

成分	初始特征值			提取平方和载入			旋转平方和载入		
	合计	方差的百分比（%）	累积百分比（%）	合计	方差的百分比（%）	累积百分比（%）	合计	方差的百分比（%）	累积百分比（%）
1	15.384	66.888	66.888	15.384	66.888	66.888	9.967	43.333	43.333
2	1.294	5.626	72.514	1.294	5.626	72.514	6.712	29.181	72.514
3	0.997	4.336	76.850						
4	0.740	3.217	80.067						
5	0.635	2.760	82.826						
6	0.605	2.632	85.458						
7	0.470	2.044	87.502						
8	0.398	1.732	89.234						
9	0.373	1.622	90.856						
10	0.324	1.409	92.266						
11	0.294	1.278	93.544						
12	0.233	1.015	94.559						
13	0.218	0.949	95.508						
14	0.195	0.849	96.357						
15	0.173	0.754	97.111						
16	0.142	0.619	97.730						
17	0.116	0.506	98.235						
18	0.098	0.424	98.660						
19	0.085	0.369	99.029						
20	0.083	0.361	99.390						
21	0.064	0.279	99.670						
22	0.042	0.183	99.853						

提取方法：主成分分析

　　融资障碍问卷成分矩阵分析如表 6 - 11 所示。

　　表 6 - 11 所示为旋转前因子载荷结果。根据 0.5 原则，各项指标在各类因子上的解释不明显，为了更好解释各项因子的意义，需要进行旋转。

表 6 – 11 融资障碍问卷成分矩阵分析

成分矩阵	成分	
	1	2
	0.916	− 0.045
供应链融资难度大（包括订单、动产、仓单、应收账款、保兑仓）	0.906	− 0.007
企业联保互助贷款难度大	0.890	0.073
流动资产融资难	0.887	− 0.073
融资租赁难度大	0.870	− 0.017
知识产权融资难	0.864	− 0.039
信用保险融资难度大	0.864	− 0.210
风险投资对初创企业认可度不高	0.857	− 0.043
缺乏信用担保机制	0.855	− 0.118
政府促进科技企业发展的引导基金不完善	0.842	− 0.004
贷款审批流程复杂、时间长	0.841	0.163
缺乏可抵押的固定资产	0.838	− 0.261
无形资产融资制度不完善	0.828	− 0.252
银行贷款关系过于重要	0.819	0.238
缺乏针对高科技企业特性的融资模式	0.811	0.152
缺失针对科技创业型人才的个人信用信贷机制	0.801	− 0.220
融资利率过高	0.795	0.292
现有信用评级制度不科学	0.779	− 0.389
没有渠道接触到更多高质量投资人	0.766	0.344
没有渠道获知更多的融资方式	0.759	0.432
不想接受大型基金并购式投资	0.731	0.096
企业信用度不高	0.726	− 0.345

提取方法：主成分

已提取了 2 个成分

表 6 – 12 所示为正交旋转矩阵结果。该结果是通过最大方差法旋转得到的正交变换矩阵。

表 6 – 12　　　　　　　　　融资障碍问卷成分转换矩阵分析

<table>
<tr><th colspan="3">成分转换矩阵</th></tr>
<tr><th>成分</th><th>1</th><th>2</th></tr>
<tr><td>1</td><td>0.785</td><td>0.620</td></tr>
<tr><td>2</td><td>− 0.620</td><td>0.785</td></tr>
</table>

提取方法：主成分

旋转法：具有 Kaiser 标准化的正交旋转法

　　如表 6 – 3 所示为旋转后的因子载荷结果。经过旋转后，指标现有信用评级制度不科学、缺乏可抵押的固定资产、信用保险融资难度大、无形资产融资制度不完善、企业信用度不高、缺失针对科技创业型人才的个人信用信贷机制、股权融资难、缺乏信用担保机制、流动资产融资难、供应链融资难度大（包括订单、动产、仓单、应收账款、保兑仓）、知识产权融资难、风险投资对初创企业认可度不高、融资租赁难度大、政府促进科技企业发展的引导基金不完善、企业联保互助贷款难度大在因子 1（缺乏可抵押的固定资产）上有较大载荷。其他指标在因子 2（无形资产融资制度不完善）上有较大载荷。可命名因子 1 为融资难因素 1，因子 2 为融资难因素 2。

表 6 – 13　　　　　　　　　融资障碍问卷旋转成分矩阵分析

<table>
<tr><th rowspan="3">旋转成分矩阵[a]</th><th colspan="2">成分</th></tr>
<tr><th>1</th><th>2</th></tr>
<tr><td>现有信用评级制度不科学</td><td>0.853</td><td>0.178</td></tr>
<tr><td>缺乏可抵押的固定资产</td><td>0.819</td><td>0.315</td></tr>
<tr><td>信用保险融资难度大</td><td>0.808</td><td>0.371</td></tr>
<tr><td>无形资产融资制度不完善</td><td>0.806</td><td>0.316</td></tr>
<tr><td>企业信用度不高</td><td>0.783</td><td>0.180</td></tr>
<tr><td>缺失针对科技创业型人才的个人信用信贷机制</td><td>0.765</td><td>0.324</td></tr>
<tr><td>股权融资难</td><td>0.747</td><td>0.533</td></tr>
<tr><td>缺乏信用担保机制</td><td>0.744</td><td>0.437</td></tr>
<tr><td>流动资产融资难</td><td>0.741</td><td>0.493</td></tr>
<tr><td>供应链融资难度大（包括订单、动产、仓单、应收账款、保兑仓）</td><td>0.715</td><td>0.557</td></tr>
<tr><td>知识产权融资难</td><td>0.703</td><td>0.505</td></tr>
<tr><td>风险投资对初创企业认可度不高</td><td>0.699</td><td>0.497</td></tr>
<tr><td>融资租赁难度大</td><td>0.693</td><td>0.526</td></tr>
</table>

续表

旋转成分矩阵[a]		
	成分	
	1	2
政府促进科技企业发展的引导基金不完善	0.663	0.519
企业联保互助贷款难度大	0.653	0.609
没有渠道获知更多的融资方式	0.328	0.810
没有渠道接触到更多高质量投资人	0.388	0.745
融资利率过高	0.442	0.722
银行贷款关系过于重要	0.495	0.694
其他	0.027	0.676
贷款审批流程复杂、时间长	0.559	0.650
缺乏针对高科技企业特性的融资模式	0.542	0.622
不想接受大型基金并购式投资	0.514	0.529

提取方法：主成分

旋转法：具有 Kaiser 标准化的正交旋转法

a. 旋转在 3 次迭代后收敛

　　根据上面分析可知，科技型人才及企业往往属于轻资产企业，富含丰富的科技创新成果：软件著作权、专利等无形资产，却相对缺少厂房、机器等固定资产。而现有的多数融资制度，却还遵循着传统融资抵押、担保和信用评级方式，对固定资产较为青睐，却忽视了针对科技型人才及企业发展的无形资产融资渠道与方式。这将是本章后面几节重点解决的问题。

四、基于"企业生命周期+市场地位"的融资障碍解决模式设计

　　经过总结可知在不同发展阶段，企业具备不同的融资诉求，应根据个性化诉求进行融资模式再设计，如表 6 - 14 所示。

表 6 - 14　　　　　　　　不同发展阶段的融资规模与融资策略

发展阶段	融资规模	融资策略
初创期	企业产品处于研发阶段或市场开拓阶段，因而其市场占有率较低，拥有的资产规模较小，无盈利记录和抵押能力。这一状况决定了此阶段其对资本需求相对较小，因而其融资需求的规模也较小	内源融资＋天使投资＋政府扶持资金：初创期的企业很难从商业银行获得资金，也不易获得风险投资，企业主要依靠所有者的资本投入，也可以寻求天使投资或者政府扶持资金

续表

发展阶段	融资规模	融资策略
发育期	虽然企业产品开发已经有了一定的进展，但要使产品开发趋于成熟并得到认可还需要投入大量的资金，因而其对资金的需求相应地增大	具备了吸引风险投资的条件，视公司发展状况，风险投资从小到大分期投入，资金风险可控，从而降低了融资的风险和成本
成长期	企业产品得到市场认可，使其产品销售得到迅速增长，市场占有率的迅速提高给企业带来了高额的利润回报，此时要求企业的生产能力不断增加，资本扩充成为这一时期企业发展的内在需求，因而其融资的需求程度及其规模扩大成为企业成长阶段融资需求的重要特征。但此时可支配利润的再投资在一定程度上降低了融资需求	债权融资比重上升，包括中小企业打包贷款，企业债券融资等。由于企业市场风险和管理风险较大，不一定符合资本市场直接融资的要求，因此股权融资比重还很小
成熟期和衰退期	产品的市场需求进入相对饱和阶段，资本求规模的增加速度也将放缓甚至下降	商业银行贷款＋股权融资＋改制上市＋发行债券
整体评价	先递增后递减的变化趋势	每一步都需要不同的融资策略

资料来源：谈毅：《上海科技金融产品与服务创新研究》，上海交通大学出版社2015年版，第46页。

通过前面的叙述，可知金融渠道和产品是一个庞杂的体系，各种创新也不断涌现。需要特别指出的是，本部分设计未涉及全部金融机构，也没有囊括场外、场内方方面面，仅针对调研出的领军人才的面临的融资障碍和需求，结合企业生命周期和市场地位进行设计，并作为本章后续小节的重要研究内容。

当科技创业领军人才创办企业初期，这一企业作为新兴企业在市场中萌芽发展，未来走势尚不明显，此间具备的最大优势通常是领军人才保有的高质量知识产权，但是当下知识产权融资中，遇到的典型问题，包括：无形资产评估难、担保困难、方式少，应针对这一期间的特点与需求进行知识产权融资创新。这部分研究将在知识产权一章进行详细论证。

随着企业的发展，企业进入高速发展阶段，业绩逐渐提升，却也需求更多的资本量，靠知识产权融资获取的资本显然已经不能满足企业需求，但是此间企业可能还不具备独立发行企业债券的资质，陷入了高速发展和资本告急的显著矛盾之中。为破解这一难题，可以将领军人才创办企业进行捆绑，发现企业集合债，这样可以破解独立企业信用评级不高等难题，同时引入市场机制进行资本吸附和撬动，推动集合债的良性发展。同时要充分考虑现有集合债中的发行和推广困境，设计针对领军人才企业的集合债。本章将单独在企业集合债部分进行此部分论证。

上述阶段中后期，企业业绩指标和发展持续力得到市场认可，则可以独立进入场外市场挂牌，并上板交易，以此在区域市场或全国三板市场内发行股票，比企业债获得更强流动性的资本交易。本章将单独在场外交易市场进行此部分论证。

随着高速发展，企业凭借领先技术优势和大量优质客户群体，晋升为产业内在位企业，此间拥有资质，进入场内市场，更大范围地借助资本市场，进一步发展企业。因为进入场内交易的企业，均遵守同一规则、同一流程、同一方式，且研究成果尤为丰硕，本章不再对此进行单独论证。

除了上述这些，科技保险贯穿始终，科技保险对提高技术创新具有重要作用，尤其是领军人才创办的企业，通常会在技术创新上比其他企业更有持久力，如何进一步激发和鼓励它们进行深入创新，并带动整个社会走向"智本为王"，形成创新社会，不惧失败是个重要议题，而科技创新可以在此期间发挥重要作用，因此，本章将针对此部分进行单独论证。

综合分析图6-8，可知设计阶段中没有设计天使投资和VC风险投资，并不是这些内容不适合领军人才企业进行融资，而是因为这类融资往往更与社会资本相关，而领军人才在社会资本保有上往往比普通企业创业人更有优势，他们拿到天使投资和风险投资的机会要高很多，因此，没有针对这一部分进行再设计。

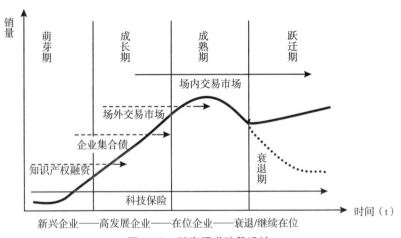

图6-8　融资渠道阶段设计

注：图中箭头线段中，实线部分表示对该融资模式的依赖度高，虚线则表示依赖度相对低。

第二节　科技创业领军人才区域股权交易市场优化研究

在国际社会中，场外交易市场已然不是新鲜事物，成长并进步已然逾三百年。因为场内证券交易市场的各种限制，大多数中小企业并不具备场内交易资格，更多依赖场外交易市场进行融资。在中国，包括区域股权交易市场在内的场外交易时间尚短，显然现在结构不够丰富的资本市场体系已经不能满足企业融资需求。总体而言，场外市场得到了成长与进步，却也在成长历程中遇到了多种问题，影响了中国场外交易市场的建立速度和质量。本部分站在"智本为王"视角下，提出"以人为本"建立区域股权交易的高端人才板，为科技创业领军人才及高端人才服务。

一、区域股权交易市场内涵及作用

（一）区域股权交易市场内涵

参考美国场外柜台交易系统（OTCBB）官方网站给出的概念界定，区域股权交易市场（Over-the-Counter Markets，OTC），又称柜台交易或店头交易市场，是指在证券交易所外的，为达成特殊融资主体的融资需求和投资主体的流动性需要，而依赖于一定的规范计划进行的证券发行与证券买卖行为的全部证券交易市场的统称。[①] 其组织方式主要采取做市制。国际上有名的 OTC 市场包括美国的纳斯达克市场（NASDAQ）、场外证券交易行情公告榜（OTCBB）、粉单市场（Pink Sheets）以及中国台湾的兴柜市场（Emerging Stock）等[②]。

中国资本市场实践，正处在从单一化扁平式发展向立体化多层次资本市场的重要过渡时期，如何在构建场外市场的情况下，完成多层次资本市场的整体统一构建与发展是中国资本市场的重要问题。[③] 同时，准确把握经济发展趋势与规律，认清"智本为王"的社会转型发展方向，借鉴先发国家多层次资本市场发展经验与教训，积极建设并完善"人才板"等区域股权交易市场，在构建资本市场整体体系的同时，不断拓宽中小企业融资渠道，破解企业发展中的资金供求悖论，促进人才与其创业企业的稳健发展[④]。

（二）区域股权交易市场作用

区域股权交易市场为化解中小企业融资难题发挥了重要作用：

第一，在中小企业进入不了场内市场交易，又不断具有融资需求的情况下，

---

① 李学峰、秦庆刚、解学成：《场外交易市场运行模式的国际比较及其对我国的启示》，载于《学习与实践》2009 年第 6 期。

② 张元萍、蔡双立：《境外柜台交易市场分析及对我国的启示》，载于《北京工商人学学报》2008 年第 3 期。

③ 邹德文、张家峰等：《中国资本市场的多层次选择与创新》，人民出版社 2006 年版，第 242～265 页。

④ 李学峰、徐佳：《场外交易市场与中小企业互动效应的实证研究——以美国 OTCBB 市场为例》，载于《经济与管理研究》2009 年第 9 期。

提供了区域股权交易渠道，为中小企业融资拓宽了融资渠道。

第二，区域股权交易市场中建立了一套评价体系，能够对包括初创期在内的中小企业资产（包括有形资产与无形资产）进行价值与风险评估价值，为各类风险投资者开启了相对完善的退出途径。

第三，区域股权交易市场为不可以或暂时不可以到证券交易所上市交易的股票开启顺畅让渡的渠道，为不可以在主板市场上市的股份开辟了流通的通道。

第四，区域股权交易市场作为资本市场的重要组成部分，不仅完善了整个资本市场体系，还可以促进金融产业结构调整，并根据客观需要不断倒逼金融技术发展与创新。

第五，区域股权交易市场在为中小企业开启金融途径的基础上，进一步推动了中国经济发展的活跃度、扩张度与进步性。

二、区域股权交易市场国内外研究现状分析

（一）　国际研究现状

在美国，区域股权交易（Over-the-Counter，OTC）市场是一个很大的市场，而在众多的 OTC 市场之中，纳斯达克市场无疑是美国规模最大的 OTC 市场。所以在国外，不少学者对纳斯达克市场进行了许多的探讨与分析。

从场外市场综合角度分析而言，一些研究者指出了场外市场的地位界定和所需技术。例如，米歇尔（Michael J. Simon，1993），罗伯特（Robert L. D. Colby，1993）分析了跨度两个世纪的场外市场交易，指出随着金融结构改良，投资者对区域股权交易的关注度和热情在上升，区域股权交易可以作为场内交易的"替代市场"。彼得（J. Peter Ferderer，2006）分析了区域股权交易市场的产生条件，指出做市商采用先进的通信设施进行交易，推动了全国范围的场外市场之间信息快速流通，打破了经纪人分割壁垒，以此降低成本和提高价格透明度。

场外市场研究中，针对纳斯达克市场的研究成果最为丰硕。哈斯布鲁克（Hasbrouck，2006）指出多个做市商共同存在时，利于股票价格透明和股票市场竞争发展。迈克尔（Michele，2014）比对分析了纽约证券交易所和纳斯达克市场交易方式的不同，指出总体而言，无论是场内交易还是区域股权交易，均对公司规模扩大有正向促进作用。孟锐（Meng Rui，2014）和王（Steven Wang，2014）对比了美国纳斯达克市场和亚洲区域股权交易市场，指出虽然存在区域分割，但是美国纳斯达克对亚洲区域股权交易市场存在着关联影响，通常导致价格波动溢出，而收益却产生滞后。

此外，还有一些其他方面的研究，例如，针对市场转板研究，其中较为典型

的代表研究如尤曼（Yuman Tse，2014）和艾瑞克（Erik Devos，2014）研究了美国证券交易所（AMEX）与纳斯达克（NASDAQ）之间转板，指出股票转到纳斯达克市场后，机构投资者数量所有增长。也有针对成本和流动性视角的分析，吉姆斯（James，2013）指出电子竞价技术降低了交易成本，增加了纳斯达克交易流动性。吉姆斯（2003）则对于纳斯达克市场的竞价体制和市场股票交易流动性进行了探究，证明电子竞价的方式可以适当地减少交易成本从而使得纳斯达克市场的交易流动性大大增加。达雷尔（Darrell Nieo，2015）基于价差的分析，剖析了搜寻成本和议价的非流动性对资产价估值的影响。

总体而言，国际社会关于区域股权交易市场的研究成果很多，实践也取得了系列成功经验和失败教训。如何降低交易成本、增强信息流动性、多个市场之间的转板交易、股票价格波动和风险控制都是目前的研究特点。

（二）　国内研究现状

对国际区域股权交易市场进行研究。这些研究包括单个案例的剖析、多个案例的比对研判（胡海峰，2010；罗惠良，2012；赵炎，2014 等）；交易制度和模式的具体分析（郑红梅，2007；刘静静，2008；吴世飞，2012；严伟，2013等）；针对具体市场的研究，如纳斯达克市场、粉红单市场、公告牌市场等（李翼峰，2005；郎莹梅，2006；李学峰、徐佳，2009；杜洪瑞，2013；王奇，2014等）。通过这些研究和分析，为中国场外市场成长进步介绍了丰富履历和启示。

对中国区域股权交易市场进行定位于功能剖析。例如，蔡双立和张元萍（2008）指出 OTC 市场是中国多层次资本市场构成的主要因素，在完备资本市场效能层面发挥了促进经济增长、扩大就业、改善风险退出渠道等作用。刘恒（2013）在研究重庆区域股权交易市场时指出，OTC 市场还有降低融资成本的作用，同时对区域性经济发展具有较大促进作用。

针对区域股权交易市场构建与结构分序进行研究。吴晓求（2004）认为：资本市场要求高度的透明度，层次太多了也不好，实际上有两三个就够了。一个主板市场、一个产权交易市场、一个新三板市场就够了。李学峰（2009）指出中国区域股权交易市场建设应分层次性，设计了先高端建设引领，随后低端市场孵化跟进的具体路径。钟冠华（2012）则提出在目前全国统一性区域股权交易市场尚未形成的情况下，应该采用全国性与区域性市场双层递进式结构进行建设。李学峰、秦庆刚和解学成（2013）在分析的大量国际经验的基础上，指出中国的区域股权交易市场应构建以政府为主体并引导多方共同参与的体制。石森昌（2014）提出了中国多层次资本市场体系构建战略建议。

对于交易机制的系列研究。周高见（2006）通过比较主板市场与区域股权交易市场进行了比较分析，指出将做市制度引入区域股权交易市场，可以促进资本流动并提高信息透明度。董瑞华和王品（2010）分析了竞价交易形式和做市商交易形式，建议建设混合型交易制度。清科（2013）比较了天津股权交易所和中关村股权交易服务集团两个区域股权交易市场的交易机制和运作方式。文宗瑜（2016）建议完善具有条件的非上市公司的股份可以在产权交易市场内对于特定的对象发行股票的相关制度。

立足中国发展历史和当下国情，可以看出我国的区域股权交易市场发展相对落后，组织模式、结构层次划分、交易制度和机制都在探索中。但是，区域股权交易对中国中小企业发展的重要作用得到了普遍认可和重视，各方也在积极研究与实践着区域股权交易市场建设的各项工作。

三、中国区域股权交易市场实践分析

本部分通过梳理中国区域股权的典型阶段，剖析现今存在的问题，为提出优化建议奠定基础。

（一）典型阶段介绍

股份制的出现为中国场外交易市场发展奠定了基础，在 30 余年的发展过程中，可以将场外交易市场大致分为四个阶段：萌芽阶段、区域性发展阶段、全国性发展阶段、三板变革阶段①。而股份制的出现则是场外交易市场的发展的基础。

1. 萌芽阶段：柜台交易市场出现

公司股份制的出现推动了柜台交易市场的产生与发展。1984 年，上海飞乐音响刊登了"招股说明书"。这时股权有了转让的要求，投资者自发地进行了股票的转让。1986 年 9 月，"飞乐"和"延中"两只股票进行挂牌交易。由此标志着股票二级市场的初步形成。深圳特区证券公司于 1987 年 9 月成立，从此意味着我国有组织的柜台交易市场的产生。1988 年，深圳经济特区也开始了股票的买卖。1989 年，深圳市又先后批准了 3 家有证券投资资格的公司成立证券部。之后股票市场迅速升温，股票价格升高迅速。为了降低投资风险，沪、深两地的地方政府对柜台交易的价格施行了限价的举措。1991 年，上海和深圳两大交易所先后成立，柜台交易和黑市交易自此落下帷幕。

2. 区域性发展阶段：区域证券市场出现

沪、深两地柜台交易市场的终结之后，区域证券交易市场诞生，典型代表是1993 年开始发展的成都红庙子市场。当时中国经济和股票交易都呈现繁荣状态，因此股票升值十分迅速，吸引大批投资者进行交易。红庙子市场的发展也带动了

---

① 张杰：《构建我国统一性的场外交易市场策略研究》，天津财经大学博士论文，2012 年。

国内其他区域争取市场的发展。区域性证券交易市场得到了快速发展，有效地推动了中小企业发展。

3. 全国性发展阶段：STAQ 与 NET 的发展演变

1992 年，全国证券交易自动报价系统（STAQ）被批准作为全国性法人股流通市场。在 STAQ 成立 9 个月后，中国证券交易系统有限公司（NET）于 1993 年 4 月成立。之后 STAQ. NET 被国家认可为全国性的柜台交易系统，我国资本市场发展为"两所两网"的市场构造。1993 年 4 月底到 5 月上旬，两网市场的牛市状况持续了大约 15 天。6 月 21 日，中国证监会颁布了"暂缓审批新的法人股挂牌流通"正式公告，此时两个系统已步入了下跌之路。1998 年，国家整顿非法场外交易市场，全国证券交易自动报价系统和中国证券交易系统有限公司也在被整顿的名单中。1999 年 9 月，全国证券交易自动报价系统和中国证券交易系统有限公司先后被关闭[①]。

4. 三板变革阶段：三板与四板之间的竞合

2005 年，《中华人民共和国证券法》进行了修订，在法律上为场外交易提供了发展依据。为转变中国资本市场柜台交易落伍的局势，为高新科技企业提供更多资本扶持，2006 年，北京中关村科技园区率先建立了新的股份转让系统，拉开了中国新三板市场（区别于 STAQ 和 NET，故称"新三板"）建设序幕。2008，天津市成立了天津证券交易所，也开始了新的股份转让交易活动。

实践中，仍有很多公司达不到新三板的入市要求，因此四板市场的需求和发展逐渐活跃，新三板与四板市场之间的竞合关系愈加明显，彼此相互依托，推动了中国更加丰富和完备的场外交易市场体系的构建。而四板的体制、机制，与三板的相互衔接成了研究与实践热点。

（二）　面临的问题与困境

中国场外交易市场发展的 30 余年之中，取得了一定的经验和教训，为推动中国中小企业发展起到了积极促进作用。但是，我们也客观地看到，中国场外交易市场还有很多问题与困境。历经 20 年仍未建成统一性的场外交易市场，市场缺乏统一的信息披露制度、统一的入市标准、统一的交易制度、统一的监管制度等，造成了场外交易市场运行效率低下、服务功能不能完全释放等现象。

1. 法律法规不完备

纵观 30 余年的发展历史，可知对场外交易市场的建立与关闭规定都来自各部门的"规定"与各类"通知"。而 1998 年的《中华人民共和国证券法》否定了场外交易市场的合法性，场外市场纷纷关闭整顿。2005 年对《中华人民共和

---

① 张杰：《构建我国统一性的场外交易市场策略研究》，天津财经大学研究生院博士论文，2012 年。

国证券法》进行了修订，不再否定场外交易市场，然而也未对其法律地位、市场形态、入市形态和监管制度做出明确指示。这为场外交易市场的留存提前预订了法律空间，促进了中关村、天津股权交易所的发展，却也留下了发展隐患。虽然李克强总理指出"法无禁止即可为"，但是《中华人民共和国证券法》针对场外交易市场的不够完善，仍旧制约着场外交易市场的进一步发展目标和路径。

2. 市场化程度低，风险监控水平不高

因发展时间不长、构建方式等事宜没有明确法律支持与规定，所以中国场外交易市场都是在政府引导下进行交易的，组织方式、人才配置、交易模式中，都没有充分发挥市场活力，政府主导与干扰过剩，定位模糊、审批松懈、职能模糊、责任混乱、内部构建和管制迟延，很多环节可见浓厚的行政色彩。尤其是四板市场中，因为明显的区域色彩，各区域市场之间的交易制度、组织机制、入市条件等各不相同。这些都妨碍了市场机制的正常运转，降低了市场交易效率与质量，制约了场外交易市场的发展。

长期以来，金融市场存在着市场操纵等风险，对这些风险如何监管与防控是重要问题。艾格华和吴（Aggarwal, R. K. and G. J. Wu., 2006）[1]，姜、马奥尼和梅（Jiang, G. L., P. G. Mahoney and J. P. Mei, 2005）[2]，赫瓦佳和弥安（Khwaja, A. I. and A. Mian, 2005）[3] 等的研究都指出，各类风险的存在不但干扰市场供给和需求的正常状态，而且还破坏价格公平与公正，并逐渐腐蚀投资者信心和市场公平。但是因为我国在这方面市场机制不够健全，灰色地带的存在和监管经验的不足，都造成了对风险监管的不足。

3. 信息披露制度不透明

信息披露是资本市场交易中的重要内容，这一环节将影响价格机制与交易机制的确定与修订，影响了投资者对企业真实情况的判断。基于戴德曼（Diamond, 1982）的"椰子树"模型[4]，达菲、加利亚奴和彼得森（Duffie, Garleanu 和 Pedersen, 2005）将搜寻理论运用到金融柜台交易市场，以此分析柜台交易市场上的供求均衡、买卖价差、延迟交易，研究指出搜寻成本受信息透明度影响，是裁决买卖价差和贻误交易的重要原因[5]。但是中国现在的场外交易市场信息披露制度不够透明，一方面，因为企业因各种目的，不愿意公布真正的信息，或者有

---

[1]　Aggarwal, G. J. Wu, "Stock Market Manipulations", *Journal of Business*, 2006 (79).

[2]　Jiang, G. L., P. G. Mahoney, and J. P. Mei, "Market Manipulation: A Comprehensive Study of Stock Pools", *Journal of Financial Economics*, 2005 (77).

[3]　Khwaja, A. I., Mian, "Unchecked Intermediaries: Price Main Pulation in an Emerging Stock Market", *Journal of Financial Economics*, 2005 (78).

[4]　Diamond, P., "Aggregate Demand Management in Search Equilibrium", *Journal of Political Economy*, 1982 (90).

[5]　Duffie, Garleanu & Pedersen, "Over-the-Counter Markets", *Econometrica*, 2005 (73).

意识地隐瞒某些重大信息，误导投资者；另一方面，信息披露制度不健全，对信息披露的监督、审核、责罚制度都不完善，这些都为企业不全面披露信息留下了空间。

4. 交易模式与制度需进一步优化

在交易制度不健全的情况下，交易操纵者操纵起来会具有更大的市场力（market right），从而会降低其操纵风险，提高操纵利润①。当下，中国场外交易市场中的企业产权交易可行模式不多，设计方案也有很多不科学之处，这些都影响了交易的正确价值评估。例如，很多区域的交易市场采取"信息服务、撮合成交"的业务模式，这个模式不利于合理的价格发现，降低了市场交投活跃度，也负面影响了交易告成的可能性。再例如，交易制度存在缺陷，目前我国场外交易市场主要采取做市商制度，这种制度在价格机制完善的情况下，具有促进交易等多种优势，但是一旦价格竞争不足，就给操纵价格留下了较大空间。库克，刘和梵姆（Kuk, J., W. R. Liu and P. K. Pham, 2009）指出，交易操纵行为的认定总是需要依赖于大量的事实细节推论，这些都对交易模式和制度建设上提出了更高的要求②。

四、基于科技创业领军人才的区域股权交易市场模式创新

依据金融深化理论，金融深化的中心是消除价格扭曲、结构单一和市场分割三方面的胁迫形态。区域股权交易市场作为多层次资本市场的基础层次，肩负着推动中国金融市场结构优化、落实体制机制改革的重担。为了发挥股权市场的价格发现功能，高端人才板未来成长方向必须向着规范化、标准化、证券化的价值型交易方向进步，通过体制和机制的创新，激活科技创业人才创业企业的发展潜力，推动现有区域股权交易市场成为价值型产权交易为主、可不间断性交易的、高效率的初级资本市场。

（一）建立区域股权交易市场"高端人才板"依据

基于本书上述分析，结合实际调研的情况，本部分提出建立区域股权交易市场科技创业高端人才板。但是这一高端人才板需要在全国统一顶层设计的基础下，进行区域性建设。

1. 场内交易和新三板市场不能满足众多中小企业需求

总体而言，有三类公司不满足场内交易市场和新三板市场入市条件，却满足

---

① 孔东民、王茂斌、赵婧：《订单型操纵的新发展及监管》，载于《证券市场导报》2011 年第 1 期。

② Kuk, J., W. R. Liu, and P. K. Pham, "Strategic Order Submission and Cancellation in Pre-opening Periods and Its Impact on Price Discovery: the Case of IPO Firms", Social Science Electronic Publishing, 2009, 89.

四板市场入市要求，通过四板市场可以缓解这些公司的资金压力。

第一类公司，20 世纪 90 年代开始就陆续被批准成立的股份公司，因初期中国股份制改革相关制度并不健全，改制和发展过程中或多或少出现不规范的行为，虽然经历了系列整顿，但是仍因历史原因导致规范化过程复杂而漫长。然而，这批公司里有很多公司的经营业绩又很理想，完全具备在四板进行融资的资格和发展条件。

第二类公司，因公司成立时间尚短，或者公司业务的性质，虽然经营业绩好，却不能满足新三板和场内交易的入市条件，例如，一些业务不在新三板入市范围，或者股东人数不符合要求等条件。

第三类公司，属于有限责任公司，这类公司数量较多，它们的经营发展也需要通过一个有效的平台来登记股权从而通过股权抵押进行融资，通过股权交易与转让平台引入新的资本。

2. 法律法规为区域股权市场提供了支持

《中华人民共和国公司法》和《中华人民共和国证券法》在 2005 年进行了修订之后，对区域性股权交易中心的建立和发展起到了一定的推动作用。2015年 6 月 26 日发布的《区域性股权市场监督管理试行办法（征求意见稿）》，从法律和制度角度明确了区域性股权交易中心的合法性，并对具体的地位、作用进行了规定。同时，随着中国政府执政能力的不断提高，法律制度的不断完善，可以预见，1993 年中国证券交易系统有限公司被批准建立，半个月后就颁布《证券法》进行身份否定的历史事件将不会再重演。总体而言，各项法律与政策的推出与修订，都在积极向好地推动中国区域股权交易市场的建设与发展。

3. 人才板真正体现了"为凤筑巢"

传统方式多为"筑巢引凤"，当下更强调"为凤筑巢"，如何在国际人才竞争日益白炽化的情况下，吸引人才、留住人才、发挥人才效能是极为重要的事情。传统的区域股权市场没有充分考虑高端人才的需求，不能形成"人才＋资本＋科技"的充分聚合产生合力。依靠"人才板"促进资本引诱能力、人才聚积能力、创新成果转化能力和服务辐射能力，奋力将人才板打造为区域内的引才引智平台、科技项目投融资平台、人才资本联动的国际交流合作平台、新型国际技术转移交流合作平台，实现人才工作的精准服务。

（二）　稳健推动"高端人才板"建设

因为领军人才数量相对较少，因此本部分提出的区域股权市场建立是以高端人才为对象，数量级上的上升，才能吸引更多的资本入驻。在本书完成初稿之后不久，2016 年 12 月 27 日，网络上发布了浙江省获批全国首家"国际人才板"的消息，浙江人才板将专门为国内外高端人才服务，笔者曾经思考这一节是否仍属于创新建议,抉择过是否在本书中删掉这一节,但是随后在公开信息中并没有找到关于"人才板"建设的过多资讯。因此,笔者结合区域股权市场中存在的问题,以《区域性股权市场监督管理试行办法(征求意见稿)》中提及的未来创新方向为依据,对"高端人才板"建设的具体内容提出了相关建议,期冀对"高端人才板"的建设与其他区域推广具有参考价值。

1. "高端人才板"组织结构

建议采用公司制的组织结构形式。先发社会中场外交易模式多采用公司制,这种模式可以更好地发挥市场机制的作用,不仅可以增强信息交互、完善价格发现机制,还能更好地降低交易成本、增加交易成功率与产权增值,有利于股权市场的运作和融资。虽然,中国场外交易中,政府主导和行政色彩仍非常明显,但是随着 OTC 交易机制、监管机制的不断完善,由政府主导到发挥市场机制的过渡会越来越快,只有这样,才能保障场外交易市场的健康发展。

2. 挂牌条件

除了常规条件外,如企业存续期、经营规范、主营业务突出等,"高端人才板"的挂牌条件应该更加体现人才潜力、创新力等特点,为人才企业量身定做上板条件,体现人才元素,与其他板有所区分。

责任有限公司也可以挂牌。因为高端人才往往具有较好的科技研发基础和社会网络,可以适当放宽上板条件。国家相关法律和政策并没有规定责任有限公司不可以上板,因此对于高端人才的企业可以优先放宽"股改"门槛,以此支持尚不具备股改条件,却有较大发展潜力的科技创新型企业进行融资发展,为这类非股份制中小企业打开直接融资的"闸门",给他们近距离试水资本市场的机会①。

高端人才板挂牌需要求公司董事长、总经理具有省部级以上科技类人才称号。这类人才都属于高端科技创业人才,获得了各类荣誉称呼,也往往拥有着较高水平的知识产权,在创业过程中可以网联、聚合优质资源,助力企业发展,他们创办的企业发展潜力相对较强。

3. 高端人才板服务范围

高端人才板并不仅仅是狭义的股权交易,还提供开放性的综合服务体系。综合服务内容包括如下方面:第一,突出人才优势,集聚了区域内各个部门、各个领域,关于人才、关于科技型企业的所有政策,各种政策难题都可以通过高端人才板一站式解决。第二,打造企业发展的优秀生态环境,帮助人才在全国范围内对接各种服务和资源。第三,提供特色人才培训服务,针对高端人才和企业团队的发展需求进行定制化培训服务。第四,提供各类咨询,包括法律事务、市场营销、知识产权、财务管理、人力资源等。第五,提供线上和线下同步"永不闭

---

① 全国首个区域股权市场"科技板"启动。

幕"的路演。除此之外，还可根据区域特点，提供特色服务，打造"高端人才板"完整服务链条，在这些服务基础上，和新三板进行合作，帮助高端人才板的企业孵化进入新三板。

4. 区域性股权市场与全国中小企业股份转让系统建立合作机制

《区域性股权市场监督管理试行办法（征求意见稿）》倡导区域性股权市场与全国中小企业股份转让系统（新三板）之间建立合作机制，联合探讨为企业提供服务的模式和渠道。

第一，建议"高端人才板"北京四板市场与"新三板"构建连接系统，构建集中受理、集中审核、集中挂牌、集中宣传的"四个集中"的体制。对接体系有两个优点，一是因为区域股权交易系统的区域性特点，往往存在各区域审核标准不同，如果未来区域板进行全国统一监管、桥接则难度很大，如果各区域都与新三板建立对接体系，在一定程度上就可以避免这类难题。二是"四个集中"机制，有利于高端人才板在时机成熟时顺利转板，避免二次审核的繁杂和时间延迟。

第二，借助"新三板"市场为高端人才板企业提供增值服务。这里可以包括上述提到的综合服务体系里的任一项服务内容，例如，借助"新三板"推出全国展示板，作为区域性的场外市场，四板市场限制较多，要求挂牌企业务必为当地企业，但是挂牌企业所接触应对的投资人、供应商、客户极大范围上是全国的。而依靠"新三板"市场展示"全国展示板"这样一个板块，能够将北京四板企业批量导进"新三板"展示板块，使四板企业能够在此接触应对全国的客户，因而为四板企业开辟一个高大上的展示平台[1]。

第三，通过与"新三板"合作，为高端人才板中的优秀企业申请优先转板权，借助绿色批量转板推荐通道，使高端人才板企业在资本市场成长得更迅速、更稳健、获得更高收益。

5. 采用混合型交易制度

建议实行以做市商双向报价为主，集合竞价和协商定价相结合的混合型交易体制。一方面，做市商双向报价保障了市场的兴奋度；另一方面，集合竞价和协商定价能限制做市商的报价动作，避免做市商控制价格[2]。维茨瓦赞等（Viswarathan et al.，2002）利用模型从理论上验证若做市商市场和竞价市场在不一样规模的投资者委托时有适宜的分工安排，这种混合市场比单纯的做市商市场或竞价市场好处多。国际社会中场外交易有关混合交易制度的实践和认同也很常见。

---

① 张鹏：《北京四板市场将与"新三板"联手打造中小微企业"全国展示板"》，载于《中国高新技术产业导报》2015 年 6 月 22 日。

② 董瑞华、王喆：《天交所的混合型交易制度——做市商制度在中国资本市场的借鉴和实践》，载于《产权导刊》2010 年第 1 期。

一方面，因为高端人才板上的企业多数处于创办初期或成长期，在经营模式、经营业绩上都与在位企业有较大差距，同时公司治理上也可能不够规范，这些都给投资者进行企业估值判断带来了困扰。而且中国普通投资者自身投资能力并不强，很多不具备科学投资的决策分析能力。而做市商因为长期从事场外交易，具有丰富的从业经验，其提供的各类资讯和报价可以给投资者提供参考，帮助投资者进行决策。

另一方面，做市商制度，容易造成信息壁垒和交易控制现象。通过竞价制度和议价制度的引进，则可以规避传统做市商制度的弊端。在混合交易制度中，可以采取不同时段采用不一样交易制度的策略，如采用第一次集合竞价—做市商盘前双向报价—做市商盘中双向报价—第二次集合竞价—协商定价。通过这种方式，可以既提供给投资者更多参考资讯，又避免了做市商操纵交易市场，提高了市场竞争机制。

第三节　科技创业领军人才企业集合债模式优化研究

中小企业集合债通过实现中小企业捆绑发债，降低了融资成本，拓宽了融资渠道，深受中小企业欢迎，但是在实际推广中遇到了一些难题。本节进一步结合科技创业领军人才的特点和需求，对中小企业集合债进行深入研究。

一、企业集合债内涵及作用

（一）　中小企业集合债内涵

目前，关于企业集合债尚没有统一规范性界定，根据实际情况和理论界研究，可知，在信用、规模等限制下，单一的中小企业不易取得良好的信用评级、无法经过债券市场直接发行债券开展融资的条件下，运用信用增级的原理[1]，按照"统一冠名、统一申报、统一利率、统一担保、统一评级、统一发行、分别负债"的形式发售的企业债券方式[2]。

这种方式是中国债券种类的一个发债与创新，通过"中小企业捆绑发债"的方式，不仅降低了融资成本，也缩短了融资链条，在解决中小企业融资难问题上做出了一定贡献，正在受到越来越多的企业关注，但是在实际操作中还存在着一

---

① 李彬：《论中小企业集合债》，华中师范大学博士论文，2011年。
② 郝春妹：《完善我国中小企业集合债信用增级方式研究》，河北大学博士论文，2013年。

些问题，这也是进行本节研究的起因。

（二）企业集合债作用

第一，针对中国中小企业金融融资难的症结，采用"组团"发债的模式，针对性地建设新的直接融资渠道，以期解决企业短期资金周转的系列问题。

第二，优化发债企业财务结构。运用财务杠杆的理论进行债务融资能够促进净资产收益率的增长，促进股东权益最大化。

第三，降低融资成本。通过目前发现的企业集合债，可知利率低于普通商业利率，更远低于民间借贷。

第四，具备税盾作用。发债成本在税前扣除，而股票利息是在税后扣除，由此可见，发债还具备税盾作用，降低企业综合成本。

第五，为构建更加完善的金融体系提供新的思路和发展实践，同时在信用评级、担保体系方面具有显著作用。

二、企业集合债国内外研究现状分析

国际研究现状。1958 年，迪格利安尼和米勒（Modigliani and Miller）提出了MM 理论，假设市场完美且不存在税收，则债权融资和股权融资的成本对公司而言都是相同的。MM 理论虽然经典，但是与现实存在很多不符。约翰（John A. Weinberg，1994）在研究美国中小企业发行债券时，就发现因为信息不对称的问题很严重，中小企业比大企业发行债券困难多很多，这迫使中小企业放弃发债，甚至迫不得已进行民间高额借贷。在对意大利产业集群深入调研的基础上，詹陆卡（Gianluca Baldoni，1998）提出产业集群对融资效率有着越来越高的需求，而信用担保协会可以协助担保，持续推动金融效率发展。保罗（Paul Cook，2001）深入跟踪了发展中国家中小企业金融借贷情况，发现由于中小企业缺乏可供抵押的固定资产、知识产权抵押面临系列难题、债券融资成本过高等因素，这些企业更多依赖民间借贷融资。盖特歌（Gyutaeg Oh，2005）在对韩国中小企业债资产证券化（P - CBO）探究过程中提出：韩国的中小企业在获得金融机构增信服务时面临系统困难，正规融资渠道融资成本也很高昂。为破解这些难题，韩国运行了中小企业债的资产证券化工程，当时韩国共发行了 20 期 P - CBO 产品，参与的中小企业高达 1026 家[①]。总体而言，国外研究普通支持中小企业保持一定比例的债权融资，但是应积极破解政策、制度中给中小企业融资带来的系列困难。

---

① 薛崴：《中小企业集合债：成本困境》，西南财经大学研究生院博士论文，2013 年。

中国研究现状。中国研究与推行中小企业债券比发达国家要晚。在原有制度中，中国仅仅允许国有企业发行债券。邱华柄和苏宁华（2000）针对当时发展缓慢、沦为国有企业"圈钱"工具的债券市场，提出应当建立信用评级制度，允许信用级别较高的民营企业发行企业债券。毛晋生（2002）指出当时中国的中小企业面临融资途径匮乏问题，必须尽快完备中小企业的信用评级制度，增加适应现实绩期的金融机构。院美芬等（2009）分析了单一企业主体与集合债券整体信用的关联。杨安华等（2010）进行建模和实证检验，分析了中小企业集合债的有效性。李战杰（2009）、熊小聪（2009）、邹炜（2011）在对比我国与韩国的企业集合债基础上，提出信用增级机制不完善是制约中国企业集合债发展的重要因素。蔡万科等（2011）通过总结美国、韩国等中小企业债券市场成长进步的经历和体验，总结出发行周期长、潜在成本高、介入主体欠缺积极性是阻碍中国中小企业债券市场成长进步的来源。潘永明（2012）、徐鲤（2012）均从不同视角，论证了集合债融资对中小企业的促进作用。孙德凤和曹宪章（2014）对中关村的企业集合债模式进行了深入探讨。鲍静海、郝春妹和徐丽珊（2016），对如何提高我国中小企业集合债信用增级模式进行了深入研究。总体而言，中小企业集合债在中国取得了系列进步，但是也面临着信用增级难、实践落地有障碍等系列问题，这也是本节的研究起点。

三、中国企业集合债实践分析

（一）中小企业集合债券申请与发行程序

1. 中小企业集合债与银行贷款对比（见表 6 – 15）

表 6 – 15　　　　　　　　中小企业集合债与银行贷款对比

对比项目	中小企业集合债券	中小企业间接融资
投资者深度	较广泛：保险、银行、基金等机构投资者和非机构投资者	较单一：银行
利率	市场化，受债券信用等级和企业信用等级作用，但比银行贷款低	刚性，受人民银行基准利率限制并小幅度上浮
融资成本	市场利率，但信用增级影响将引诱更多投资者，减少债券融资成本	银行利率；根本在于企业整体风险，银行贷款利率较高
融资难度	相对降低	较难
融资期限	3～5 年	对中小企业多为 1 年以内的短期借款

续表

对比项目	中小企业集合债券	中小企业间接融资
还本付息方式	到期还本付息	按照相关规定
融资规模	审批决定	受银行限制，时常规模较小
流通性	银行间债券市场流动性很高	低
是否评级	外部评级：集合整体风险和单个企业风险	银行内部评级

2. 中小企业集合债实施步骤（见表 6 – 16）

表 6 – 16　　　　　　　　中小企业集合债实施步骤

序号	主要阶段	工作内容	责任单位
1	发债计划批复	向地方政府申请，同意组织发行本次中小企业集合债券，并确定牵头单位，或组建领导小组	当地政府主管部门
2	发债企业筛选	进行发债宣讲，动员企业申请，明确挑选规范，采选适当相符发债标准的优良企业	领导小组
3	中介机构确定	明确主承销商、审计机构、信用评级机构、律师事务所，若有担保，首先明确担保机构，并签订相关服务协议	领导小组
4	申报文件准备	企业提交相关资料，审计机构对发行近三年财务报表进行审计；主承销商进行尽职考察并撰写募集说明；信用评级机构进行信用评级；律师事务所出具法律意见	领导小组统一协调企业负责提供资料各中介机构
5	上报国家发改委	申请文件上报国家发展和改革委员会。按照规定，国家发展和改革委员会应在 3 个月内作出核准或不予核准的决定（发行人及主承销商根据反馈意见补充和修改申报材料的时间除外）	主承销商
6	发行	在银行间债券市场发行集合债券	主承销商

3. 企业债券主要政策法规（见表 6 – 17）

表 6 – 17　　　　　　　　中小企业集合债主要政策法规

时间	制度政策名称
1999 实施，2016 修订	《中华人民共和国证券法》
1993	《企业债券管理条例》
2008	《关于推进企业债券市场发展、简化发行核准程序有关事项的通知》

续表

时间	制度政策名称
2010	《国务院关于加强地方政府融资平台公司管理有关问题的通知》
2010	《国家发展改革委办公厅关于进一步规范地方政府投融资平台发行债券行为有关问题的通知》
2012	《国家发展改革委办公厅关于进一步强化企业债券风险防范管理有关问题的通知》
2013	《关于制止地方政府违法违规融资行为的通知》 《国务院发展改革委办公厅关于进一步改进企业债券发行审核工作的通知》
2013	《国家发展改革委办公厅关于进一步改进企业债券发行工作的通知》
2013	《国家发展改革委办公厅关于企业债券融资支持棚户区改造有关问题的通知》
2014	《企业债券审核工作手册》
2014	《关于全面加强企业债券风险防范的若干意见》
2015	《国家发展改革委办公厅关于充分发挥企业债券融资功能支持重点项目建设促进经济平稳较快发展的通知》
2015	《国家发展改革委办公厅关于简化企业债券审报程序加强风险防范和改革监管方式的意见》

4. 企业债券发行基本条件 (见表 6 – 18)

表 6 – 18   中小企业集合债发行基本条件

项目	条件
区域	发行人为境内注册企业，A 股上市公司和 H 股上市公司除外
资金	股份有限公司净资产不低于人民币 3000 万元，有限责任公司和其他类型企业的净资产不低于人民币 6000 万元
财务状况	成立满 3 年，且能够提供最近 3 年连审财务报告（标准无保留意见），原则上不得存在模拟报表或同一控制企业合并等情形 发行人合并报表累计债券余额（含本期债券）不超过最近一期经审计净资产额（含少数股东权益）的 40% 发行人最近三年连续盈利，且最近三个会计年度实现的年均可分配利润（取"净利润"和"归属于母公司股东净利润"孰高者）足以支付债券一年的利息 已发行的企业债券或其他债务未处于违约或者延迟支付本息的状态 募集资金的投向应符合国家产业政策和行业发展方向，所需相关手续齐全。用于固定资产投资项目的，应符合固定资产投资项目资本金制度的要求，债券募集资金占项目总投资比例不超过 70%

续表

项目	条件
信用评级	城投类企业和一般生产经营类企业需提供担保措施的资产负债率要求分别为65%和75%；主体评级AA+的，相应负债率要求放宽至70%和80%；主体评级AAA的，相应负债率要求放宽至75%和85% 主体级别不高于AA-（含）的，要求提供保证担保或资产抵质押担保等增信措施； 前次公开发行的债券已募足，且未擅自改变前次企业债券募集资金的用途； 最近三年没有重大违法违规行为
时间	本期债券申报日距上次债券申报受理日已满1年

5. 原有企业集合债信用增级模式（见表6-19）

表6-19　　　　　　　　现有企业集合债信用增级模式

债券简称	金额：亿元	家数	信用评级	期限	外部信用增级	内部信用增级
07深中小债	10	20	AAA	5	担保：国家开发银行	偿债基金
07中关村债	3.05	4	AAA	3	担保：北京中关村科技担保有限公司 再担保：国家开发银行	偿债基金
09连中小债	5.15	8	AA	6	担保：大连港集团有限公司 政府贴息	偿债基金
10武中小债	2	5	A+	3	担保：武汉信用风险管理有限公司 再担保：武汉国有资产经营公司	
10中关村债	3.83	13	AA+	10	担保：北京中关村科技担保有限公司 再担保：北京中小企业信用再担保有限公司	
11豫中小债	4.9	8	AA	6	担保：河南省中小企业投资担保股份有限公司 万安阳市信用担保投资有限责任公司 郑州中小企业担保有限公司 新乡市发展投资担保有限公司 再担保：河南省中小企业信用担保服务中心风险准备金 政府贴息	偿债基金

续表

债券简称	金额：亿元	家数	信用评级	期限	外部信用增级	内部信用增级
11 常州中小债	5.08	10	AA	3	担保：常州投资集团有限公司政府贴息	定向转让
11 蓉中小债	4.2	8	AA +	6	担保：成都工业投资集团有限公司	偿债基金
12 芜中小债	4.1	7	AA	6	担保：芜湖市建设投资有限公司风险准备金	
12 扬州中小债	2.18	5	AA +	6	担保：江苏省信用再担保有限公司	
12 合肥中小债	1.75	4	AA +	6	担保：安徽省信用担保集团有限公司	
12 石开中小债	1.78	5	AA +	6	担保：中国投资担保有限公司政府贴息	
13 云中小债	4	6	AA +	3	担保：昆明产业开发投资有限责任公司风险准备金	
14 邯中小企业集合债	2.58	7	AA +	6	担保：邯郸市城市建设投资有限公司提供全额无条件不可撤销连带责任保证担保	
16 通辽小微债	12	500	AAA	3 + 1	担保：通辽市城投集团提供全额无条件不可撤销连带责任保证担保	

注：表中信息根据中国证券信息网公布的各中小企业集合债券发行文件和招募说明书整理得到。

（二）典型模式介绍

2009 年 1 月 6 日，中国人民银行工作会议提出发展中小企业短期融资债券试点，发行中小企业集合债，清扫中小企业融资障碍。

1. 银行主导的担保模式

2007 年底，国家发展改革委先后核准了"2007 年深圳中小企业集合债券"（简称"07 深中小债"）和"2007 年中关村高新技术中小企业集合债券"（简称"07 中关村债"），这是我国最先推出的两只企业集合债，操作模式基本一致，均是由政府主导担保的债券模式，其中 07 深中小债由深圳市贸易工业局牵头担保，为 20 家企业提供捆绑发债服务。07 中关村债由北京中关村科技担保有限公司牵头担保[1]，为 4 家企业供给捆绑发债服务。两个集合债都是由担保机构提供全额无条件不可撤销的连带责任担保，同时通过第三方担保、再担保、半年付息、综合偿债措施的援助等形式为债券提供增信。特别是再担保增信举措的策划为本期债券上了双重保险，极大地促进了本期债券发债主体的信用等级，因此荣获 AAA 级的荣誉评级[2]，如表 6 - 20 所示。

表 6 - 20　　　　　　　　　07 深圳、中关村企业集合债基本情况

项目	深圳中小企业集合债	中关村中小企业集合债
发行时间	2007 年 11 月 21 日	2007 年 12 月 25 日
发行额度	10 亿元	3.05 亿元
债券期限	5 年	3 年
票面利率	5.70%	6.68%
企业个数	20	4
牵头人	深圳市贸易工业局	北京中关村科技担保有限公司
担保方	国家开发银行	北京中关村科技担保有限公司
再担保方	无	国家开发银行授权国家开发银行营业部提供再担保
债券评级	AAA 级	AAA 级
主承销商	国家开发银行	招商证券

在 2010 年，"2007 年中关村高新技术中小企业集合债券"其中 1 家企业提请无法抵债，由中关村科技担保公司进行了全额抵付，也创下了国内首例企业集合债由担保公司抵付的先河。

2. 大型企业担保模式

由于 2007 年 10 月中国银监会命令银行"一律停止对以项目债为主的企业债进行担保"[3]，至此中小企业集合债随之坠入"泥潭"。2009 年，大连市率先打破僵局，发行了大连中小企业集合债，且其融资担保方式的创新史无前例。

第一，大连港集团以承受社会责任为根本，担任 2009 年大连市中小企业集合债的一级担保方，并且担保费率接近于零。第二，由大连市财政全额出资的企业信用担保公司和联合创业担保有限公司承做二级担保方。第三，大连市财政给

---

①　北京中关村科技担保有限公司是北京市主要的政策性担保机构。

②　孙德凤、曹宪章：《北京中关村科技园区创新型融资模式研究——以"07 中关村中小企业集合债"为例》，载于《中外企业家》2014 年第 30 期。

③　见《中国银监会关于有效防范企业债担保风险的意见》。

予发行企业 2% 前后的财政贴息，再一次减少了发行企业的成本。第四，浦发银行大连市分行承做募集资金的监管银行，且在偿债显示障碍时为发行企业提供流动性贷款援助，以上举措都能够适当的确保本期债券的到期偿还本金并支付利息[①]。

如此可知，09 大连集合债的成功发行充分依靠了地方政府的积极帮扶和强有力的非商业营利的中介机构，这一模式具有鲜明的政府指导与救助特色，虽然成功却很难多次复制推广。2009 年大连市企业集合债基本情况如表 6 – 21 所示。

表 6 – 21　　　　　　　　　　2009 年大连市企业集合债基本情况

项目	大连市中小企业集合债
发行时间	2009 年 4 月 28 日
发行额度	5.15 亿元
债券期限	6 年
票面利率	6.53%
企业个数	8
牵头人	中国中小企业协会、大连市人民政府
担保方	大连港集团有限公司对本期债券第一个债券存续年度至第三个债券存续年度内应支付的债券本金及利息提供全额无条件不可撤销的连带责任保证担保
再担保方	大连市财政全额出资的企业信用担保公司和联合创业担保有限公司提供再担保
债券评级	AA 级
主承销商	中信建投证券

3. 担保公司集合担保模式——河南模式

2008 年河南省中小企业集合债券发行，在商业银行无法作担保和大型国企担保繁杂的 "两难" 情况下，提议了 "集合担保" 形式，即通过数家注册资本 1 亿元以上的担保机构构成联合担保人[②]。因为担保公司本身注册资金小，依靠银行资金作为杠杆放大倍数，一旦出现担保风向，担保公司偿付能力有限，即便能快速先行偿付，再向被担保公司获取偿款时也十分艰辛和持久，因此，国家工业和信息化部并没有将这一模式在各地进行推广。河南省企业集合债基本情况

---

① 林洲钰、郭巍：《我国中小企业集合债融资模式与完善对策研究》，载于《管理现代化》2009 年第 6 期。

② 孙琳、王莹：《我国中小企业集合债融资和新型担保模式设计》，载于《学术交流》2011 年第 6 期。

如表 6 - 22 所示。

表 6 - 22　　　　　　　　　河南省企业集合债基本情况

项目	河南省中小企业集合债
发行时间	2009 年 4 月 28 日
发行额度	4.9 亿元
债券期限	6 年
票面利率	6.83%
企业个数	8
牵头人	河南省中小企业服务局
担保方	河南省中小企业投资担保股份有限公司 万安阳市信用担保投资有限责任公司 郑州中小企业担保有限公司 新乡市发展投资担保有限公司
再担保方	河南省中小企业信用担保服务中心风险准备金政府贴息
债券评级	AA 级
主承销商	中信建投证券

（三）　面临的问题与困境

针对中小企业集合债发行现状，可知我国目前在这一领域存在如下问题：

1. 信用评级机构和体系不完善

信用评级机构和体制还不健全，评级机构的权威性、评级结论的科学性尚显不足。整体而言，中国信用评级市场主要是国际四大评级公司与国内本土部分信用评级公司在活跃。而企业集合债发行期间的信用评级，主要是由政府下属信用评级机构进行承担，其评级的能力水平和评级公平性都受到质疑。中国人民银行指出我国企业集合债信用评级目前仅仅应用于债券发行环节，对后期的系列阶段并没有进行动态跟踪，对整个债券发行期内的风险把握程度较低[1]。同时，越来越多的研究表明，我国企业集合债发行与国际社会相比，不仅发行时间晚，与集合债相关的各类制度与机制，尤其是信用评级制度都不尽完善[2]。数据表明，每

---

[1]　中国人民银行南昌中心支行货币信贷处：《中国人民银行南昌中心支行货币信贷处对中小企业开展集合债券融资的可行性探讨》，载于《金融与经济》2008 年第 10 期。

[2]　张炎锋、范文波：《中小企业融资及中小企业集合债券发展研究》，载于《经济界》2009 年第 6 期。

年发行的企业债甚至不足总债券市场的 5%，非企业债性质的债券往往以政府为后盾，实质上是不需要进行信用评级的，即便进行了信用评级也是为了"走走形式"，因此，中国企业债信用评级体系到现在也并没有太多经验可借鉴。

2. 审批手续繁杂

与大企业相比，中小企业对资金需求量不大，但是需求上具备频次多、间隔短、周转快的特点，因此希望企业集合债能够快速解决资金需求问题。但是目前的集合债审批环节较长，需要填报的手续和复核环节繁杂。同时因为集合债涉及多个企业，相关部分更加慎重，除了国家工业和信息化部审批之外，还要报中央人民银行、和中国证监会进行一一备案。即便如此，也很可能在某一个环节就因这样或那样的问题，出现集合债筹备发行工作暂时搁置现象，有的甚至搁置时间长达数月[①]。如此一来，中小企业面对繁杂的手续和程序之外，还要面对随时可能搁置的时间等待，往往在筹备期间就逐渐丧失了信心和期待。

3. 过度依赖于政府担保和推动

中小企业集合债是为了用良好的市场方式处理融资难问题，但在现实中，又陷入了主要依靠政府主导和担保的模式。目前发行的集合债模式，无论是政府下属机构直接担保，还是大型企业担保，背后都可以看到政府大力推动的身影，更是在企业集合债信用评级报告中屡屡可见："本债券由……提供无条件不可撤销的……保证担保，……信用等级为……对本债券的信用等级提升作用大（较大）"。正是政府这样大力的担保或再担保模式，才吸引了部分投资者购买中心企业集合债，但也正是因为政府基于社会责任，承担了较高的担保风险，对集合债的审批环节难免复杂和严格，这样就又陷入了一个怪圈。一旦政府不进行如此大力度的担保，全部推向市场，是否反而会增加企业融资成本？怎样有效过渡市场运作，全部是亟须解决的难题。

四、基于科技创业领军人才创新企业集合债模式

针对上文中分析的中小企业集合债现状及问题，本部分将结合科技创业领军人才特点，构建一种新的发债模式。

（一）建立领军人才企业集合债依据

1. 技术突破性和壁垒性较高

科技创业领军人才采用的创业技术，基本都是具有很大突破性和壁垒性的技术，有的甚至是颠覆性技术，能够推动整个产业的发展。领军人才和他们掌握的

---

① 周婷：《大橡塑"跟风"退出中小企业集合债》，载于《中国证券报》2008 年 11 月 3 日。

技术均属于优质"稀缺资源"，将资本等资源配置给领军创业人才的企业，符合优化经济效率的经济发展基本原则。

2. 往往更多享受政府其他政策

科技创业领军人才不仅享受着人才政策，往往还因杰出的技术能力和社会贡献，也争取到了国家其他方面的政策。他创办的企业，除了具备上述的先天技术优势，还具备了很多中小企业享受不到的政策扶持，因而企业成长初期就具备了较高起点，也相对容易成功。

3. 成长性较高

一方面，科技创业人才不仅具备上述两个优势，往往还具备很强大的社会资本，而企业成长过程中，资源获取是非常重要的一个环节。社会资本强大的企业往往占有更多发展优势，这类企业会更好地获取资源并把握机会进行跨越发展；另一方面，领军人才的综合素质往往很高，更具备带领企业发展的优势，这也为企业发展提供了更好的保障。

（二）模式创新

1. 模式框架（见图6-9）

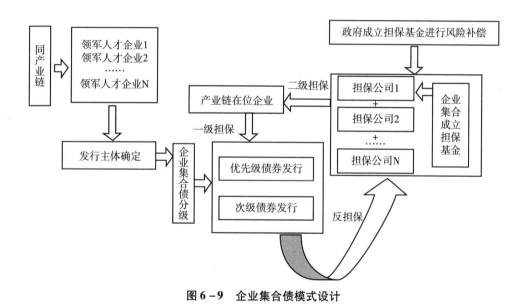

图6-9　企业集合债模式设计

2. 模式设计

（1）政府＋企业担保基金，政府与市场机制相结合。中国当下发展阶段，因为金融风险的复杂性、难预料性、低可控性，中小企业集合债并不适合一下子完全过渡到纯市场机制运营，更适合由政府与市场机制相结合进行运营，并从政府占主导地位逐步过渡到市场主导。

政府视角下，建议成立政府担保基金，作为集合债发行担保的引导基金。目前靠担保机构或大型企业进行代偿的模式，并不受市场普遍欢迎。因为企业集合债涉及的企业多、行业广、信用情况复杂，总体而言存在复杂性风险，而担保机构注册资金通常不高，担保代偿能力并不高；大型国企担保则更多是出于承担社会责任的动因，往往与被担保企业并没有任何业务往来，甚至并不了解被担保企业的实际经营情况，出现代偿情况的话对大型担保企业并不公平。我国当下仍处于一次性拨付担保基金阶段，至今没有构建统一、正式的担保基金抵偿制度，虽然有上海市先试先行，对中小企业信用担保采取后补的补偿性奖赏制度，但并没有建立对应的法律机制，因此，风险大而收益低的现状难以激发担保机构积极性[1]。因此，要发扬政府在中小企业信用担保体制构建中的独特影响[2]，建立政府引导基金，同时配套一级担保机构的风险补偿机制，发挥引导基金的杠杆作用和抗风险作用，既吸引社会资本进入，又起到对集合债风险分散和承担的作用。

市场视角下，促进企业彼此帮助联保，由领军人才中小企业、相关大企业联合构建会员制的联合担保机构。因为政府组织的多种人才活动、市场上较多的行业交流，领军人才之间原本之间就很多联系，彼此之间相对熟悉和信任，甚至建立了关系融洽、互相帮扶的朋友圈，而这一现象无论是在中国还是国际社会，都是普遍现象，也被大家认可。因此，由他们之间联手建立担保基金，实行封闭运作的模式，资金共同承担，自担风险，自我服务，发挥联保、互保的作用。这种形式的好处在于能够防止因企业彼此担保，以致受保企业显示出运营"瓶颈"时顺带担保企业运营"瓶颈"的出现。同时推动了市场层面的担保机构创新运营。当会员企业中的某几个出现资金链短缺时，可以提出由担保公司进行担保，申请企业集合债的发行。如果这个会员制担保基金并不足以支撑独立担保，可以同时联动其他担保公司进行担保。因为有了上述会员制基金运营，将对市场上其他担保公司更具有吸引力，更容易形成良性市场担保机制。

（2）完善信用评级，分级债券风险。因为中国企业债信用评级体系的不完善、经验缺乏、数据积淀少、技术不成熟等问题，关于中小企业集合债的信用评级方法、评级指标、评级渠道、评级结果应用都亟须尽快提高。依托优先/次级分档架构的策划，把集合债券区分为优先级和次级类别，限定不同类别的债券清偿次序不一样[3]。

---

① 王莹：《我国中小企业集合债担保问题的探》，载于《世界经济情况》2010 年第 10 期。
② 陈李宏：《我国中小企业债券融资障碍及对策研究》，载于《湖北社会科学》2008 年第 8 期。
③ 李为章、谢赤：《中小企业集合债券信用增级模式及其改进》，载于《社会科学家》2014 年第 6 期。

因为次级债的风险较高，加之美国金融次级贷危机带来的影响尚未消除，投资人对各类次级债的投资十分谨慎。但是即便如此，仍旧有很大的开拓和发展空间。虽然次级债具备相对大的风险，但是仍旧比社会上暗暗流行的民间借贷风险低很多。因此可以借助相对高利率等方式推动企业集合债中次级债券发展。目前推行的私募债，通常债券级别相对低，有的仅仅是 B + 级别，也受到了市场上投资的关注。因此，除了原有通常达到 AAA、AA + 的债券，即便是 B + 和 A 的债券也具备市场投资吸引力，可以解决很多企业一时的资金困难危机。

（3）创新两级担保模式。一级担保。通过前述分析可知，现有的大企业进行一级担保时，多处于政府推动和社会责任承担的动因，对被担保企业并没有直接业务往来和详细了解。基于市场机制的考虑，建议由产业内的在位企业进行一级担保。但是这需要完成以下几个步骤工作：

第一步，遴选同产业或相关产业的企业进行集合发债。以往集合债发行主体所跨领域众多，即便专业信用评级师和某一领域内的行业专业，也不能充分判断集合债的风险和收益，原有提供一级担保的大型企业更是无法分析和有效控制债券风险。如果遴选同产业或相近产业内的企业，进行集合发债，则可以借助产业发展认知等方法对集合债的风险和收益进行更准确的判断，大大增强担保企业担保动力，也可以吸引更多的担保机构和债券投资人。在遴选发债企业时，对技术创新、资产负债率、企业信用等级、盈利水平等要进行充分分析，严防各类寻租行为。

第二步，协商产业内在位企业进行一级担保。因为集合债发行企业均在同产业或相关产业内，在位企业对风险的认识更加科学完整，同时在位企业和发债主体之间还可以在未来的企业发展中形成互动，甚至是抱团发展模式，促进整个产业的发展。此外，政府可以在这里适度财政补贴支持担保企业，如税收抵扣、给予科技创新补贴等，进一步激发在位企业活力。

二级担保。除了上述的政府成立引导基金、领军人才企业成立担保基金，还可以推动反担保的实行。在一起担保的基础上，由介入发债的各企业根据总债数额限度的百分比向担保机构提供相应额度的反担保，由于科技型中小企业固定资产较少，应积极研究科技型中小企业的抵押担保模式，继续加大应收账款，甚至商标、股权、专利等无形资产的抵押担保模式实践[①]。

第四节　科技创业领军人才科技保险模式优化研究

科技保险作为降低科技研发风险的重要保险，也是中国根据中国发展特点提

---

① 孙琳、王莹：《我国中小企业集合债融资和新型担保模式设计》，载于《学术交流》2011 年第6 期。

出的一个具有特色的保险，在国际社会没有太多可借鉴的成熟经验①。自 2007 年 7 月开始，逐步在科技创新活跃、机制比较灵活、市场相对健全、制度比较完善的几个试点城市（北京、天津、广州、重庆等六地）进行试点以来，逐步取得了一些新的进展，但是仍旧存在一些问题，尤其是针对科技创业领军人才的保险产品尚没有设计并应用。

一、科技保险内涵及功能

（一） 科技保险内涵

科技研发具有典型的高风险、复杂性、低可控等特点，这些风险既来自研发人员自身的科研水平与视野，也源自外部复杂巨系统的各类影响。正是因为这些风险导致科技研发人员在研发各个阶段都面临着系列难题，对失败的预期压力：时间精力的浪费、经济成本的巨大沉没，常常使科研人员和企业对研发更加犹豫，这些都严重影响了技术创新工作的开展。正是基于这些问题，为了更好地推进科技创新工作，鼓励人才们积极创新，国家相关部委推出了科技保险。总体而言，科技保险，目的是避免科技研发过程中，为了防范无法预测的风险而导致科技研发失败成立的保险②。

从目前发展来看，由于我国自主创新战略的逐步深入推进，各类科技创新工作繁荣进步，科技保险的需要程度在稳步提升。我们应在现有科技保险体系的基础上，不断完善体系建设，为科技创业领军人才和高科技创新企业提供定制化、针对性的保险产品，提高创新成功率、活跃度，以不断创新的科技保险产品，为中国走向智本社会转型保驾护航③。

（二） 功能与作用

通过国内外对科技保险的研究与实践，可知科技保险对加强自主创新能力、自主创新活跃度、自主创新成功率有促进作用。雷耶斯（Reyes，1996）指出美国实施知识产权保险对推动高新技术企业创新有正向影响；皮尔逊（Pearson，1998）指出美国科技研发保险和产品质量保险对高新技术企业专利数量有正向影响。泰泽（Tether，1998）指出，对科研人员提供人身险，能够提高以色列创新效率。郭承运和李纯青（2001）指出科技保险可以提高投资者对投资的信任度、

---

① 刘骅：《科技保险的理论与实证分析》，武汉理工大学研究生院博士论文，2010 年。
② 谢科范：《科技保险面面观》，载于《中国保险》1994 年第 10 期。
③ 徐义国：《以创业投资机制为主导，构建科技金融服务体系》，载于《中国科技投资》2008 年第 5 期。

有效促进技术发展、推动保险业发展、对国家风险投资运行体系提供有益补充。刘骥（2010）、刘复军（2012）、薛伟贤、刘倩和刘骏（2013）指出科技保险既可以分散风险，对损失进行补充，也可以提供监督风险功能，同时可以积极促进企业盈利。

综合而言，科技保险具备以下功能与作用：

1. 分散风险功能

科技保险基于概率论的相关理论对保险费率进行科学推算，因为是探测概率事件，所以需要有充分的空间容量和时间跨度。科技保险承包金融机构，将科技创新过程中从种子期、初期、中期、末期可能遇到的各类风险进行集合，这些风险可能导致科技创新失利，并造成系列经济亏损，而承包的金融机构经过直接说明或获取保险费的方式平均分配给全部的被保险人。至此，科技保险的有效运行实现了科技风险在时间和空间上的充分离散[1]。

2. 补偿损失功能

承保机构把各公司的科技保险费用集中起来，一旦有公司发生科技创新失败引致经济损失，承保机构就可以用集合起来的承保经费进行补偿，降低投保公司的经济损失。这种功能就是科技保险的补偿损失效用。

3. 积蓄基金功能

积蓄基金功能是在风险分散功能上派生而得的。风险离散过程中，为降低时间离散，科技保险中提前提出但还没有偿付或支付出去的分配金一定会成为储蓄，利用这样的保险费的方式提前提出分配金同时把它储存起来，达成时间上离散风险的效用，就是科技保险的保险积蓄基金功能。

4. 监督风险功能

投保人和承包人之间的互相监督，可以降低风险带来的各种不利因素，对消除风险很有帮助，可以降低风险导致的各类损失，有利于科技保险良性发展。

二、科技保险国内外研究状况

国际社会虽然有丰富险种，其中就包括与科研相关的知识产权保险，但是并没有哪个国家如中国这样形成了相对系统的科技保险体系，也没有科技保险这一名称。因此，从整体架构上，国际社会并没有完整的系统性科技保险可以借鉴。但是，从几个视角可以看到国际社会在科技创新风险转移方面的做法。如美国，目前在科技创新风险保险方面提供了两种模式的商业保险：单独险种和组合险种。其中，单独险种包括知识产权和专利保险是针对侵权专门设定的险

---

① 刘骅：《科技保险的理论与实证分析》，武汉理工大学博士论文，2010 年。

种，而过失与疏忽保险是专门针对责任风险设定的险种①。组合保险则是针对某一特殊行业，尤其是一些高新技术行业。险种定制组合，提供针对性的保险解决方案②。

观察中国社会，我们可知在 2010 年 3 月，中国保监会、中华人民共和国科学技术部联合颁布《关于进一步做好科技保险有关工作的通知》，意味着科技保险从尝试到运营的过程，开启了全国规模的推行。之后，中华人民共和国科学技术部联合中国人民银行、中国保监会、中国证监会、中国银监会（一行三会）于 2010 年 12 月颁发的《关于印发促进科技和金融相结合试点实施方案的通知》再一次提议科技与金融全方位融合的建议。以上制度的办法，展示了科技保险迅速进步壮大的辽阔远景。整体而言，科技保险在中国的发展经历了两个历程。

第一个阶段是纯理论研究阶段，主要针对概念、内涵、功能、作用方面的基础研究。1994 年，谢科范率先提出了科技保险概念，指出科技保险是为科技创新服务的保险。郑忠（1997）采用翔实的数据分析对科技风险是否存在可保性进行了详细分析。寸晓宏和李武瑜（2000）分析了科技保险和风险投资的管理和差别。其后，又有很多学者在针对概念界定的基础上进行了其他方面的研究，如陈雨露（2007）对科技风险和科技保险的内涵进行更深入研究的基础上，对中国科技保险的成长进步提出了建议。吕文栋等（2008）则指出科技保险并非单一险种，而是一系列保险的统称。这一阶段，对科技保险的基础概念和性质进行了深入研究，但是没有对险种进行具体设计，对针对性政策和具体工作步骤也没有进行深入研究。

第二阶段随着科技保险试点工作的进行，对实际工作进行了更加深入的研究。自 2007 年 7 月科技保险的试点工作开始之后，承保机构从最初的 4 家变为全部保险机构，险种也从最初核定的 6 种发展至 20 余种，试点城市也从最初的 6 个扩展至全国。因为试点过程中遇到了系列问题，理论界纷纷对发现的问题进行了进一步的研究。这个阶段，对险种设计、机制设计、运作流程、产品定价等内容进行了研究。杨文（2012）对科技保险的发展进行了创新研究；赵鋆（2011）对科技保险的险种创新进行了研究；隋建冬（2010）、赵洋（2010）等对科技保险试点城市的现状进行了调查分析；蔡永清（2013）、张洋祯（2012）等对科技保险发展的财政补贴问题进行了探讨。

虽然随着科技保险工作的逐步开展，中国在这一领域已经取得了较大进步，但是针对险种创新设计、运作模式、机制完善等方面仍有较大改进空间。尤其需

---

① 王香兰、李树利：《对我国科技保险发展中几个重要问题的探讨》，载于《华北金融》2009 年第 8 期。

② 王香兰、李树利：《我国科技保险存在的问题与对策》，载于《保险研究》2009 年第 3 期。

要指出的是，科技保险不能忽略科技创新的主体：人才这一总要因素，忽略人才这一要素的险种设计，显然不尽完善，这也是本书后面的研究内容。

三、中国科技保险实践分析

（一）科技保险险种分类

2007 年中国保监会与中华人民共和国科学技术部联合颁布《关于加强和改善对高新技术企业保险服务有关问题的通知》，积极推行 6 类险种。2008 年，第二批科技保险创新险种新增了 9 类险种。具体如表 6 – 23 所示。

表 6 – 23 　　　　　　　　　　　　　科技保险险种

批次	科技保险种类	定义
第一批次 保费支出纳入 企业技术研发 费用支出，享 受 150% 研发 费用加计扣除	高新技术企业产品研发责任保险	若高新技术企业研发成果有明显设计缺陷，该项研发成果在运用过程中因此发生意外事故，造成他人财产亏损或人身伤亡，保险公司承担被保险人应承担的民事赔偿责任
	关键研发设备保险	投保人投保的关键研发设备由于自然灾害或意外事故造成亏损，保险公司负责赔偿维修或重新购买的费用，其中关键研发设备包括被保险人全部、租用或管理的用于研发项目且研发过程中不可缺少的主要机器、设备、机械装置及附属设施等
	营业中断保险	若保险人由于自然灾害或意外事故，导致关键研发设备损毁、灭失或丧失使用功能以及存储于其中的科研资料丢失，以致被保险人研发工作中止，保险公司负责赔偿被保险人复原研发工作至损失发生前状态的追加研发费用
	出口信用保险	国家为了促进本国的出口贸易，保护出口企业的收汇安全而实施的一项由国家财政提供保险准备金的非营利性的政策性保险业务。当前我国出口信用保险包括短期出口信用保险和中长期出口信用保险
	高管人员和关键研发人员团体健康保险	包括高管人员和关键研发人员住院医疗费用团体保险、重大疾病首次诊断保险金
	意外保险	提供的基本保障是意外事故造成的身故和伤残，为完成不同投保人的特殊需求，该产品还增添了可供客户选择的意外伤增值保障，包括医疗费用补偿、住院津贴、重症监护津贴、烧烫伤保险金和家庭关爱金

续表

批次	科技保险种类	定义
第二批次针对高新技术企业的创新活动设计	高新技术企业财产保险	针对高新技术企业，以投保人存放在固定地点的财产和物资作为保险标的的一种保险，保险标的的存放地点相对固定处于相对静止状态。高新技术企业财产保险包括一切险和综合险两种产品
	产品责任保险	保障的对象是研发成果，旨在使研发主体能够避免研发成果在转让、应用初期可能发生的风险，促进科技研发成果的推行使用
	产品质量保证保险	亦称产品保证保险，承保的是被保险人因缔造或售卖的产品丢失或无法完成合同限定的效用而应对使用者负有的经济赔偿责任，即保险人对弊端的产品本身以及由其导致的相关亏损和费用负有赔偿责任
	董事会、监事会、高级管理人员职业责任保险	以董事会、监事会、高级管理人员在从事职业技术工作时因大意或失误造成合同对方或他人的人身伤害或财产损失所引起的经济赔偿责任为承保风险的责任保险
	雇主责任保险	以被保险人即雇主的雇员在受雇期间从事工作时因遭遇意外导致伤、残、死亡或患有与职业有关的职业性疾病而依法或依据雇用合同应由被保险人承担的经济赔偿责任为承保风险的一种责任保险
	环境污染责任保险	以企业产生污染事故给第三者带来的损害依法应承担的赔偿责任为标的的保险
	专利保险	专利保险是知识产权保险的其中一类，保护专利持有人因其专利被侵权所招致的损失而提供的险种
	项目投资损失保险	投保人根据合同约定，向保险人支付保险费，保险人按保险合同的约定对所承保的项目出资及其相关利益因自然灾害或意外事故引起的亏损承担赔偿责任的保险
	小额贷款保证保险	在限定的保险事故发生，且被保险人要在限定的情况和程序都达到要求时才能获得赔偿的一种保险形式

（二） 试点城市相关政策

将试点城市政府出台的相关政策进行整理，如表 6 - 24 所示。

表 6 - 24 各试点城市地方相关政策

批次	城市名称	相关政策
第一批试点	北京	《关于引导高新技术企业参与科技保险工作的通知》
	天津	《天津市科技保险保费补贴办法》和《天津市高新技术企业科技保险投保流程》
	重庆	《重庆市科技保险补贴资金管理暂行办法》
	武汉	《武汉市科技保险费补贴资金使用管理办法》
	深圳	《2008年深圳市科技保险资助计划申请指南》
	苏州高新区	《关于支持科技保险试点贴补企业保费的通知》
第二批试点	成都	《成都市科技保险补贴资金使用管理暂行办法》
	无锡	《2009年无锡市科技保险资助计划申请指南》
	沈阳	《沈阳市推进科技保险工作方案》
	西安高新区	《西安高新区科技保险补贴资金管理暂行办法》
	合肥高新区	《合肥高新技术产业开发区科技保险资助资金管理办法（试行）》
非试点城市	福建	《福建省科技保险补贴资金运用管理暂行办法》
	南京	《南京市科技保险专项补贴资金管理暂行办法》
	广州	《广州市科技保险试点工作方案》

综合分析试点城市关于科技保险的政策，可知几个城市都在如下方面开展了具体工作：

为落实中华人民共和国科学技术部和"一委一行两会"的相关政策，各城市纷纷出台了参加科技保险的企业享受税收优惠，如北京提出：明确高新技术企业科技研发保险费能够纳入企业研发费，对高新技术企业研究开发新产品、新技术、新工艺所产生的技术开发费，在实行100%税前扣除的基础上，同意再按当年实际发生额的50%在企业所得税税前加计扣除；实际发生的技术开发费用当年抵扣不足部分，可按《中华人民共和国税法》规定在5年内结转抵扣。

各省市成立了"科技保险专项资金"，用于支持科技保险工作。例如，北京市提出预算总额1500万元，对参加科技保险的企业，每家企业保险补贴比例为50%，补贴上至15万元；天津市提出：参加投保科技保险的前100家试点企业，给予保险费用50%的补贴，100家以后的企业给予小于等于30%的补贴，每一个企业每年补贴额度不超过50万元；武汉市提出：根据科技企业投保年份的上一年高新技术产业产值规模控制补贴资金最高限额。年产值在5000万元以下的，控制在10万元以内；年产值在1亿元以下的，控制在15万元以内；年产值在1.5亿元以下的，控制在20万元以内；依此类推，最高补贴额不超过35万元。

（三）　反映出的典型问题

科技保险虽然可以降低技术创新风险，在近十年的推广过程中不断扩大受众面，取得了一些成绩，但是通过实际调研发现存在一些典型问题，包括政策效能不高、险种创新度和覆盖面不足、企业参保率低等。

1. 政策效能不高

政策效能不高源于以下几个方面：宣传度不足、政策落地执行困难、"多龙治水"协同难度大。

宣传度不足。在实际调研中，有32%的科技领军人才作为企业"一把手"，从未听说过科技保险这一名词，更不可能知道如何借力科技保险。科技保险的低知名度源自宣传度不足，现有的宣传模式，如宣讲会、政府网站和保险公司网站宣传等，效果并不理想。尤其参加政府宣讲会的成员，多为企业非主要部门领导者，对科技保险购买决策权有限，不能很好地起到宣传效果。

政策落地执行困难。科技保险目前大多数采取的方式是先投保后补贴模式，具体流程如下：企业与保险公司签订保单后如需理赔，需要出具保单向补贴主管部门指定的审核部门申请，审核通过后，需要继续向补贴审批部门申请，申请通过后，补贴下拨给企业。这一流程存在烦琐现象及滞后效应，以重庆市为例，即使市生产力促进中心时时收纳高新技术企业的科技保险保费补贴申请，但作为审批部门的市科学技术委员会和市财政局每年1月、7月定期对所接纳并处理的补贴申请进行审定。同时，因为市人大经过政府预算的周期较长，以致1月审查待拨的补贴到5月、6月才能下发。这样说来，企业的补贴审核批准周期通常为6个月，而拿到补贴款一般要1年左右[①]。

"多龙治水"协同难度大。一方面，因为科技保险多是由补贴形式实现的，设计各城市科学技术委员会和财政局之间的博弈，如天津市的科技保险就是从天津市科学技术委员会"三项经费"中拨付，如果市财政局不予以更多支持，这项经费不仅金额有限，还面临着经费再次分配的难题。另一方面，一些具体问题错综复杂，如出口企业已经享受着市商务委员会负责的出口信用保险，而这和现在的科技保险有交叉重叠之处（科技保险中也有出口信用保险），因此存在了重复申请补贴的情况。不同城市因此采用了不同的方式处理，如天津市采用以下机制：市科学技术委员会提供50%的补贴，市商务委员会提供25%的补贴，保税区还补贴区内企业25%。重庆市则采用政策性出口信用保险归市商务委员会负责，科技保险中的出口信用保险归市科学技术委员会负责，可是这在现实业务中很难

---

① 赵杨、吕文栋：《科技保险试点三年来的现状、问题和对策——基于北京、上海、天津、重庆四个直辖市的调查分析》，载于《科学决策》2011年第2期。

划分清楚，带来了一些弊端。

2. 险种创新度和覆盖面不足

目前的险种数量不足，而且比较单一，不能满足很多企业的实际需求。如不考虑行业特性，险种"一刀切"，明显不具备多样化特点；没有真正解决企业需求和痛点，导致企业参保兴致不高；创新不足，没有体现科技保险的独特性，部分子品种与原有保险交叉重叠；多年来没有持续推出新险种，也没有完善的险种创新机制，等等。

造成这一问题的一个主要原因是，在科技保险推广过程中，因为政策主导性质明显，保险公司没有太多积极性，也没有丰富的经验，导致风险评估机制不健全，金融盈利效果差，这样一来，形成了科技保险在保险公司备受冷落的尴尬局面。

解决这一问题，还需在现有基础上积极发挥市场活力，借助市场力量推动科技保险体系的风险评估、险种创新、理赔补贴模式更加科学和先进。

3. 企业参保率低

实际数据调研显示企业参保率很低，如天津市首批参保企业 15 家，第二批参保企业 40 家，远没有达到以科技保险推动技术创新的目的。造成这一现象的起因，第一是因为宣传程度较低，很多企业并不了解科技保险。第二是因为理赔申请补贴过程太多漫长，如上所说，一次补贴申请要经历一年半的时间，很多企业被烦琐的流程困扰，因而不得不放弃。第三是因为险种创新不足，不能满足企业的实际需求，出口信用保险、特殊人员团体健康和意外保险、高新技术企业财产保险往往受到欢迎，其他险种的受欢迎程度明显下降。

除了上述原因，企业风险意识不足、科学管理能力不高、缺乏学习新政策的主动性等，也是企业参保率低的主要原因。

四、基于科技创业领军人才的科技保险模式创新

（一）创新依据及机理

1. 依托领军人才激活技术创新效能大

科技创业领军人才的创新性毋庸置疑，他们在实际创业过程中，也突破自己的专业知识和背景，再次展现了资源集聚、整合、突破的能力，在科技成果转化落地，推动产业发展的过程中，科技创业领军人才发挥了强大的外部性，激活科技创业领军人才的创新活力、帮扶领军性科技成果转化落地，对整个区域的人才集聚与培育，整个产业的发展具有杠杆作用，可以快速扩大、辐射、发散技术创新效能。因此，在整个科技保险篮子有限的情况下，可以考虑专门针对科技创业

领军人才的企业进行特殊险种设计，起到激活人才动能的效果。

2. 针对领军人才运营企业的发展周期进行不同帮扶

企业成立种子期、成长期、成熟期、衰退期，需要不同的发展策略。根据科技创业领军人才的特性（见第三章），可知领军人才不仅具备丰富的专业知识储备，在个人异质性特质上具备占优、坚韧、思维缜密、持续创新、资源广等突出优点，这一类人创业，如果经营策略得当，比普通创业人群具备更大的成功性。而实际调研中，他们在创业初期对各类政策帮扶、金融手段和资本扶持更加渴望，随着企业的日渐成熟，领军人才的综合能力和集聚资源得到提高，则可以不作为重点扶持对象。此外，创业初期更加侧重对领导者个人的考量，这种考量往往比对一个团队的考量更加重要。因此关注领军人才的特殊需求，在整个企业周期中的初期进行科技保险特殊设计更重要。

（二） 模式理论框架创新

1. 创新分析

在反映出的典型问题中，可知原有框架存在如下不足：（1）现有科技保险模式缺乏再保险模式，没有再保险机构进行参与，更不存在再保险机制设计；（2）政府部门功能不足；（3）对企业需求重视度不高，没有完整的投保行为分析；（4）保险公司险种设计及推广等模式不完善。

在现有框架上进行创新，包括以下方面：（1）引入再保险模式；（2）完善政府功能，尤其强调设立政府引导基金、测算财政补贴最优规模、创新财政补贴模式、完善绩效评价；（3）增强对企业需求和行为的分析；（4）推动保险公司完善保险体系，尤其是增加风险分担机制、融资机制、盈利途径、风险赔偿数据库等功能的完善；（5）在强调主体功能完善的基础上，强调互相博弈，实现纳什均衡多方共赢。

2. 框架设计

（1）政府部门。政府作为科技保险推动主体，在中国科技保险体制、机制、运行方面发挥着主体作用。尤其，因为科技保险现在仍存在着风险机制建设不完善、险种种类单一、市场主体积极性不高的困境，政府作为科技保险主导推动主体，作用尤为重要。基于提高科技创新活跃度，鼓励人才积极进行创新，分担创新风险的目的，中国保监会和科学技术部、一行三会推出了科技保险体系，并分一批、二批在试点城市进行试点，逐步在全国进行推广。

政府在推广科技保险过程中，应承担以下几方面功能：

科技保险推广机制。因为中国科技保险体系目前仍旧是政府主导推广模式，推广前的效能预测、如何推广更加有效、如何激活体系中各主体积极性、如何在推广之下提高技术创新水平等，都是在推广体制中应充分考虑的。科技保险绩效评价。这一绩效评价不应仅是传统的事后评价，而应是贯穿整个科技保险运行过程中，涵盖事前—事中—事后各个环节；同时从多主体进行评价，涵盖政府、保险公司、再保险机构、企业等多个主体；此外，从多维度进行评价，包括科技保险推广前后技术创新水平评价、保险险种创新度、运行效率等，如图 6 - 10 所示。

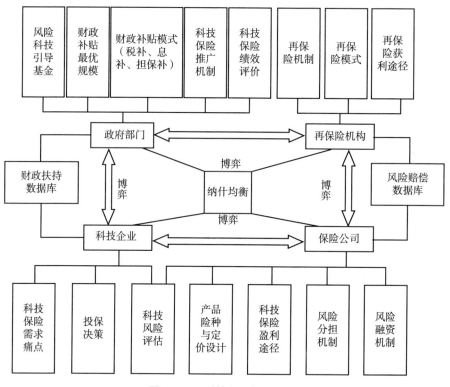

图 6 - 10　科技保险框架设计

财政补贴最优规模。因为目前的科技保险主要是财政补贴模式，必须进行科学、严谨的财政补贴模式测算。因为市场信息的错综复杂，常常存在信息不对称、信息冗余、信息失真等问题，如何在这些复杂情况下，采用组合模型进行财政补贴模式测算，保证财政投入的精准度和高效能是一个重要问题。

财政补贴模式。目前采用的财政补贴模式多是事后进行税收补贴，除此之外，还可以采用利息补贴、担保补贴等多种模式，进行模式的积极创新，调度企业和保险公司、再保险机构的积极性。

风险科技引导基金。政府引导基金往往具有数十倍的杠杆撬动作用，通过引导基金的设立，可以实现社会资本的积极涌入，为科技保险金融发展提供充沛的资本保障。

财政扶持数据库。当下社会是大数据社会，可以摆脱古老的"拍脑袋"模式，利用大数据实现财政扶持的精准和高效，并不断累积数据进行科学分析，指引财政扶持是否要做、如何做、如何评价的系列问题。

（2）科技企业。科技保险需求痛点。作为科技保险的直接受益者，科技企业同时承担着科技创新的重任。科技保险在如何激活创新活力、提高创新浓度和质量上发挥着作用，但是目前来看作用仍有很大提升空间。这就需要企业对自身实际需求进行深入分析，明晰科技创新过程中不同节点的特殊性和需求痛点。

科技风险评估。在科技创新实际需求分析过程中，企业可以站在自身的视角下，详细判断科技风险，这也是是否购买科技保险的重要基础。

投保决策。结合科技创新实际情况，分析保险公司提供的险种和补贴情况，企业进行是否投保、投保组合的综合决策。

（3）保险公司。产品险种与定价设计。在原有险种基础上，根据企业需求，针对不同行业、不同人才特点、不同企业发展阶段、不同技术创新周期，进行系列新险种与定价设计。

科技保险盈利途径。现有险种赔付率太高（第一批试点城市的赔付率在60%~70%），也是保险公司没有积极性参与科技保险中的一个重要原因。政府补贴主导模式，没有充分调动市场积极性，在未来的发展中，应大力调度保险公司积极性，强化金融机制，不断开拓科技保险盈利途径，才能形成规模化、范围化、高效化的科技保险建设体系。

风险分担机制。现在的分析分担只有保险公司"全参与"模式，不符合全部需求特点，根据实际情况，风险分担形式可以设计为"全参与"和"半参与"两种模式。根据不同的风险形式，保险公司和投保企业可以采用"半参与"方式联合进行风险分担。因分析分担模式的不同，而设计不同的定价和品种。

风险融资机制。现在的风险补偿主要是传统政府补贴模式，没有加入金融机制。科技金融是一种科学技术资本化历程，也是同质化的金融资本利用科学技术异质化配置收取高附加值回报的历程[①]。科技保险从性质上除了包括商业性保险，还应包括政策性保险，应扶持政策和政策性保险同在，商业性保险和政策性保险互动[②]。实证探究结果表明科技保险应选择"政府主导、商业运作"的形式[③]。保险的参与对中小企业融资起着有利的促进作用，同时在时间变量存在时一样对

---

① 房汉庭：《科技金融的兴起与发展区》，经济管理出版社 2010 年版，第 4~5 页。

② 黄英君、赵雄、蔡永清：《我国政策性科技保险的最优补贴规模研究》，载于《保险研究》2012 年第 9 期。

③ 吕文栋：《管理层风险偏好，风险认知对科技保险购买意愿影响的实证研究》，载于《中国软科学》2014 年第 7 期。

其有显著作用①。由此可见，技术研发、金融产品、保险产品三者融合是必然趋势。

（4）再保险机构。再保险机制。中国再保险模式发展成果并不丰富，在科技保险领域也没有开展再保险模式。具体的运作机制需要再保险机构进行创新性设计，改变现状科技保险滞后僵局，推动科技保险快速发展。

再保险模式。可以采用财政资金，同时集纳吸收部分大企业资金，由政府主导成立再保险基金，为保险公司提供再保险服务，充分发挥再保险的杠杆作用，通过合理的模式设计，撬动更多的资金进入科技保险领域。

再保险盈利途径。如果忽略市场机制下的盈利途径设计，再保险模式不会长久，也不可能真正发挥撬动科技保险市场的作用，因此必须改变现有政府主导模式，充分引入规模企业资金，发挥市场威力，实现保险业的良性循环。

风险赔偿数据库。这一数据库对再保险和保险公司都非常重要，二者可以联合，对大数据进行搜集、清洗和深度挖掘，对风险赔偿进行分析和预测等工作，指导风险赔偿工作的科学开展。

（5）博弈：纳什均衡。实现政府、科技企业、保险公司、再保险机构的实时动态数据交互，在大量数据有效沟通和分析的基础上，在充分博弈的状态下，实现四方共赢，从而形成合力，推动中国科技创新的进一步发展。

（三） 保险险种创新

1. 领军人才"投资＋保险"组合产品

如前所述，一方面，金融与保险组合是必然趋势；另一方面，科技创业领军人才具备高投资价值。因此，可以针对科技创业领军人才进行针对性的"投资＋保险"组合设计。

可以推广半参与模式进行险种创新设计，科技企业在购买保险公司险种的同时，保险公司对领军人才及企业研发产品进行综合评估，参照评估依据进行投资风险和估值分析，其后，保险公司可以集聚几家大型投资企业，对购买保险的科技企业进行投资，这样就形成了双方合作，共担风险、共享利润的半参与模式。"投资＋保险"模式打破了传统的投保—理赔单一型保险模式，不仅合理分散、分摊了企业的科研风险，还为科技企业实现了高质量融资，促进了企业良性发展。

在这一模式设计中，还需要保险公司进一步针对不同领军人才发展需求、企业特点进行针对性的系列创新设计。

---

① 张代军、侯梦娜：《保险与担保集成融资模式研究——中小企业融资创新模式探索》，载于《辽东学院学报》（社会科学版）2013 年第 15 期。

2. 领军人才科技成果交易质量保障险

科技成果交易是科技成果转化中非常重要的一环，但是交易过程中存在一些典型性风险，影响了成果交易，例如，由于技术的前沿性、复杂度等，导致技术水平和质量的不好衡量性、技术持有方的交付情况不好评价、技术交易完成情况容易存在矛盾等，这些问题都影响了技术交易的发展。

基于以上问题，综合考虑领军人才在科技创新上的突出能力和信用度，可以为领军人才及其企业，设计提供专门的领军人才科技成果交易质量保障险。如果因被保险人缔造或出售了丢失或无法完成合同限定效用的技术，给使用者带来了经济亏损时，由保险人对有弊端的技术本身以及由其导致的相关亏损和费用承担赔偿责任。

这样一来，科技成果交易质量保障险，将技术交易的风险进行了转移，根据合同中所列各项事宜，如果发生了质量不达标的情况，保险公司将根据具体情况和条款进行理赔。这类保险显然不适合为任何企业都提供承保，但是综合考虑领军人才的特质，对这类人群提供的技术交易出售行为却可以进行承保。

第七章

优化税务税权制度推进人才发展

税务税权一直是中国企业和人才发展的一个重要问题，尤其始于 2016 年末的中国企业"死亡税率"之争，更是将这一问题再次变为了焦点话题。科技创业领军人才在创办企业过程中，不仅希望优化个人所得税，更希望创办的企业凭借领先技术享受一些税收优惠，进而助力企业存活和发展。基于此，本章在梳理中国税制激励自主创新政策的基础上，进一步比较了中美两国制造业企业的名义税率和实际税率，指出了中国税务税权中存在的问题，进而对企业发展和高端人才发展两方面的税务税权政策提出了改进建议。

第一节　中国税制激励自主创新政策演进研究

在中国漫长的税收史中，税收的主要职能是为国库积累资金，随着对科学技术进步重要性的提高，针对推动自主创新进行了税收职能改革，总体而言，中国激励自主创新的税收政策主要经历了三个阶段，在每一个阶段都根据中国国情发挥了不同效力。

一、初始阶段：1978～1993 年

"文化大革命"期间，中国在经济发展和科学技术进步中均出现了混乱局面，为了扭转这种局面，党中央和国家领导开展了一系列卓有成效的工作。1978 年 3 月，中国科学技术大会胜利召开，时任国务院副总理的邓小平在大会开幕式上做了重要讲话，阐述了科学技术是第一生产力的著名论断，这为中国科学技术发展掀开了崭新的一幕。1978 年 12 月，具有深远转折意义的党的十一届三中全会胜利召开，再一次明确了科学技术的重要地位，中国科学界加快了创新探索。

为了贯彻发展方针、适应新的发展需求、推动经济和科技发展，税收制度也进行了积极改革，改变了原有单一化税制。随后，在税制改革的初始阶段中，颁

布了一系列政策文件，如表 7 - 1 所示。在这个阶段，我国初步建立了包括企业所得税、个人所得税等在内的相对完整的税收体制，并逐步关注涉外企业和高新区科技企业的发展，为支持发展给予税收支持。同时推动国有企业利改税，并将自留利润用于技术和新产品研发等项目。但是总体而言，这个阶段还处于初始阶段，探索性尝试多，进展相对缓慢，对自主创新的激励作用有限。

表 7 – 1   税制激励自主创新初始阶段

时间	重要会议/政策文件	内容
1980 年	《中华人民共和国中外合资经营企业所得税法》	合营期限超过 10 年的，逐步享受税收优惠，包括：获利后 1~2 年免征所得税，3~5 年减半。（1983 年 9 月 2 日修改）
1983 年	《关于从国外引进技术改造项目的技术、设备减、免关税和工商（统一）税问题的通知》	引进先进技术及按技术转让合同必须随附的仪器、设备，免征进口关税和工商税；企业为进行技术改造引进的仪器和设备，减半征收进口关税和工商税
1983 年	《关于国营企业利改税试行办法》	税后自留利润要建立新产品试制基金、生产发展基金等
1984 年	《国营企业第二步利改税试行办法》	可继续保留一部分利润用以对技术和产品进行改造
1984 年	《关于经济特区和沿海十四个港口城市减征、免征企业所得税和工商统一税的暂行规定》	深圳等四个经济特区和大连等沿海十四个港口城市，鼓励扩大对外经济合作和技术交流，给予减征、免征企业所得税和工商统一税的优惠
1985 年	《中共中央关于科学技术体制改革的决定》	对转让技术成果的收入给予税收优惠
1991 年	《国家高新技术产业发展开发区税收政策的规定》	出口产品产值达到当年总产值 70% 以上的，按 10% 的税率征收所得税；新办的开发区企业，从投产年度起，二年内免征所得税；对内资办的开发区企业，其进行技术转让等，年净收入在三十万元以下的，可暂免征收所得税；"火炬" 计划开发范围的高新技术新产品，不计征所得税；部分单项奖励金，可不征收奖金税
1993 年	《中华人民共和国科学技术进步法》	研发费按照成本处置

二、发展阶段：1994 ~2005 年

自 1994 年党的十四届三中全会召开以来，为进一步推动科学技术发展，采

取了系列举措进行税制改革，希望借助税收优惠的杠杆作用，激励企业加大技术
研发投入，大力推动关于扩大企业技术开发费用加计扣除政策实施，同时对各类
技术交易、科技成果转化活动提供税收优惠。这一阶段的激励自主创新的税收政
策，针对性更强，为了更好地指导企业享受创新带来的税收红利，相关部门还组
织人力、物力，对高新企业展开了税收政策培训。同时，为了发展一些重点产
业，如软件产业和集成电路产业，推出了专门性的税收优惠政策。总体而言，这
一阶段加速了激励创新的税收优惠政策改革步伐，政策红利效应开始逐步显现，
激励创新的效果也相对明显，企业自主创新积极性开始提高，如表 7 - 2 所示。

表 7 - 2　　　　　　　　　　　税制激励自主创新发展阶段

时间	重要会议/政策文件	内容
1994 年	党的十四届三中全会	增值税：改变按产品分设税目的差别税率办法；所得税：取消按企业所有制形式设置所得税的做法
1994 年	《关于个人所得税若干政策问题的通知》	个人从事技术转让可从个人所得中扣除
1995 年	《关于加速科学技术进步的决定》	明确发展高技术产业具有重要地位，实施优先帮扶
1996 年	《关于促进企业技术进步有关财务税收问题的通知》	鼓励加大投入技术研发费用，激发企业自主创新的积极性
1997 年	《关于印发个体工商户个人所得税计税办法（试行）的通知》	个体户研发费用可进入成本
1999 年	《中共中央、国务院关于加强技术创新、发展高科技、实现产业化的决定》	对高新技术产品实行税收优惠
1999 年	《关于贯彻落实中共中央国务院关于加强技术创新，发展高科技，实现产业化的决定有关税收问题的通知》	对高新技术企业增值税按 17% 税率征收后，对实际税负超过 6% 的部分实行即征即退
1999 年	《财政部、国家税务总局关于促进科技成果转化有关税收政策的通知》	自 1999 年 7 月 1 日起，科研机构、高等学校转化职务科技成果，暂不缴纳个人所得税
2000 年	《鼓励软件产业和集成电路产业发展的若干政策》	对企业所得税、增值税和进口关税等部分减免
1999 年	《财政部、国家税务总局关于贯彻落实〈中共中央、国务院关于加强技术创新，发展高科技，实现产业化的决定〉有关税收问题的通知》	从事技术研发、转让、咨询，免征营业税
2001 年	《关于非营利性科研机构税收政策的通知》	非营利性科研机构技术研发、转让、咨询，继续免征营业税和企业所得税

续表

时间	重要会议/政策文件	内容
2002 年	《财政部、国家税务总局关于股权转让有关营业税问题的通知》	技术研发、转让、咨询、技术转让股权，免征营业税
2003 年	《关于扩大企业技术开发费用加计扣除政策适用范围的通知》	盈利工业企业科研费用增长超过 10% 及以上，按 50% 抵扣应纳税

三、完善阶段：2006 年至今

随着颁布《国家中长期科学和技术发展规划纲要（2006～2020 年）》，中国正式进入大力推进科技发展阶段，为了配合推动科技发展，税收制度也加大了改革力度，短短 10 年时间，推出了比过去 20 年还多的优惠政策。不仅针对高新企业、孵化器提出了针对性优惠政策，也对科研单位不断放宽政策。紧密结合企业反映的问题，改革后的优惠政策内容也更加全面和具体，全方位的税收优惠政策束逐渐形成，如表 7 - 3 所示。

表 7 - 3　　　　　　　　　　　税制激励自主创新完善阶段

时间	重要会议/政策文件	内容
2006 年	《国家中长期科学和技术发展规划纲要（2006～2020 年）》	围绕自主创新投入、引进新技术、技术准入、孵化器及科技园内企业税收优惠等，设立了 8 条税收优惠政策
2006 年	《国务院关于实施〈国家中长期科学和技术发展规划纲要（2006～2020）〉若干配套政策的通知》	围绕认定高新技术企业、支持建设国家自主创新示范区、培育和发展战略性新兴产业、鼓励软件产业和集成电路产业发展等，设立了 10 项激励自主创新的税收优惠政策措施
2007 年	《关于促进创业投资企业发展有关税收政策的通知》	创投企业以股权投资方式投资于未上市中小高新技术企业 2 年以上（含 2 年），可按其对中小高新技术企业投资额的 70% 抵扣应纳税所得额
2007 年	全国人民代表大会第五次会议通过了《中华人民共和国企业所得税法》	所得税优惠：高新技术企业，减按 15% 税率；技术转让所得不超 500 万元的部分免征；超过 500 万元部分，减半征收；企业研发费用，按研发费用 50% 加计扣除；形成无形资产的，按无形资产成本的 150% 摊销
2007 年	《关于延长国家大学科技园和科技企业孵化器税收政策执行期限的通知》	对其向孵化企业出租场地、房屋以及提供孵化服务的收入，免征营业税，执行期限至 2012 年 12 月 31 日
2007 年	《财政部、国家税务总局关于国家大学科技园有关税收政策问题的通知》	自用或提供给孵化企业使用的房产、土地，免征房产税和城镇土地免征使用税

续表

时间	重要会议/政策文件	内容
2007 年	《财政部、国家税务总局关于科技企业孵化器有关税收政策问题的通知》	自用或提供给孵化企业使用的房产、土地，免征房产税和城镇土地免征使用税
2008 年	《关于企业所得税若干优惠政策的通知》	规定了软件和集成电路行业的所得税减免政策，如集成电路线宽小于 0.25um 的企业，可以减按 15% 的税率
2008 年	《关于对部分进口税收优惠政策进行相应调整的公告》	为生产《国家高新技术产品目录》中产品，而进口自用设备和技术，符合规定的免征关税
2008 年	《中华人民共和国增值税暂行条例实施细则》	直接用于科学研究、科学试验和教学的进口仪器免征增值税
2009 年	《关于实施创业投资企业所得税优惠问题的通知》	创投企业采取股权投资方式投资于未上市的中小高新技术企业 2 年以上，可按照其对中小高新技术企业投资额的 70% 征税
2009 年	《关于实施高新技术企业所得税优惠有关问题的通知》	截至 2007 年底仍未获利的高新技术企业，可享受税收优惠
2009 年	《财政部、国家税务总局关于技术先进型服务企业有关税收政策问题的通知》	2009 年 1 月 1 日至 2013 年 12 月 31 日，对经认定的技术先进型服务企业，减按 15% 的所得税税率
2010 年	《关于调整大型环保及资源综合利用设备等重大技术装备进口税收政策的通知》	为生产国家支持发展的大型环保和资源综合利用设备，免征关税和进口环节增值税
2010 年	《关于高新技术企业境外所得适用税率及税收抵免问题的通知》	来源于境外所得可以按照 15% 的优惠税率缴纳企业所得税
2010 年	《财政部、国家税务总局关于示范城市离岸服务外包业务免征营业税的通知》	至 2013 年 12 月 31 日，对注册在北京等 21 个中国服务外包示范城市的企业从事离岸服务外包业务取得的收入免征营业税
2010 年	《财政部、科技部、国家发展改革委、海关总署、国家税务总局关于科技重大专项进口税收政策的通知》	自 2010 年 7 月 15 日起，对承担《国家中长期科学和技术发展规划纲要（2006~2020 年）》中科技重大专项项目（课题）的单位，进口所需国内不能生产的关键设备等，免征进口关税和进口环节增值税
2011 年	关于修改《中华人民共和国个人所得税法》的决定	省级人民政府、国务院部委和中国人民解放军军以上单位，以及外国组织、国际组织颁发的科学、教育、技术等方面的奖金免纳个人所得税
2011 年	《关于继续执行研发机构采购设备税收政策的通知》	符合规定条件的内资研发机构和外资研发中心采购国产设备，免征进口关税和全额退还进口环节增值税、消费税

续表

时间	重要会议/政策文件	内容
2011 年	《关于软件产品增值税政策的通知》	销售其自行开发生产的软件或将进口软件进行本地化改造后对外销售，按 17% 的法定税率征收增值税后，对其增值税实际税负超过 3% 的部分实行即征即退政策
2011 年	《国务院关于印发进一步鼓励软件产业和集成电路产业发展若干政策的通知》	对符合条件的软件企业和集成电路设计企业从事软件开发与测试，信息系统集成、咨询和运营维护，集成电路设计等业务，增值税即征即退，免征营业税
2011 年	《关于高新技术企业境外所得适用税率及税收抵免问题的通知》	对来源于境外所得可以按照 15% 的优惠税率缴纳企业所得税
2011 年	《关于退还集成电路企业采购设备增值税期末留抵税额的通知》	对国家批准的集成电路重大项目企业因购进设备形成的增值税期末留抵税额准予退还
2012 年	《关于深化科技体制改革加快国家创新体系建设的意见》	加大对中小企业、微型企业技术创新的财政和金融支持，落实好相关税收优惠政策
2012 年	《关于进一步扶持新型显示器件产业发展有关税收优惠政策的通知》	享受进口国内不能生产的自用生产性原材料、消耗品免征进口关税的优惠政策
2012 年	《关于促进企业技术改造的指导意见》	对技术转让、引进先进技术设备、零部件等实行税收优惠政策
2013 年	《关于国家大学科技园税收政策的通知》	自 2013 年 1 月 1 日至 2015 年 12 月 31 日，自用或无偿孵化企业出租场地、房屋以及提供孵化服务的收入，免征营业税
2013 年	《关于科技企业孵化器税收政策的通知》	自 2013 年 1 月 1 日至 2015 年 12 月 31 日，自用或无偿孵化企业出租场地、房屋以及提供孵化服务的收入，免征营业税
2013 年	《关于中关村国家自主创新示范区企业转增股本个人所得税试点政策的通知》	示范区中小高新技术企业以未分配利润、盈余公积、资本公积向个人股东转增股本时，个人股东一次缴纳个人所得税确有困难的，可分期缴纳，但最长不得超过 5 年
2013 年	《关于中关村国家自主创新示范区有限合伙制创业投资企业法人合伙人企业所得税试点政策的通知》	注册在示范区内的有限合伙制创业投资企业采取股权投资方式投资于未上市的中小高新技术企业 2 年以上，按投资额 70% 抵扣应纳税所得额
2013 年	《关于中关村、东湖、张江国家自主创新示范区和合芜蚌自主创新综合试验区有关股权奖励个人所得税试点政策的通知》	对试点地区内的高新技术企业转化科技成果，以股份或出资比例等股权形式给予本企业相关技术人员的奖励，技术人员一次缴纳税款有困难的，可分期缴纳个人所得税，但最长不得超过 5 年
2014 年	《关于中关村国家自主创新示范区有关股权奖励个人所得税试点政策的通知》	获得奖励人员在获得股权时，股权奖励的计税价格参照获得股权时的公平市物价格确定，但暂不缴纳税款；在取得分红或转让股权时一并缴纳

续表

时间	重要会议/政策文件	内容
2015 年	《国家税务总局关于支持上海科技创新中心建设的若干举措》的通知	为激励人才创新创业，推出 10 项纳税服务和税收征管创新举措
2015 年	《关于完善研究开发费用税前加计扣除政策的通知》	研发费用未形成无形资产计入当期损益的，按实际发生额 50%，从纳税所得额中扣除；形成无形资产的，按照无形资产成本的 150% 在税前摊销
2016 年	《关于扶持新型显示器件产业发展有关进口税收政策的通知》	符合条件的零部件免征进口关税和进口环节增值税
2016 年	《关于科技企业孵化器税收政策的通知》	自 2016 年 1 月 1 日至 2018 年 12 月 31 日，自用以及无偿或通过出租等方式提供给孵化企业使用的房产、土地，免征房产税和城镇土地使用税、营业税；"营改增"试点期间免征增值税

第二节　中国企业所得税优惠激励自主创新的经验数据分析

税收政策对企业自主创新的激励与阻滞作用是理论界的一个研究热点，本部分在采集 2005～2015 年中小板企业的面板数据基础上，分析税收政策对自主创新的激励与阻滞，为进一步分析中国税收政策并提出优化建议，提供实证基础。

一、税收与自主创新关联性分析研究现状

国际社会关于税收政策与自主创新的研究较为丰富，多数研究认为税收优惠政策可以激活创新活力，但也有研究发现仅对部分行业有效（Shah，1995）。典型代表研究如曼斯菲尔德（Mansfield，1986）美国政府每进行 1 美元的税收抵免，企业将增加 0.35 美元的研发投入。布鲁姆（Bloom，1997）调研分析后指出每减免 10% 税收，将刺激增加 1% 的短期研发投资和 10% 的长期投资增加额[1]。伯恩斯坦（Bernstein，1986）分析加拿大数据，及霍尔和万（Hall and Van，1999）对 7 个欧洲国家进行数据分析[2]，均发现政府每抵免 1 美元税收，将激励企业增

---

[1]　Bloom Nick, Rachel Criffith, John Van Reenen, "Do R&D Tax Credits Work Evidence from a Panel of Countries 1979", *Journal of Public Economics*, 2002 (85).

[2]　Hali, Van Reene J, "How Effective are Fiscal Incentives for R&D: A New Review of the Evidence", *Research Policy*, 2000 (29).

加 1 美元研发支出。莱池 (Lach, 2000) 分析以色列数据，发现每抵免 1 美元税收，可激励企业 0.41 美元的研发支出。盖莱克和万 (Guellec and Van, 2003) 调研分析了 17 个经济合作与发展组织 (OECD) 国家数据，验证了税收优惠可以有效激活企业创新活力[①]。沙哈 (Shah, 1995) 分析墨西哥、巴基斯坦、土耳其三国数据，发现税收激励政策并不能有效激励所有行业增加创新活力，仅提高化工等行业创新活力。

进入 21 世纪以后，中国税收政策开始重点关注以税收优惠激活企业创新活力，这方面的理论研究和实证分析也随之增加。与国际社会一样，大多数研究表明税收优惠可以有效激活企业创新活力，但是也有学者认为效果并不明显。胡卫和熊鸿军 (2005) 验证了税收优惠对企业自主创新研发支出有正向激励。[②] 同样，匡小平和肖建华 (2008)[③]、贾康和刘军民等 (2011)、朱平芳和徐伟民 (2003)、蒋建军和齐建国 (2007)、马伟红 (2011)[④]、张宏翔和熊波 (2012)[⑤] 等人分别采用不同指标，或者搜集不同区域数据，验证了这一观点。但是，也有一些学者的实证研发发现税收优惠并不能有效促进企业自主创新。邓晓兰和唐海燕 (2008) 以增值税与企业所得税为例，发现我国现行税收政策对企业研发投入的激励作用有限。方重 (2010) 认为税收政策对于企业自主创新的激励机制设置则相对先行，其结果反而使一些重要税种的制度对企业的自主创新形成了约束。陈晓和方保荣 (2001)，采集了中国 30 个省、市的数据，发现增值税优惠对刺激创新政策并不明显。吴秀波 (2003) 分析了 9 类 37 项研发费用扣除，发现科技税收优惠政策效果不明显。

上述研究存在差异的原因，一方面，是因为税收框架和制度制定存在复杂性，无论是制度还是执行，均存在不完善和差异性；另一方面，是由于实证分析过程中采取的方法不尽相同，这也导致了研究结果存在差异性。

二、模型建构与假设

对所得税税收优惠对企业自主创新的激励作用进行实证研究，第一步定义相

---

① Guellec D. Van Pottelsberghe, "The Impact of Public R&D Expenditure on Business R&D", *Economic Innovation New Technology*, 2003 (12).

② 胡卫、熊鸿军:《R&D 税收刺激——原理，评估方法与政策含义》，载于《管理科学》2005 年第 1 期。

③ 匡小平、肖建华:《我国自主创新能力培育的税收优惠政策整合——高新技术企业税收优惠分析》，载于《当代财经》2008 年第 1 期。

④ 马伟红:《税收激励与政府资助对企业 R&D 投入影响的实证研究：基于上市高新技术企业的面板数据》，载于《科技进步与对策》2011 年第 28 期。

⑤ 张宏翔、熊波:《促进企业自主创新的税收政策：基于国际比较视角的思考》，载于《科技进步与对策》2012 年第 29 期。

关变量；第二步构建模拟模型；第三步提出相关假设。

（一）变量设置

1. 因变量

本部分研究希望得到提升自主创新研发强度的因素，因此设定研发强度为因变量。研发强度（RDI）这一因素采用普遍认可的"研发支出除以主营业务收入"这一公式为计算标准。

2. 解释变量

因为中国税种丰富，即便是流转税也包括多种税种，考虑到目前中国第一大税为企业所得税，因此采用实际企业所得税税率（Etr）为解释变量，采用所得税费用除以息税前利润进行计算。

3. 控制变量

根据以往研究及实际调研，综合考虑各类影响自主创新的因素，以下要素为控制变量：

第一，企业所有权性质（Own）。一些研究表明中国国有企业因为政治关联，拿到税收优惠的可能性更大，但是却很难激励其增加自主创新优惠，而民营企业则有可能更好地促进自主创新，因此增加企业所有权性质为控制变量，所有权为民营企业的取 1，否则取 0。

第二，企业年龄（Age）。成立时间交叉的企业往往熵值过高，可能存在自我革命惰性及抵抗力，或者组织机构运转过于复杂，因此不愿意积极投入到自主创新中来，而成立时间较短的企业，本身就处于"摸着石头过河"阶段，更有积极性进行自主创新，因此增加企业年龄为控制变量。

第三，规模（lnasset）。通常而言规模较大的在位企业，层级机构多、分支机构多，组织机构庞大且复杂，稳定性较高，打破稳定性也较难，很多大规模企业在尝试创新尤其是颠覆创新时，都担心会给原有组织机构带来不利冲击，因此要么采组织外创新的模式，要么采取缓慢推动的创新模式。而规模小的企业因"船小好调头"，在面临激烈的竞争环境时，更愿意以创新求生存，取得快速发展。因此，增加规模为控制变量。

第四，企业性质（Hete）。一般而言，高新技术企业更倾向于创新，这是企业资质和特点的重要表现，而非高新技术企业则创新性有可能相对较弱。当然也有一些企业正走在通往高新技术企业的道路上，这些企业的创新性也很强。但是基于数据采集的困难度，仅以是否为高新技术企业为控制变量，如果是高新技术企业取 1，否则取 0。

第五，人力资本（Hrc）。通常而言，人力资本质量和存量较高的企业，自主创新能力较强，自主创新氛围也较好，反之亦然。因此，以人力资本为一个控制变量。因人力资本存量和质量不易测算，因此采用本科以上员工所占的比例为测算依据。

第六，市场竞争强度（*Sellratio*）。一般而言，竞争强度大，行业就可能处于快速成长阶段，优胜劣汰的市场机制发挥作用明显，可能倒逼企业进行自主创新。反之，市场竞争强度小时，行业或者尚处于萌芽期，或者处于行业成熟后期甚至衰退期，或者行业属于垄断行业，企业陷入惰性或保守的发展方式，自主创新积极性不大。因此，选取市场竞争强度为控制变量。

第七，营业利润率（*Operatio*）。当企业营业利润率高时，更加具备创新的资本支持能力，利润率低时则可能迫于压力，削减研发投资。因此选取营业利润率为控制变量，采用营业利润除以营业收入进行计算。

（二）模型构建

基于上述变量确定，检验税收优惠对企业研发创新投入的影响，构建稳健性回归模型：

$$RDI = \beta_0 + \beta_1 Etr + \beta_2 Inasset + \beta_3 Hete + \beta_4 Age + \beta_5 Hrc + \beta_5 Sellratio$$
$$+ \beta_6 Operatio + \beta_7 Own + \zeta \qquad (7-1)$$

其中，β_0 为截距，β_1，β_2，β_3，β_4，β_5，β_6，β_7 为系数，ζ 为随机误差项。

模型（7-1）可以简单地视为由规模报酬不变的生产函数导出的研发资本需求函数，税收优惠可以看作企业研发创新投入的成本[①]。

（三）研究假设

通过上述文献分析可以看出，税收优惠或多或少激励着企业自主创新，虽然有时效果并不明显，但是并不能说完全无效。同时，考虑到税收政策比财政补贴的行政意味要小，更容易激发市场活力，也相对公平，因此，本书针对企业所得税提出如下假设：

H1：企业所得税优惠可以正向激励企业自主创新经费投入。

三、数据分析

（一）样本数据选取

考虑到本书主要研究研发投入和税收优惠，而中小板上市公司应深圳股市要

求，必须披露研发活动，在年报等公开报表中可以查询到创新投入数据，因此本书选取 2011～2015 年的中小板 838 家上市公司的面板数据，数据来源：万德数据库、国泰安数据等。

（二）描述性统计

运用 Stata 14.0 对模型进行简单的描述性统计，结果如表 7-4 所示。

表 7-4　　　　　　　　税收与创新绩效关联性描述性分析

变量	观测值	平均值	标准差	最小值	最大值
RDI	4190	0.0370	0.0399	0.0000	0.5155
Etr	4190	0.1258	0.5370	-19.8406	4.9278
Operatio	4190	0.0929	0.1696	-5.405	0.6897
Age	4190	18.0286	4.7936	8.0000	59.0000
Hrc	4190	0.1804741	0.1927	0.0000	0.9230
Sellratio	4190	0.0922901	0.169599	0	0.7315
lnasset	4190	21.37081	1.359131	17.68	25.47
Own	4190	—	—	民营公司 527 家	国有公司 311 家
Hete	4190	—	—	高新技术企业 526 家	非高新技术企业 312 家

从简单描述性统计结果来看，选取的中小板上市样本公司的研发强度 RDI 达 3.70%。据报道，四大科技巨头高通、Facebook、谷歌和苹果在 2015 年的研发投入占比分别为 22%、21%、15%；中国华为研发投入占比为 14.2%；中国评剧研发投入占比为 2.08%。综合比较，中小板上市公司的平均研发投入超过了中国平均水平，创新投入水平相对较高，最大的达 51.55%（四维图新，2013 年投入强度为 51.55%；除此之外，四维图新和久期软件近五年研发投入强度均超过 40%），投入较大的公司即便与世界科技巨头相比也并不逊色，但是也有的公司投入较少，不同公司之间创新投入差距较大，需要进一步结合控制变量进行分析。实际企业所得税率均值为 12.58%，其中低于平均实际所得税率 12.58% 的公司有 399 家，与国家统一制定的 25% 企业所得税税率相比，处于低税负水平。

控制变量中与上述结果现状相关的是企业成立时间、人力资本和经营利润。平均成立年限为 18.5 年，最短成立时间为 8 年（有微光股份、和科达、凯中精密、贝肯能源 4 家公司），最长为 59 年（江海股份）。人力资本平均数据为 18.05%，太极股份的本科生占全部员工比高达 92.3%，此外二三四五公司的本科生占全部员工比也超过 90%。营业利润率平均水平为 9.29%，最高的高达 68.97%（二六三）。

市场竞争度平均水平为9.22%，最高的为73.1%（中科云网）。资产规模最小的是英维克（资产总额47729971.2元），资产规模最大的是比亚迪（资产总额1154857550元）。高新技术企业526家，非高新技术企业312家。

（三） 相关性分析

税收与创新绩效关联性相关性分析如表7－5所示。

表7－5　　　　　　　　　税收与创新绩效关联性相关性分析

	RDI	Etr	Lnasset	Ind	Age	Hrc	Sellratio	Operatio	Own
RDI	1.0000								
Etr	−0.0266 *	1.0000							
Lnasset	−0.0110	−0.0081 *	1.0000						
Hete	0.3661 ***	−0.0564 ***	−0.0507 ***	1.0000					
Age	−0.0070 *	−0.0058 *	0.0620 ***	0.0374 ***	1.0000				
Hrc	0.4378 ***	−0.0486 **	0.1768 ***	0.4525 ***	0.0531 ***	1.0000			
Sellratio	0.1774 ***	−0.0262 *	−0.0402 ***	0.0708 ***	−0.0300 **	0.1106 ***	1.0000		
Operatio	0.0271 *	0.0503 ***	0.0163 *	0.0460 **	−0.0023 *	0.1125 ***	0.0226 *	1.0000	
Own	0.0577 **	0.0127 *	0.1145 ***	−0.0047 *	−0.0025 *	0.0013 *	0.0566 ***	−0.0450 **	1.0000

注：*、**、***分别表示在10%、5%、1%显著性水平下显著。

各变量之间的 Pearson 相关系数检验结果发现，研发强度与实际所得税收在10%的显著性水平下显著负相关。而解释变量和控制变量之间的相关系数均在0.50以下，表明模型不存在多重共线问题。

（四） 多元回归分析

为进一步验证税收政策对中小企业研发创新的影响，按照前述模型进行回归分析。以下是回归分析的结果，如表7－6所示。

表7－6　　　　　　　　　税收与创新绩效关联性多元回归分析

变量	模型1	模型2
Etr	0.0003 (0.32)	−0.0021 * (−1.88)
Lnasset	−0.0018 *** (−4.50)	

续表

变量	模型 1	模型 2
Hete	0.0364 *** (13.07)	
Age	− 0.0002 * (− 1.90)	
Hrc	0.0725 *** (22.44)	
Sellratio	0.0582 *** (8.76)	
Operatio	− 0.0048 (− 1.53)	0.0074 ** (2.02)
Own	0.005 *** (4.26)	0.0052 *** (3.85)
常数项	0.0579 *** (6.61)	0.0329 *** (27.87)
样本值	4190	4190
F 值	174.57	7.08
Adj − R^2	0.249	0.0043

注：*、**、*** 分别表示在 10%、5%、1% 显著性水平下显著。

　　回归 1 虽然在显著性水平下显著，模型的拟合程度也比较好，但是主变量 Etr 是不显著的，因此将 Etr 作为主变量进行多次回归之后得到模型（7 - 2）：

$$RDI = -0.0021 \times Etr + 0.0074 \times Opertio + 0.0052 \times Own + 0.0329 \quad (7-2)$$

　　总体来看，在 F 检验上模型通过了检验，回归参数的估计都较好的通过了检验，具体情况如下：

　　从模型（7 - 2）的结果来看，相关系数都是显著的。税收政策与研发强度呈现负相关关系，税率每增加 1 个百分点，企业研发投入就会下降 0.0021 个百分点。表明实际所得税税率越低，企业研发创新水平越高。这一研究表明，所得税税率优惠促进企业增加研发创新投入。

　　此外，进一步分析控制变量对研发投入的影响，可见营业利润和所有权两个控制变量回归结果显著性较好，这说明，营业利润率越高，公司在享有税收优惠时，越愿意投入更多的资金进行研发创新；当公司为民营企业时，在享有税收优惠时，相对比国企而言，民营公司投入的研发创新资金会越高。而其他控制变量，包括人力资本、竞争程度、是否高新技术企业、公司年龄、规模和市场竞争度等几个变量，因回归不显著，并没有变现出基于这些变量会发生税收与创新之间的关联波动。由此，基于中小板上市公司近五年数据，可知假设成立：企业所得税优惠可以正向激励企业自主创新经费投入成立，且与公司所有权性质和营业利润密切相关。

第三节　中国企业税负税权现状分析及改进建议

一方面是特朗普宣布给制造业大幅降税，另一方面是中国企业家坦言税负太重，甚至有李光炜教授等学者经过调查和测算提出中国是"死亡税率"[①]。仔细分析发现，这里面涉及税负口径区分，要区别针对税与费提出解决方案。同时，2017 年 3 月 15 日，国务院总理李克强在全国两会闭幕后的中外记者见面会上表示，力争 2017 年减税降费能够达到万亿元人民币。本节在比较中美税负的基础上，对中国税负负担分析、税权缺失等问题进行分析，并提出降低企业税负，激活自主创新的建议。

一、中美税负比较研究

当下关于中美税负比较的争论较多，本书从中美税制结构、税率和实际所得税三个维度进行分析，希望得到一个相对全面的比较分析结果，为中国税负改革提供参考。

（一）　中美税制结构比较研究

一国税制结构包括了税种、税收范围和征收管理体制的综合体系[②]，不同的税制结构反映了不同的税收管理思想，也影响了国家经济发展路径。

美国采用联邦、州和地方政府分别制定税收立法和执行的多级征收体制，不同政府的主要征收税种又有所区别，联邦政府税收收入主要来自所得税，州政府的税收收入主要来自消费税，经济发展水平高的州政府通常制定相对较高的消费税率，而地方政府的税收收入则主要来自财产税。总体而言，美国是直接税为主的税收体系，以所得税和社会保障税为主，其中个人所得税占据了较为重要的单位。因为增值税可能带来不公平税收，且纳税主体不好确定等因素，美国没有增收增值税。

中国自 1994 年开始实施分税制，实行"分权、分税、分管"，通过分税制处

　　① 冯兴云、李炜光、臧建文、张林、刘林鹏：《民营企业生存、发展与税负调查报告》，载于《学术界》2017 年第 2 期。

　　② 肖怡：《中美税制的差异：基于制度视角的比较研究》，西南财经大学研究生院博士论文，2011 年。

理中央政府和地方政府的财权与事权关系。中国是以流转税和所得税为主的税收体系，增值税占了较大份额，所得税中企业所得税占据了较大地位，个人所得税相对较少。

（二）　中美企业税率比较

在中美税制结构比较基础上，我们进一步分析中国和美国名义税率的区别，如表 7 - 7 所示。

表 7 - 7　　　　　　　　　　中美名义税率比较

税种	中国税率	美国税率	备注
增值税	四档：17%、13%、11%、6%；2017 年将改为三档	无。原因是认为：具有累退的性质，有违公平目标；税负易于转嫁，税收归宿不确定等	研究表明：中国制造业企业代缴的增值税实际约有 1/3 无法转移，即相当于营业收入 4% ~ 6% 的代缴增值税实际上沉淀为制造业企业税负①
消费税	不同种类不同税率，介于 1% ~ 56% 之间	不同种类不同税率，各州亦不相同	因为是间接税，主要影响消费者，对企业影响则很小
企业所得税	税率为 25%，高新技术企业享受优惠税率 15%	联邦、州和地方政府重复征收，OECD 统计后得出：2016 年美国联邦政府企业所得税实际税率为 32.89%，州政府与地方政府企业所得税实际税率为 6.04%，合计为 38.92%。（2017 年 5 月提出税改方案，降为 15%）	
社保税	无，但养老保险金和失业保险金相当于美国的社保税，二者缴纳比例为工资毛额的 22% 左右（各地区不同）	为工资毛额的 6.2%	中国合计为 42% 左右，美国为 8% 左右
医疗保险金	工资毛额的 10% 左右	为工资毛额的 1.45%	
住房公积金	为工资总额的 10% 左右（各地区不同）	无	

（三）　中美实际所得税率对比

在上面的分析中，仅仅就不同税种的税率进行了简单对比，但是因为中美税

---

① 江鸿、贺俊：《中美制造业税负成本比较及对策建议》，财经网，2016 年 12 月 28 日。

制结构的不同，进行简单的税率比较，并不能反映出中美实质税负的差别，应该进行实际税率对比。

1. 税制差异引致税负差异

美国虽然曾经尽力推动征收增值税，但是因为增值税具有累退性质，这容易导致不公平现象出现，因此以"民主、公平"为口号的美国民众不愿意接受增值税。同时，增值税还容易进行税负转嫁操作，税负归宿确定容易出现偏差。所以，增值税在美国一直没有推动成功。

中国近年来进行了营业税改增值税的全面推广，一些企业享受到了税收变革的制度红利。但是对于制造业来说，这类型企业本身就不缴纳营业税，其适用的增值税税率又一般处于增值税的高税阶段：13%或17%，并没有享受到服务业的"营改增"红利。同时制造业的销售业务环节又基本是开票收入，需要出具增值税销项发票，而某些进项业务又可能无法取得增值税的进项发票，这样就没有实现增值税的环节抵扣，将税负压力留给了制造业。有研究表明，中国的制造业企业约有1/3的增值税无法实现环节抵扣[①]，如果按13%或17%的增值税税率计算，则大概有介于4%~6%区间的税率无法抵扣，成为沉淀性增值税税负，给制造业带来了额外税负压力。

2. 不同利润率对应不同实际税负

因为增值税税种的不同，美国和中国的税负不能靠简单税率相加总进行比较，必须进行实际税负比较。经过研究又发现，不同利润率对应的不同实际税负差别较大。研究指出：中国制造业企业只有达25%以上的利润率，才能享有与美国制造业企业38%左右的同等税负。否则，将承担逐级增加的税收负担。如果美国正式实行税改方案，降税至15%，经测算，中国企业无论多少利润率，都不能达到同等税负水平。2015年，工业和信息化部部长苗圩曾在《求是》发表文章，其中就谈到中国工业行业平均利润率并不高，长期以来一直介于6%~7%区间。通过实际测算和比对，可以发现，这个利润区间的中国制造业承受的实际税负远高于美国制造业。同时，特朗普提出进一步降低美国税率，将对中国制造业带来更大的冲击。再加之考虑近来持续上升的房价、人工成本，中国制造业确实面临着巨大发展压力。下面，将与OECD调研得出的美国2016年所得税实际税率38.92%进行比较。通过计算，中国制造业企业在利润率达24.56%时，与OECD测量的美国2016年的税率38.92%相符；当中国制造业企业利润率高于24.56%时，承受的实际税负要低于美国；当中国制造业企业利润率低于24.56%时，承受的实际税负要高于美国，而且是逐级增加实际税负；当中国制造业企业利润率进入7%时，承受的实际税负已经远高于美国；当中国制造业企业利润率

---

① 江鸿、贺俊：《中美制造业税负成本比较及对策建议》，财经网，2016年12月28日。

进入5%时，承受的实际税负已经达93.40%，如果再加之各种费，除了亏损已经没有别的可能，如表7-8所示。

表7-8　　　　不同利润率水平下我国规上制造业企业主要税种的实际税负

营业收入	利润率（%）	税前利润 B	所得税 C = B×25%	增值税 D（按沉淀税率4%）*	纳税总额 E = C + D	折算所得税税率 = E/B（%）
A	—	—	—	**0.0342A**	—	**15**
A	30	0.3000A	0.0750A	0.0342A	0.1092A	36.4
A	**24.56**	**0.2672A**	**0.0668A**	**0.0342A**	**0.1010A**	**38.92**
A	15	0.1500A	0.0375A	0.0342A	0.0717A	47.80
A	10	0.1000A	0.0250A	0.0342A	0.0592A	59.20
A	7	0.0700A	0.0175A	0.0342A	0.0517A	73.86
A	5	0.0500A	0.0125A	0.0342A	0.0467A	93.40

注：* 本处计算方法采用 $1/1.17 \times 0.04 = 0.0342$。

进一步回到与利润相关的实际税率进行分析，如果利润率达到一定高度，中国制造业的实际税率将没有如此之大的压力。但是面对一路攀升的房地产价格、人工成本、物流成本，以及虽然相对稳定却比美国高的融资成本等压力，企业的利润空间一再被挤压，再加之以各种名目的费，企业生存压力很大。所以综合看问题，则可以发现企业面对的不仅是税负压力，各类生产成本上升和潜在的制度成本，都挤压了企业的利润空间。

二、"费"加剧了中国企业生存压力

上面的分析仅仅涉及税，如果再加上各种名目的"费"，企业的压力则更大。根据官方统计口径和实际调研，发现中国企业目前面对的"费"至少有106项，而国家发展改革委在对某知名食品饮料集团实地调研后，汇总出该集团在2015年缴纳的各种费达317项，虽然比该集团自己提出的533项相比少了216项，其"费"的名目也已不少。

（一）"费"类分析

一般来说，涉及企业、个人的政府收费项目主要来自政府性基金、专项收入和行政事业性收费收入三大类，这三类可以根据官方口径进行费的种类和名目统计，可得到最少106种费，如表7-9所示；如果进一步对这些费进行细分，名目数量将远超这一数字；除此之外，如果加上罚没收入和国有资源有偿使用收入等费种，将增加更多名目的费种。

表 7 - 9　　　　2017 年政府收支分类下三大类政府收费名单

专项收入	
1	排污费收入
2	水资源费收入
3	教育附加费收入
4	铀产品销售收入
5	三峡库区移民专项收入
6	国家留成油上缴收入
7	场外核应急准备收入
8	地方教育附加收入
9	文化事业建设费收入
10	残疾人就业保障金收入
11	教育资金收入
12	农田水利建设资金收入
13	育林基金收入
14	森林植被恢复费
15	水利建设专项收入
16	其他专项收入
行政事业性收费	
1	公安行政事业性收费收入
2	法院行政事业性收费收入
3	司法行政事业性收费收入
4	外交行政事业性收费收入
5	工商行政事业性收费收入
6	商贸行政性事业性收费收入
7	财政行政事业性收费收入
8	税务行政事业性收费收入
9	海关行政事业性收费收入
10	审计行政事业性收费收入

	行政事业性收费
11	人口和计划生育行政事业性收费收入
12	国管局行政事业性收费收入
13	外专局行政事业性收费收入
14	保密行政事业性收费收入
15	质量监督检验检疫行政事业性收费收入
16	出版行政事业性收费收入
17	安全生产行政事业性收费收入
18	档案行政事业性收费收入
19	港澳行政事业性收费收入
20	贸促会行政事业性收费收入
21	宗教行政事业性收费收入
22	人防办行政事业性收费收入
23	中直管理局行政事业性收费收入
24	文化行政事业性收费收入
25	教育行政事业性收费收入
26	科技行政事业性收费收入
27	体育行政事业性收费收入
28	发展与改革（物价）行政事业性收费收入
29	统计行政事业性收费收入
30	国土行政事业性收费收入
31	建设行政事业性收费收入
32	知识产权行政事业性收费收入
33	环保行政事业性收费收入
34	旅游行政事业性收费收入
35	海洋行政事业性收费收入
36	测绘行政事业性收费收入
37	铁路行政事业性收费收入
38	交通行政事业性收费收入
39	工业信息产业行政事业性收费收入
40	农业行政事业性收费收入

续表

	行政事业性收费	
41	林业行政事业性收费收入	
42	水利行政事业性收费收入	
43	卫生行政事业性收费收入	
44	食品药品行政事业性收费收入	
45	民政行政事业性收费收入	
46	人力资源和社会保障行政事业性收费收入	
47	证监会行政事业性收费收入	
48	银监会行政事业性收费收入	
49	保监会行政事业性收费收入	
50	电力市场监管行政事业性收费收入	
51	仲裁委行政事业性收费收入	
52	编办行政事业性收费收入	
53	党校行政事业性收费收入	
54	监察行政事业性收费收入	
55	外文局行政事业性收费收入	
56	南水北调行政事业性收费收入	
57	国资委行政事业性收费收入	
58	其他行政事业性收费收入	
	政府性基金收入	
1	农网还贷资金收入	
2	铁路建设基金收入	
3	民航发展基金收入	
4	海南省高等级公路车辆通行附加费收入	
5	港口建设费收入	
6	新型墙体材料专项基金收入	
7	旅游发展基金收入	
8	国家电影事业发展专项资金收入	
9	新增建设用地土地有偿使用费收入	
10	南水北调工程基金收入	
11	城市公用事业附加收入	

续表

	政府性基金收入
12	国有土地收益基金收入
13	农业土地开发资金收入
14	国有土地使用权出让收入
15	大中型水库移民后期扶持基金收入
16	大中型水库库区基金收入
17	三峡水库库区基金收入
18	中央特别国债经营基金收入
19	中央特别国债经营基金财务收入
20	彩票公益金收入
21	城市基础设施配套费收入
22	小型水库移民扶助基金收入
23	国家重大水利工程建设基金收入
24	车辆通行费
25	核电站乏燃料处理处置基金收入
26	可再生能源电价附加收入
27	船舶油污损害赔偿基金收入
28	废弃电器电子产品处理基金收入
29	烟草企业上缴专项收入
30	污水处理费收入
31	彩票发行机构和彩票销售机构的业务费用
32	其他政府性基金收入

资料来源：陈益刊：《今年全国政府三大类收费106项　李克强要求继续清理》，第一财经，2017年2月10日。

中国制造业似乎正处于一个沉重不堪的行进模式中，加之美国强力提振制造业，《中国制造2025》战略似乎面临着重重困境。虽然我们也在提倡调整产业结构，正在不断增加第三产业比例，但是按照国际现有规律可知，当服务业占产业结构的60%以上后，会出现服务业比例与增长速度天花板的"魔咒"：一个国家服务业增加至60%的时候，经济增长速度必然会下行至6%以下（周天勇，2016）。因此，从多种角度来看，都亟须优化中国制造业的税费压力。

（二） 宏观税负分析

中国宏观税负到底高不高一直具有争议，实际上是遴选了不同口径，就会出现不同的宏观税负比重，在仅进行税收收入统计的小口径下，中国的宏观税负并不高，但是当逐渐增加口径进行统计时，发现中国宏观税负压力越来越大。当下，福利国家的宏观税负一般在44% ~50%，福利国家的公民享受着较好的福利待遇，有的国家实现了从出生到死亡的全福利政策。但是中国的宽口径计算下，宏观税负虽然接近福利国家水平，但是公民福利却远未达到福利国家公民的待遇。这就造成了企业税负过重难以发展的现状，必须积极改进这一问题，需求发展突破，如表 7 - 10 所示。

表 7 - 10　　　　　　　　中国宏观税负多口径统计　　　　　　　　单位：%

口径	2012 年	2013 年	2014 年	2015 年
小口径（税收收入占 GDP 比重）	18.6	18.6	18.5	18.2
中口径（税收收入和社会保障缴款之和占 GDP 比重）	23.3	23.4	23.5	23.3
宽口径1（包括一般预算收入、政府性基金收入、国有资本经营预算收入和社保基金收入的政府财政收入占 GDP 比重，未包括土地收入）	28.2	28.6	28.8	29
宽口径2（包括税收、土地出让金、国有企业上缴、彩票收入、预算外非税收入）	35.84	38.27	37.59	36.92
宽口径3（宽口径2 + 乱集资、乱收费、乱摊派收入占 GDP 的比率，约为 2%）	37.84	40.27	39.59	38.92
宽口径4（宽口径3 + 地方政府以低补偿标准、不按市场价格标准支付征地费用，约为 2%）	39.84	42.27	41.59	40.92
宽口径5（宽口径4 + 通胀率，以消费者价格指数衡量，约为 1.4%）	41.24	43.67	42.99	42.32
宽口径6（宽口径5 + 雾霾引致停工费，约为 1%）	42.24	44.67	43.99	43.32

三、中国企业税负之痛来源分析

《福布斯》自 2000 年开始进行全球各国的税收痛苦指数排行，在 2007 年的时候中国成了"全球税负痛苦指数排行榜"52 个国家中第三名，在 2009 年和 2011 年时，中国成为税痛排行榜的第二名，自此中国税收痛苦指数一直在前三名徘徊。整体而言，原欧盟十五个成员国以及中国，是全球税负痛苦指数最高的国家。不包含中国在内的其他亚洲国家、中东各国以及俄罗斯和美国，则是税收痛苦指数最低的国家。通过上面的分析，我们看出中国企业缴纳着不同的税种和费种，除了上述细分原因，还有制度和环境问题导致企业感觉到明显的"税收痛苦"。[1]

（一）　流转税制结构加大"税痛"

如前税制结构对比分析，可知美国等税收痛苦感觉低的国家，主要以所得税税收为主要税种，而我国目前则是以增值税为主的流转税结构，在"营改增"之前的营业税也是一种流转税，总体而言，流转税的税收收入占我国税收总额的70%以上。

流转税的课税对象是流转额，征收环节按名义税率进行征收，随后会进行累退，具有累退性和税收负担间接性的特点。但是实践中缴税方往往更多关注缴纳的名义利率，在经济下行期间尤其关注名义利率。同时，部分环节的税率没有实现累退，变相加大了流转税的痛苦。因此，可见即便是相同税率，流转税也会更加明显增加税收痛苦。

（二）　税收法定未全面实现

虽然党中央和中央政府大力推进"依法治国"，但是一些领域仍旧没有实现完善的法律环境建设，这其中就包括税收制度和体系的法律建设不完善问题。党的十八届三中全会《关于全面深化改革若干重大问题的决定》中"税收法定"的工作并未全实现，各种税收政策制定由不同部门、不同区域独立制定，每个部门在制定时即便考虑了企业负担，每一项的税费比率并不高，但是多种税费加叠在一起就形成了总额较高的税费。

（三）　缺乏回溯制度，各种费层叠而出

如前分析，一些大型企业集团，每年度缴纳的各种费多达300余项，不同部门制定不同的费，彼此之间存在着重复征收的情况。此外，再加以缺乏回溯制度，即便过时不适宜的税费仍旧可能继续征收，适应新环境新特点的新税费又增加上来，这些税尤其是"费"出现了层层叠叠、重复冲突征收的情况。如此一来，就形成了一个越来越膨胀的税收征收体系，只有增加，少有削减的情况加剧了税收痛苦。

四、中国企业和公民存在税权缺失问题

中国强调税收的公平原则，也致力于应用税收为公民造福。但是，实践中仍

---

[1]　《税负痛苦指数全球第二，反驳不如反思》，国际在线，2011年9月1日。

旧可以看到中国纳税人税权缺失的问题。

（一）偏重纳税人义务

第一，企业经营中难免遇到短期资金紧张问题，这个阶段虽然可以按照《税收征管法》中制定的延期申报方法进行延期申报，但是实际上很难得以批准。

第二，法不容情在企业拖欠税款时体现明显，拖欠税款就需缴纳滞纳金，甚至需要缴纳罚款。

第三，一些区域税收出现任务摊派现象，一旦基层税收无法完成指定任务额度，就会加大征收力度，甚至存在提前征收下一年度税收的情况。

第四，一些优惠因为审批程序繁杂，很多企业不具备理顺申请环节的能力，而无奈放弃税收优惠。

第五，纳税环节繁杂、流程长、时间久，常常让纳税人感觉疲惫，再加上个别工作人员的烦躁态度，在感情和精力上都加大了税收矛盾。

总体来看，当下的税收执行更侧重于纳税人履行义务，与此对应的是，纳税人没有得到相应的权利，一直处于被动纳税的境地。

（二）漠视纳税人权利

第一，我国至今没有制定颁布税收基本法，19 个税种中只有 3 个税种是以法律形式规定的：《中华人民共和国个人所得税法》《中华人民共和国企业所得税法》和《中华人民共和国车船税法》。其他 16 个税种均是以行政法规或者部门条例规定的。因为税收法定得不健全，导致各类费的征收具有随意性和重叠性，有的地方政府为了临时增加财政收入就会出台地方性费种，纳税人面对这些不合理的费种，只有义务没有权利，这显然不符合"依法治国"的基本理念。

第二，《中华人民共和国税收征管法》对于纳税人享有的权利，范围狭窄无法解决众多实际问题。这十种权利包括：知情权、保密权、税收监督权、纳税申报方式选择权、申请延期申报权、申请延期缴纳税款权、申请退还多缴税款权、依法享受税收优惠权、委托税务代理权、陈述与申辩权。显而易见，这十种权利即便加总到一起，也仅仅是纳税人所有权利中的一小部分，尚未满足纳税人基本权利需求。

第三，纳税人的基本权利应具备两大原则：同意原则和无代表不纳税原则。显然，我们现在尚不能完全满足这两项基本原则。

五、优化中国企业税负的政策建议

在上面分析中美税制、实际税负的对比基础上，本书进一步分析了中国"税痛"大的原因，并指出缺乏税权的现实环境也不利于税制优化改革。基于此，本部分进一步提出改进建议。

（一）从财政刺激转向企业减税

随着国际金融危机爆发，中国经济也出现下滑，中央政府的策略主要是财政刺激策略，这个策略达到了一定效果，但是也形成了逐级递推的恶性循环，清华大学白重恩教授称之为新二元经济陷阱。如2016年数据显示，中国基础设施增长率达19%，高出平均固定资产增长率10个点。刺激性投资下的基础设施快速增长，在关键资源有限的环境下，会抢占市场中其他行业企业的资源要素，同时提升了人力资本等要素的成本，造成其他领域获利能力下降。同时由于基础设施建设多被垄断，行业效率并不高，这样一来，社会总体运行效率被拉低。既然政府财政刺激效果有限，我们可以将政府财力转而去帮助企业削减税负，而减负的直接可行办法就是先行减费，应在合理投资刺激的基础上，逐步降低企业的"费"收压力，拿出一部分政府财力支持企业发展。但是从目前的减税负阶段，还应直接过渡到轻税负阶段，才能真正惠利于企，帮助企业成长发展。

（二）从减税制度走向轻税制度

首先，从世界发展规律和现状来看，轻税制显然更利于企业发展和成长。当然，中国现阶段仍需保持必要的财政收入，一步到位轻税制显然不现实，可以将轻税制作为未来的改革方向。

其次，中国国情特点决定了纳税人的税权缺失，"官老爷"现象根深蒂固，减税许可似乎成了政府官员的特殊权力，官员的权力一直大于企业的税权，本末倒置的纳税环境，减税会变相为个别权力掌握者提供寻租空间。

最后，减税的实践效果并不理想。中央政府近年来一直致力于推动减少税负，但是效果并不好，仅就一般性公共预算而言，自2010年以来，在减税负政策下依旧以年平均12.88%的速度增长。同时，营改增的减税效果，也不如官方数据显示那样明显，一些企业反映降税效果并不明显。因此，无论是企业家，还是理论界，都热切盼望一次更加有效率的税费改革。

因此，应从长期考虑，逐步安排，变现在的减税模式为轻税模式才是长久可行的制度安排。

（三）明确财税三级事权，针对性减税降费

各种层叠而成的"费"，与我国财税事权不清有密切关系。虽然中央政府一直在推动事权清单建设，但是关于财税领域的事权清单一直没有明确，也就无法进一步一一对应到支出责任上。传统财税框架下，中央、省、地市、县、乡镇五

级结构，导致了"五级分税无解"的困境，省以下的分税制无法落地实践。因此，建议继续推进以"乡财县管"和"省直管县"为操作途径的"扁平化"改革，由管理部门牵头设计，考虑采用逐步细化、动态改革原则，在初步编制中央、省、市县三级结构财税事权清单的基础上，进一步对应编制支出责任对应表①。

在明确了事权清单和支出责任清单的基础上，就可以针对性地进行减税降费改革。第一，清理与事权清单不符的违规性收费；第二，进一步规范政府性基金，对城市公用事业附加等基金加以取消；第三，停征中央涉企行政事业收费项目；第四，对现有收费项目，进行针对性分析，逐步降低收费额度。

（四） 继续推动社保降费

因为中国"五险一金"的社保费用具有独有特色与问题，所以，在降费中需要单独探讨这个问题。中国社保费用具有沉重的历史遗留问题，为了解决初始建立养老保险体系时，原有国有企业退休职工无养老保险的问题，必须由后期缴费者进行承担，来解决历史遗留问题。中国现在的养老保险金需要企业缴纳工资额的20%，个人缴纳8%，合计总额达28%，比欧洲很多福利国家的养老保险还要高10个点左右。

事实上，我国人力资源和社会保障部在过去几年中一直在努力推动社保费，统计数据显示，自2014年以来，社保费率已经降低了4.15%，取得了显著成效。但是通过与欧洲福利国家数据对比，我们可以看到未来仍有进一步降低五险一金的空间。对于历史遗留问题，可以考虑从财政刺激投资的资本中，拿出部分补偿五险一金，实实在在地保留企业生存空间。

（五） 通过推动税收法定落实纳税人权利

2015年3月颁布的《中华人民共和国立法法》修改案，明确"税种的设立、税率的确定和税收征收管理等税收基本制度"只能确立法律，应在实践中积极落实税收法定的具体执行。考虑编制税收基本法，明确纳税人的义务与权利，摆正政府与纳税人之间的关系，强调纳税人在履行义务的基础上享受应得的纳税权利。

在"税收法定"原则下，推动落实现代财税体制改革，注重完善人大工作机制，确保实现：人大代表产生民主化、人大代表审议专职化、人大代表表决实质化，充分利用座谈、听证、评估等方式，保障公民有序参与立法，让民主选出的人大代表合理表达公民诉求，并通过询问、质询、特定问题调查、备案审查等方

---

① 贾康、彭鹏、刘薇、余贞利：《实施供给侧改革战略方针需要基础性改革的支撑与配套》，载于《国家行政学院学报》2018年第1期。

式回应社会关切，建立税费征收的民主表决和问询机制。

第四节　科技创业领军人才个人所得税政策探索研究

国内外关于个人所得税的研究成果丰富，实践改革也屡见不鲜。中国也在探索个人所得税制度的进一步改革，研究内容包括：个人所得税制度框架变革、免征额分析、国际税率比较、税负公平等问题，罕少有站在人才视角研判个人所得税问题的研究。本部分对科技创业领军人才、高端人才的个人所得税政策进行探析，进一步提出改进建议。

一、个人所得税对领军及高端人才的影响

人才尤其是领军人才，对推动产业建设及发展具有重大作用，一个领军人才可以颠覆一个产业、创造一个产业，也可以推动国家在某一领域取得国际主导话语权。国家战争就是人才战争，所以，各国对领军人才开展了一场持久且激烈的争夺战。而个人所得税等政策优惠，是人才战争中重要一环。

（一）　对人才流动的影响

地球村的概念生动说明了国家界限越来越模糊，无论是网络带来的信息快速交互，还是交通迅猛发展带来的国际便捷工作圈，都使人才流动可能性更大，便捷性也更高。莱文斯坦（E. G. Ravestein，1885）指出人口流动往往遵循特有规律[①]，赫伯尔（Herberle，1938）在进一步观察和实践中提出推拉理论（Push and Pull Theory），认为人口流动既受到目的地的吸引拉力，又受到本土的一切迁徙推力[②]。

中国大都市的空气、水质、土壤等生态环境业已不佳，高居不下的房地产价格成为重负，再加之以国际比较中相对高昂的个人所得税，中国本土各类领军及高端人才移民到海外的趋势越来越明显，而外国社会的高端人才同样会因此不愿意长期居留在中国。我们如果在人才流动上缺乏吸引拉力，又多有迁徙推力，高端人才流失问题将愈发严重。

弗兰克（Jacob A. Frenkel，1991）指出：高端人才富含丰富的含默知识和高超的特殊技能，他们不同于一般的劳动力长期固定工作和生活范围，他们具备与

---

①　E. G. Ravenstein, "The Laws of Migration", Ayer Company Publishers, 1885, 86.

②　Herberle, "The Causes of Rural-urban Migration: A Survey of German Theories", *American Journal of Sociology*, 1933（43）.

资本一样的活跃流动性，当高端人才所在国家的个人所得税最高边际税率明显高于其他竞争国家时，一部分高端人才将被"挤出"本国，本土国家此时流失的绝不仅仅是个人所得税，流失的是价值无限大的人才群体①。

自 20 世纪 80 年代以来，为了更好地吸引高端人才，发达国家纷纷进行税率优惠调节，个人所得税最高边际税率得到明显下降，如美国降低了 40%，英国降低了 20%，加拿大降低了 15%②。而且，可以观察到，即便加拿大个人所得税最高边际税率在积极下调，与美国相比仍不具备优势，在加拿大高税负州比在美国低税负州仍需多缴纳 15 个税点，于是出现一批高端人才从加拿大涌入美国的人才搬迁潮③。

目前来看，我国九级分档的个人所得税制，最高税收边际率达 45%，对领军和高端人才起到的是"推"力，而不是"拉"力。虽然近年来，中国政府为了更好地发展国家科学技术和社会经济，制定了包括"千人计划"在内的系列人才政策，也取得了较为明显的效果，但是无论是归国人才还是本土高端人才，都切实感受到了个人所得税高边际税率的压力和推力。

（二）　对人才工作与休闲抉择的影响

根据斯特恩模型，中国个人所得税属于累进税，再分配的"成本"是由税率所造成的超额负担，劳动力供给越具有弹性，对其征税的超额负担就越大，为降低再分配的成本，应对具有高弹性的劳动力供给尽量课以低税④。

随着生活的逐渐富足，高端人才的生活态度正在逐渐改变，休闲生活已经成为中国正在普遍流行的一种生活方式。当更多的努力工作，换来的是更高边际率的个人所得税，领军和高端人才在达到一定成果积累后，会加剧工作疲惫感，而选择适度降低工作量转而实践休闲生活方式。从这个视角上而言，面对不同的人群多样特性，应结合国家发展战略进行更适宜的个人所得税政策制定。

二、国际社会和地区个人所得税比较与借鉴

为了更好地分析中国内地个人所得税先行税率的优劣势，本部分进一步比较研究国际社会中其他国家和地区（美国、新加坡、中国香港）的收税制度与方

---

① Frenkel, Jacob A., Assaf Razin, Efraim Sadka, "International Taxation in an Integrated World", MIT Press, 1991, 198.

② 邓力平：《国际税收——竞争研究》，中国财政经济出版社 2004 年版，第 66 页。

③ Tanzi Vito, "Taxation in an Integrating World", The Brookings Institution, 1995, 98.

④ 邓子基、李永刚：《最优所得税理论与我国个人所得税的实践》，载于《涉外税务》2010 年第 2 期。

式，希望得到借鉴，如表 7 - 11 所示。

表 7 - 11　　　　　　　　　　个人所得税收入范围

国家或地区	税收涉及的收入范围
美国	工资薪金、利息、股息、资本利得、退休金、租赁收入、失业救济金、赌博奖金、奖学金、延期工资、股票期权、证券交易所得等各种货币、实物、财产、服务形式的收入
新加坡	就业收入，从事商业、贸易、自由职业取得的收入，财产或投资收入，其他各类收入
中国香港	董事收取的董事酬金，雇员收取的薪金、工资、佣金、花红及额外赏赐，退休人士所收取的退休金，在香港提供服务而取得的收入等各种形式的所得

（一）宽税基原则

通过比较多个被国际社会关注的高端人才密集型国家及地区，发现无一例外都采取综合计征制的宽税基原则。在这一原则下，多种收入方式全部被计入总收入，被按照总收入进行征税。而中国内地目前依旧是单项计征制，一方面是由于统计全部收入在中国内地尚有较大难度，税收二次调节效果不理想，造成了工薪阶层单一收入来源的群体认为税收过重；另一方面，单项计征制下，每个项目纳税均享受一次免征额度，这对单一收入来源群体既不公平也不全面。

（二）扣除项目

发达国家和地区在制定个人所得税时，综合考虑了公民个人与家庭的生存与发展，希望体现公平、公正，提高公民幸福的税收制度。由此，美国、新加坡和中国香港都在个人所得税征收前进行了部分项目的扣减，如表 7 - 12 所示。

表 7 - 12　　　　　　　　　　个人所得税扣除项目

国家或地区	税收扣除项目	备注
美国	勤劳所得、医疗费、房贷利息、慈善捐赠、私车公用费用、差旅费、招待费和意外损失等	只实行半来源地税收管辖权，即法律上只对居民境外所得在境内收到的情况征税
新加坡	不仅考虑个人为取得收入而付出的就业支出，还涵盖了政府所要实现的诸多特定社会目标：参加学历、专业、职业资格课程费用减免，养老储蓄扣除，勤劳所得扣除，赡养父母费用扣除，救济残疾兄弟姐妹费用扣除	

续表

国家或地区	税收扣除项目	备注
中国香港	基本免税额、已婚人士免税额、子女免税额、供养兄弟姐妹免税额、供养父母及祖父母或外祖父母免税额、单亲免税额、伤残收养人免税额等免税项目，还包括个人进修开支、长者住宿照顾开支、居所贷款利息、养老金供款、慈善捐款等	由于扣除的免税额很宽，大多数工薪收入者达不到课税起点，在香港的 500 多万人口中，缴纳薪俸税的只有 20 多万人，约占 4%

（三）税率

不同国家和地区采取的税率不尽相同，但是总体上来看边际税率都呈现逐渐下降的趋势，如表 7 - 13 所示。

表 7 - 13   个人所得税税率

国家或地区	税率	备注
美国	采用六级超额累进税率结构，税率分别为 10%、15%、25%、28%、33% 和 35%	为剔除通货膨胀带来的这种负面影响，从 1981 年按照每年消费物价指数的涨落自动确定应纳税所得额的适用税率；在超额累进税率制度中还做了"累进消失"的安排，即应纳税所得额达到或超过 297350 美元时，不再累进，而是全额适用最高一级的边际税率*
新加坡	累进税率，共分为 8 档，税率分别为 2%、3.5%、7%、11.5%、15%、17%、18%、20%	个人所得税税率最低国家之一
中国香港	采用累进税率和标准税率相结合的计算方法，累进税率分别为 2%、7%、12% 和 17%，标准税率为 15%	

资料来源：刘洋：《上海金融人才环境建设的个人所得税政策选择》，载于《上海金融学院学报》2011 年第 2 期。

三、中国高端人才个人所得税政策梳理

（一）政策梳理

为了更好地激发人才创新活力，我国也在近几年针对高端人才提出了多项税收优惠政策，具体如表 7 - 14 所示。

表7-14   中国个人所得税政策

时间	重要会议/政策文件	内容
1985 年	《中共中央关于科学技术体制改革的决定》	对包括个人在内的技术成果转让收入给予税收优惠
1999 年	《财政部、国家税务总局关于促进科技成果转化有关税收政策的通知》	自1999 年7 月1 日起，科研机构、高等学校转化职务科技成果，暂不缴纳个人所得税
2011 年	《中华人民共和国个人所得税法》	第四条明确规定，省级人民政府、国务院部委和中国人民解放军军以上单位，以及外国组织、国际组织颁发的科学、教育、技术、文化、卫生、体育、环境保护等方面的奖金；按照国务院规定发给的政府特殊津贴、院士津贴、资深院士津贴，以及国务院规定免纳个人所得税的其他补贴、津贴，可以免征个人所得税
2012 年	《关于印发〈国家特聘专家服务与管理办法〉的通知》	国家特聘专家自被授予称号之日起5 年内境内收入的住房补贴、伙食补贴、搬迁费、探亲费等工资收入待遇，以及子女教育费开支，按照有关法律规定，予以税前扣除；对于延长退休年龄的国家特聘专家，其工资、薪金、奖金、津贴、补贴等收入，免征个人所得税
2013 年	《关于中关村国家自主创新示范区企业转增股本个人所得税试点政策的通知》	示范区中小高新技术企业以未分配利润、盈余公积、资本公积向个人股东转增股本时，个人股东一次缴纳个人所得税确有困难的，可分期缴纳，但最长不得超过5 年
2013 年	《关于中关村国家自主创新示范区有限合伙制创业投资企业法人合伙人企业所得税试点政策的通知》	注册在示范区内的有限合伙制创业投资企业采取股权投资方式投资于未上市的中小高新技术企业2 年以上，按投资额70% 抵扣应纳税所得额
2013 年	《关于中关村、东湖、张江国家自主创新示范区和合芜蚌自主创新综合试验区有关股权奖励个人所得税试点政策的通知》	对试点地区内的高新技术企业转化科技成果，以股份或出资比例等股权形式给予本企业相关技术人员的奖励，技术人员一次缴纳税款有困难的，可分期缴纳个人所得税，但最长不得超过5 年
2014 年	《关于中关村国家自主创新示范区有关股权奖励个人所得税试点政策的通知》	获得奖励人员在获得股权时，股权奖励的计税价格参照获得股权时的公平市场价格确定，但暂不缴纳税款；在取得分红或转让股权时一并缴纳
2015 年	《个体工商户个人所得税计税办法》	为了规范和加强个体工商户个人所得税征收管理，根据《中华人民共和国个人所得税法》等有关税收法律、法规和政策规定，制定本办法

除了上述国家颁布的税收政策，地方政府无权制定个人所得税优惠政策，因此很多地区先试先行，通过财政补贴方式补偿高端人才的个人所得税税额，如上海浦东新区将地方分享的个人所得税全部退还给高端专业人才，而前海深港现代

服务业合作区因为离香港较近，为了避免高端人才"挤出"效应，积极制定了追平香港税负的政策：将税率超过15%的税款予以全额退还[1]。

（二） 存在的典型问题

通过政策梳理，我们看到存在如下问题：

1. 优惠政策覆盖范围窄

无论是覆盖人群范围还是覆盖区域范围，均显现出覆盖面过窄的问题。例如，《关于印发〈国家特聘专家服务与管理办法〉的通知》，主要针对国家"千人计划"人才，本土人才没有享受对等政策。此外，一些税收优惠政策，主要在包括北京中关村科技园、上海张江高科技园区、武汉东湖新技术产业开发区在内的一些试点区域进行推广，绝大多数地区高端人才无法享受到这些税收优惠政策。

2. 税收优惠形式有待创新

上述国家和区域税收优惠政策中，主要表现为以下几种形式：延缓纳税、财政事后补贴、小范围事前扣除。一方面，纳税优惠形式少，不能满足高端人才需求；另一方面，现有的优惠形式仍有不足，如财政事后补贴的金额，按相关政策仍需将补贴金额再次上税；"千人计划"专家享受的事前扣除事项，与美国、新加坡和中国香港相比，明显种类和范围都不足。

3. 税基过窄

我国目前实行的是分类税制，即将个人各种来源不同、性质各异的所得进行分类，分别扣除不同的费用，按不同的税率课税。我国税法规定的应税所得包括以下十一项：工资及薪金所得、个体户生产经营、承包承租转包转租所、临时性劳务报酬、遗作稿酬、专利及商标所得、利息股息及红利所得、房屋出租、卖车卖房、中奖超过1万元、房屋无偿转让。

随着社会不断进步、经济快速发展，涌现出了更多的经济事项，如各类资本相关事项就在不断增加，但是与之配套的税收事项一直没有快速跟进。此外，还涌现了一些新颖的收入形式和收入渠道，是过去从未出现也未征收的，现在如何监测这些收入来源、渠道和金额都对税收技术、手段和方法提出了更多的要求。总体而言，税基过窄已经是一个典型问题。

4. 税前扣除项目及标准不完善

我国目前个人所得税税前扣除项目有：按国家规定比例由个人负担并实际交付的基本养老保险费、医疗保险费、失业保险费、住房公积金；津贴和补贴：独生子女补贴、托儿补助费；符合税法规定的差旅费津贴和误餐补贴等。

---

① 孙雯：《我国高端专业人才个人所得税政策探索》，复旦大学博士论文，2013年。

与上述介绍的美国、新加坡等国家和地区相比，存在以下问题：第一，扣除项目覆盖范围过窄，很多与公民健康、教育、养老有关的项目没有包括进来；第二，项目涉及和纳税宣传都没有更好地体现出为民谋福祉的宗旨，尤其是收入来源单一的公民，会更多地关注缴纳了多少，而感受不到减免了多少；第三，针对高端人才的激励项目很少，一些激励也仅仅是在试点区域开展，不能有效激发人才活力。

四、科技创业领军人才个人所得税政策优化建议

结合上面分析的政策不足，进一步提出激发领军人才活力的政策建议。当然，这些建议不仅适合领军人才，也适合高端人才，将来也可以逐步扩大范围、增加细则，用以激活更多范围人才的创新活力。

（一）增加扣除项目

第一，先行先试，综合考虑人才所在区域的生活物价指数和通货膨胀系数，确立科学的弹性税前费用扣除指数。这样就为个人所得税增加了动态调节指数，避免了名义税率不变，但是物价飞涨带来的实际税率上升的"税痛"。

第二，增加项目范围，考虑公民健康、教育、养老等综合事项，增加关于子女教育、赡养老人、购买房产方面的扣除事项。这与为民谋福祉的国家发展宗旨相一致，不仅能更好地解决公民健康、教育与养老问题，也实现了每个家庭不同情况的进一步区分对待，也从某个角度实现了以家庭为单元的个人所得税缴纳的发展趋势。

第三，考虑增加勤劳所得为税前扣除项目。如前所述，美国和新加坡都有勤劳所得扣除项目，目的都是为了鼓励公民积极工作，避免陷入福利享受恶循环。而累进制个人所得税在达到一定边际税率后，会导致人才选择休闲，减少工作。勤劳所得抵扣项目则更好地激发了人才活力，与中国积极推动建设创新型国家目标相符合。

综合上述几个方面，应针对科技创业领军人才和各类高端人才设计更具人性化的税收抵扣项目，这些项目也可以逐渐过渡到更大范围的人群中。充分体现个体差异和异质性需求，随物价成本波动动态调节个人所得税，以勤劳收入所得减免抵扣税收激发人才活力。

（二）财政补贴等方法进行多地区推广

在短时期内，利用财政补贴的手段可以实现减缓个人所得税税负。对于吸引高端人才，尤其是海外人才具有一定的积极作用。但是目前来说，仅仅在部分发

达省份先行先试，并没有全面推广。建议各省市积极针对本省情况，设计符合区域需求和特点的财政补贴额度和方法，同时取消财政补贴二次征税的环节。在补贴申请、补贴发放、补贴考核等方面尽量人性化、科学化，制定简单明了的财政政策。

（三）　降低最高边际税率

财政补贴在短期内往往可以取得较好效益，但是就长期发展而言，这一政策必定会面临中央与地方政府间财政利益划分问题、支出可持续性和各行业间收入分配政策公平性的多重考验[①]。此外，国际社会激烈的人才竞争也在倒逼我国进一步优化税收制度。部分国家个人所得税边际税率如表7-15所示。

表7-15　　　　　　　部分国家个人所得税边际税率　　　　　单位：%

国家	最高边际所得税率	最低边际所得税率	国家	最高边际所得税率	最低边际所得税率
美国	35	10	加拿大	29	15.25
德国	48.5	19.9	巴西	27.5	15
法国	48.09	6.83	意大利	33	23
新加坡	22	4	韩国	36	9

资料来源：根据崔志坤：《个人所得税税率的国际比较及中国的选择》整理。

综合考虑美国、新加坡等国家的最高边际税率，建议我国个人所得税制的最高边际税率降低至35%左右，随着税收技术提高和手段完善，可以考虑逐步降至25%~30%。这样一来，我国的个税税率才能够在吸引、留住、开发国际领军人才上保持中性。

（四）　解决个人所得税与企业所得税的制度衔接问题

为公平税负，支持和鼓励个人投资兴办企业，促进国民经济持续、快速、健康发展，国务院决定，自2000年1月1日起，对个人独资企业和合伙企业停止征收企业所得税，其投资者的生产经营所得，比照个体工商户的生产、经营所得征收个人所得税，如表7-16所示。

---

① 刘洋：《上海金融人才环境建设的个人所得税政策选择》，载于《上海金融学院学报》2011年第2期，第102~120页。

表7－16　　　　　　　　　　个体工商户及合伙企业个人所得税税率

级数	全年应纳税所得额		税率（%）	速算扣除数
	含税级距	不含税级距		
1	不超过 15000 元的	不超过 14250 元的	5	0
2	超过 15000 元至 30000 元的部分	超过 14250 元至 27750 元的部分	10	750
3	超过 30000 元至 60000 元的部分	超过 27750 元至 51750 元的部分	20	3750
4	超过 60000 元至 100000 元的部分	超过 51750 元至 79750 元的部分	30	9750
5	超过 100000 元的部分	超过 79750 元的部分	35	14750

　　对于越来越多以合伙制为组织形式的科技创业人才来说，全年应缴税所得额超过 60000 元后，缴纳税率已经超过了企业所得税率，反而无法享受国家为了鼓励创业而制定的优惠政策，这与出发点相违背。建议针对此进行进一步修改，从科技创业的高端人才开始逐步推广到更多科技创业人群中，修改适用于合伙企业的后两档个人所得税税率，最高档税率不超过企业所得税的 25%。

第八章

结 论

本章对全书的研究内容进行总结，并基于现有研究的不足，对下一步研究提出展望。

第一节 研究结论

本书题目的提出是基于知识社会宏观背景，考虑不同层次人才的不同作用，发现在中国迈向创新强国的过程中，缺少适合中国情境的经济学和管理学研究范式，应积极探寻基于中国伦理社会大背景下的推进人才发展的约束变量。基于上述背景，进行进一步的现实思考：人才发展过程中遇到创新资源配置种种不合理行为的根源是什么？"中国式关系"在创新资源配置中的地位和作用是什么？如何优化创新网络建设？为了激发最具战略意义的领军人才活力，应该撬动哪些领域的利益改革？基于这一系列的问题，本书站在中国社会伦理视角，结合哲学、社会学、经济学、管理学等理论展开深入研究，探讨基于科技创新领军人才视角下，如何借助"四权耦合"推进人才发展研究。研究过程中得到以下发现，并提出了相应改革建议。

一、确立科技创业领军人才重要地位，剖析人才发展需求

（一）以科技创业领军人才为研究视角的原因分析

阐述为何以科技创业领军人才为研究视角的原因，指出即将汹涌而来的知识社会中，最重要的是知识人才，最稀缺的是科技领军人才，一名科技领军人才创造的价值往往比数百万、数千万普通人才创造的价值还高，因此以科技创业领军人才为研究视角。

（二）　扎根理论：三视角融合下的"四权"外生动力与保障

进一步进行深度访谈，根据扎根理论进行开放编码—主轴编码—核心编码，构建了科技创业领军人才创新创业过程模型，从企业成长、资源配置、制度保障的三个视角，分析得出在人才内生动力之外，科技创业领军人才认为最重要的外生动力和外在保障是：以智慧权力配置资源，以股权、产权、税权推动利益变革。

二、"四权耦合"将推动人才快速发展

（一）　剖析"四权耦合"—人才—社会发展的传导路径

将智慧权力、股权、产权、税权将在人才发展周期中交织融合、彼此支撑，良好的"四权耦合"系统将有力地提升人力资本质量和数量，并通过人力资本传导提升整个知识社会的创新度和知识水平。得到传导分析路径："四权耦合"→提升领军人才人力资本数量和质量→人力资本系统与社会经济系统耦合→领军人才实现产业跨越发展→知识社会经济与人力资本耦合正向发展，形成了基于"四权耦合"的人才发展及社会发展多维度、多层次的耦合复杂巨系统。

（二）　场、旋进及涌现耦合机理

通过研究耦合过程，归纳耦合规律，本书提出"四权耦合"包括以下机理：基于场的耦合、旋进耦合、涌现耦合等。基于场的耦合指出人才发展受正式制度与非正式制度影响。在旋进耦合中，我们看到了系统整体性的有序进步，而在关键节点上的跨越"瓶颈"制约的方法，恰恰是不可替代的涌现。一方面，社会系统作为复杂巨系统，网联了丰富的各类要素，这些要素呈现复杂的非线性关系，彼此之间的作用错综复杂，每一个要素都不能独立于其他要素自我运转。也正是这种复杂的运转过程为涌现创造了基础和条件。"四权耦合"激活领军人才，进而实现产业经济转型升级中的跨越发展就是一种典型的系统涌现性。

三、中国式关系、智慧权力与资源配置

（一）　建立关系获得政治权力配置资源是中国社会较为普遍的现象

社会分层的本质是对不同资源的占有、控制、使用，近几十年来，中国社会阶层出现固化现象，导致中国创新资源配置出现"内卷化"的典型困境。笔者一

方面，采用深入访谈和问卷调研的方法获得创新人才对这一问题的反馈信息；另一方面，建构模型，采集数据，对"各类关系"与人才获得创新资源的关联度进行实证研究。最终确定，通过建立关系获得政治权力配置资源仍是中国社会普遍现象。

（二） 依托政治关联获取资源阻滞了创新绩效

为了检验建立"政治关联"获取资源的方式，是促进还是阻滞创新绩效，笔者结合社会学理论、组织行为理论和创新理论，构建政治关联与创新绩效的关联模型，研究表明：（1）靠政治关联获取资源与提升创新绩效负相关；（2）政治关联强度越大，对提升创新绩效副作用越大；（3）当企业呈现较强的战略前瞻性时，会减弱政治关联对创新绩效的负影响；（4）当企业呈现较强的创新意识时，会减弱政治关联对创新绩效的负影响。

（三） 明确智慧权力在人才发展中的应然角色

明确智慧权力在人才发展中的应然角色，对智慧权力在创新网络中的内涵与地位进行界定，同时研究如何赋权、权力界限、权力运行机制、权力监督机制等。其次，基于经济学视角，对智慧权力决定资源配置的机理进行分析。基于创新网络发展的全轨迹，构建了基于"智慧权力"配置资源的创新网络的系列机制：动力机制、生成机制、进化机制及运行保障机制。

四、知识产权制度优化研究

（一） 通过知识产权保护指数，发现关键年份出现飞跃

通过建立知识产权立法强度和执法强度指数，得到近 20 年的中国知识产权保护强度指数，中国知识产权保护强度一直在提高，其中 1992 年、2001 年前后出现跃升，尤其是 2001 年的跃升非常明显，这与 1992 年、2001 年进一步修订知识产权法的事实是相契合的，同时 2015 年又再次修订了知识产权法，但是效果还需进一步观察。

（二） 构建知识存量测量模型，发现十年增长两倍

构建由自主技术知识存量和引进技术知识存量组成技术知识存量测量模型。因 2005 年及之前的数据不全，计算 2007 年之后的技术知识存量。通过知识存量计算，可知 2006 年至今的中国知识存量一直在稳健增长，经过近十年的发展，2015 年是 2006 年中国知识存量的三倍，取得了巨大进步。为我国进入知识社会

奠定了良好基础。

（三） 构建知识产权与知识存量关联模型，中国尚未达最优保护强度

构建包括人均 GDP、人均固定资产投资、技术知识存量、知识产权保护强度指数、人力资本存量的模型，计算知识产权保护强度与知识存量的关联度。通过数据分析发现，知识产权保护强度指数的平方项的系数是负数，而知识产权保护强度指数项的系数为正数，说明知识产权保护强度指数对经济增长的作用呈倒"U"型关系，知识产权保护强度指数在区间（0，14.59）内变化时，知识产权保护强度指数对经济增长有促进作用，当知识产权保护强度指数超过 14.59 时，知识产权保护强度指数对经济增长有阻碍作用。观察我国 2015 年最新数据，可知尚未达到阻滞状态，目前接近最优状态。

（四） 提出知识产权融资模式与体系优化建议

我国在推动知识产权入股方面的制度建设上又前进了一步，从利益分配变革视角为人才提供了更多经济保障制度。但是知识产权入股仍存在知识产权入股法律法规制度建设不完善、估值方法及程序没有统一标准、知识产权入股的义务与责任不明确等问题。建议通过优化审批备案流程和完善公示程序，实现完善行政管理制度；通过评估方法的科学运用、完善知识产权评估规范和采用强制评估与选择性评估结合，完善知识产权价值评估制度；通过明确知识产权出资后价值贬损的民事责任、完善债权人知情权制度，完善知识产权入股责任制。

唯有在新经济时代，充分将金融资本与知识产权融合，创新出更多利于知识产权转化、交易、增值的渠道和方式，才能更好地促进社会转型升级。围绕现有知识产权融资存在的问题，基于科技创业领军人才创新知识产权融资模式，首先，构建了同社会网络内知识产权网络互助担保模型，数理分析证明模型科学有效，可以提高知识产权融资信用评级，降低融资难度。其次，基于这一模型进一步构建了基于"知识产权网络互助担保 + 产业链金融"的融资体系，和基于"知识产权网络互助担保 + 知识产权池"的融资体系，为融资实务提供了参考。

五、金融股权制度优化研究

（一） 样本调查明确金融融资难点

通过访谈和问卷调查可知，科技型人才及企业往往属于轻资产企业，富含丰富的科技创新成果：软件著作权、专利等无形资产，却相对缺少厂房、机器等固定资产。而现有的多数融资制度，却还遵循着传统融资抵押、担保和信用评级方

式，对固定资产较为青睐，却忽视了针对科技型人才及企业发展的无形资产融资渠道与方式。笔者针对这些问题，结合企业的不同生命周期，对现有的区域股权交易市场、中小企业集合债和科技保险提出了优化建议。

（二）　建议创办高端科技创业人才板

区域股权交易市场作为多层次资本市场的基础层次，肩负着推动中国金融市场结构优化、落实体制机制改革的重担。为了发挥股权市场的价格发现功能，建议创办高端人才板，未来成长方向必须向着规范化、标准化、证券化的价值型交易方向进步，通过体制和机制的创新，消除价格扭曲、结构单一和市场分割三方面的胁迫形态，激活科技创业人才创办企业的发展潜力，推动现有区域股权交易市场成为价值型产权交易为主、可不间断性交易的、高效率的初级资本市场。

（三）　建议创办基于科技创业领军人才的企业集合债

构建基于科技创业领军人才企业集合债的创新模式，成立政府 + 企业担保基金；政府与市场机制相结合；完善信用评级，分级债券风险；创新两级担保模式。通过这样的优化，可以为科技创业领军人才创办企业提供更好的企业集合债发行模式。

（四）　设计新型科技保险模式与险种

提出了包括政府部门、科技企业、保险公司、再保险公司在内的科技保险模式，该模式通过机制设置可以实现纳什均衡。笔者进一步提出的领军人才"投资 + 保险"组合产品、领军人才科技成果交易质量保障险，具有实践价值和可操作性。

六、税务税权制度优化研究

（一）　经验数据分析证实税率优化激励自主创新

在采集 2005～2015 年中小板企业的面板数据基础上，分析中国企业所得税优惠激励自主创新的经验数据。研究发现：税收政策与研发强度呈现显著负相关关系，征收政策每增加 1 个百分点，企业研发强度就会下降 0.0021 个百分点。表明实际所得税税率越低，企业研发创新水平越高。此外，进一步分析控制变量对研发投入的影响，可见营业利润和所有权两个控制变量回归结果显著性较好，这说明，营业利润率越高，公司在享有税收优惠时，越愿意投入更多的资金进行研发创新；当公司为民营企业时，在享有税收优惠时，相对比国企而言，民营公司投入的研发创新资金会越高。

（二）　数据比对分析证实中国制造业企业实际所得税税率过高

针对目前的中国死亡税率之争，笔者计算了中国制造业企业实际所得税税率，并与美国制造业进行了比较分析，研究表明：中国制造业企业在利润率达24.56%时，与OECD测量的美国2016年税率为38.92%相符；当中国制造业企业利润率高于24.56%时，承受的实际税负要低于美国；当中国制造业企业利润率低于24.56%时，承受的实际税负要高于美国，而且是逐级增加实际税负；当中国制造业企业利润率进入7%时，承受的实际税负已经远高于美国；当中国制造业企业利润率进入5%时，承受的实际税负已经达93.4%，如果再加之各种费，除了亏损已经没有别的可能。

（三）　数据分析证实中国宽口径宏观税负大，各类费及税权缺失增加"税痛"

通过宽口径的宏观税负进行分析，发现随着各种费的增加，中国的宏观税负已经达到了福利国家的税负标准。再从"税痛"视角进行分析，发现流转税税制、税收法定未全面实现、缺乏回溯制度且各种费层叠而出等都加大了企业"税痛"。[1] 同时，中国缺乏纳税人税权意识与制度，出现偏重纳税人义务，忽视纳税人权利的困境，这也加大了企业和公民的"税痛感"。

（四）　提出企业所得税的优化建议

建议企业所得税从以下方面进行优化：从财政刺激转向企业减税，进而从减税制度走向轻税制度；明确财税三级事权，针对性减税降费；继续推动社保降费；通过推动税收法定落实纳税人权利。

（五）　提出高端人才个人所得税的优化建议

建议高端人才的个人所得税从以下方面进行优化：增加项目扣除范围，考虑公民健康、教育、养老等综合事项，增加关于子女教育、赡养老人、购买房产方面的扣除事项；财政补贴等方法进行多地区推广，由北京中关村科技园、上海张江高科技园区、武汉东湖新技术产业开发区等地先行先试、科学有效的政策进行多地区推广；降低最高边际税率至35%左右，随着税收技术提高和手段完善，可以考虑逐步降至25%~30%，这样即便不能实现个人所得税的激励效应，也能保证个人所得税的中性效果；解决个人所得税与企业所得税的制度衔接问题，做

---

[1]　肖鸥：《中国经济这四个"隐性税负"，比"死亡税率"更致命》，搜狐财经，2017年1月3日。

好顶层设计，真正实现改革税率促进创新的政策落实。

第二节 不足与展望

一、存在的不足

（一）智慧权力理论研究应进一步深化

本书对智慧权力在创新网络中的内涵、地位及基本原理进行探讨。指出智慧权力具备真理性、话语性、生长性和逻辑性等特点，具备生产力功能、政治功能、社会治理功能和主体形塑功能。进而明确了智慧权力的应然角色，建设以智慧权力为轴心的创新网络，提出了确保智慧权力正常运行的制度。

但是对智慧权力理论在实践中的应用，尚没有提出具体的实证研究，由此，智慧权力理论的实践研究尚不扎实。

（二）"四权耦合"的理论实证应进一步深化

笔者通过研究耦合过程，归纳耦合规律，本书认为"四权耦合"包括以下机理：基于场的耦合、旋进耦合、涌现耦合等。进而得到了这样的传导路径："四权耦合"→提升领军人才人力资本数量和质量→人力资本系统与社会经济系统耦合→领军人才实现产业跨越发展→社会经济与人力资本耦合正向发展，形成了基于"四权耦合"的社会发展多维度、多层次的耦合复杂巨系统。可见"四权耦合"的目的就是实现人力资本与经济正向耦合发展。

进而笔者对智慧权力、产权、股权和税权的每一权进行了理论和实证的深入研究。但是对"四权耦合"在一起后，尚停留在理论概念研究阶段。笔者试图进一步构建实证模型，搜集数据进行实证分析，但是尝试查找了北京中关村科技园、上海张江高科技园区和武汉东湖新技术产业开发区等区域的数据后，均无法搜集到能满足实证要求的全部数据，因而无法进一步进行数据性的经验分析，留有遗憾。

二、未来展望

基于上述不足，笔者计划在下一步研究中进行以下探索：

（一）研究智慧权力理论在实践中应用

研究智慧权力理论在实践中应用的难点，当下政治权力配置资源、公民和企业建立政治关联的阶层困境，均为智慧权力发挥权力配置资源带来了障碍，笔者虽在本书前述部分为破解这些障碍提出了理论性的制度建议，但是在实践中可能会碰到哪些具体难题，尚没有深入研究，这是未来进一步研究的方向。

智慧权力理论实践中的试点探索研究。考虑智慧权力的特性、功能以及中国社会的宏观环境，拟选择某一科研机构为试点研究单位，探索性尝试对智慧权力的放权与规权实践，为推广智慧权力的广泛实践丰富样本经验。

（二）　实现"四权耦合"理论的实证研究

在现有理论与模型的基础上，探索进一步优化模型；对搜集到的数据如果仍不能满足实证需求，探索数据替代等方法；选取北京中关村科技园、上海张江高科技园区或武汉东湖新技术产业开发区等地区，希望实现耦合模型的实证研究，进而将试点区域研究逐渐推及至省级、全国区域，实现更大范围的面板数据研究。

附录1 科技创业领军人才访谈提纲

尊敬的×××：

您好！

本调查旨在了解科技创业领军人才在创业发展过程中遇到的困难，及时发现政策存在的问题，为政府相关部门完善政策提供参考。请您依照您的经历进行互动。您对本问卷的所有回答仅用于本研究，并严格保密，不会泄露任何个人信息。

1. 您入选哪项人才工程或者享有特殊荣誉称号？
2. 请简单谈一谈您创业活动的动机和现状。
3. 您认为哪些特质在您成长过程中起到了重要作用
4. 影响您是否到某城市创业的人文环境因素包括哪些？
5. 影响您是否到某城市创业的政策制度环境因素包括哪些？
6. 影响您是否到某城市工作的家庭生活因素包括哪些？
7. 影响您是否到某城市工作的公共服务影响因素？
8. 您在创业过程中最希望得到的资源或帮助是什么？
9. 您在创业过程中遇到的最大困难和阻碍是什么？
10. 您认为还有什么因素刚才没有提到，但是对职业发展影响重大？
11. 您在人生成长过程中，是否有什么事让您印象深刻，影响了您人生发展？
12. 对培育、吸引、激活领军人才活力的国家或区域性政策有何建议？

附录 2 中国式关系与创新绩效问卷

本调查旨在了解哪些资源获取不足会影响企业创新绩效，及时发现中国企业创新发展中存在的问题。本问卷不记名填写，不涉及商业机密，并严格按照《中华人民共和国统计法》的有关规定为您保密，不会泄露任何个人信息。

1. 您的性别。[单选题] [必答题]
○男　　　　　　○女

2. 您的年龄。[单选题] [必答题]
○25 岁及以下　　○26 ~ 35 岁　　○36 ~ 45 岁　　○46 ~ 55 岁
○56 岁及以上

3. 贵公司注册资本。[单选题] [必答题]
○100 万元及以下　　　　　○100 万 ~ 500 万元
○500 万 ~ 5000 万元　　　　○5000 万元以上

4. 贵公司成立年限。[单选题] [必答题]
○5 年及以内　　○5 ~ 10 年　　○11 ~ 20 年　　○20 年及以上

5. 贵公司所属行业。[单选题] [必答题]
○农、林、牧、渔业　　　　　　○采矿业
○制造业　　　　　　　　　　　○电力、热力、燃气及水生产和供应业
○金融业　　　　　　　　　　　○建筑业
○批发业和零售业　　　　　　　○公共管理、社会保障和社会组织
○交通运输、仓储和邮政业　　　○住宿和餐饮业
○信息传输、软件和信息技术服务业　○租赁和商务服务业
○科学研究和技术服务业　　　　○房地产业
○教育　　　　　　　　　　　　○水利、环境和公共设施管理业
○卫生和社会工作　　　　　　　○文化、体育和娱乐业
○居民服务、修理和其他服务业

6. 贵公司所属区域。[单选题] [必答题]
○北京市　　　○天津市　　　○上海市　　　○重庆市
○河北省　　　○山西省　　　○辽宁省　　　○吉林省
○黑龙江省　　○江苏省　　　○浙江省　　　○安徽省

○福建省　　　　○江西省　　　　○山东省　　　　○河南省

○湖北省　　　　○湖南省　　　　○广东省　　　　○海南省

○四川省　　　　○贵州省　　　　○云南省　　　　○陕西省

○甘肃省　　　　○青海省　　　　○台湾省　　　　○内蒙古自治区

○广西壮族自治区　　　　　　　○西藏自治区

○宁夏回族自治区　　　　　　　○新疆维吾尔自治区

○香港特别行政区　　　　　　　○澳门特别行政区

7. 与同行业相比，贵公司常常率先推出新产品或服务。［单选题］［必答题］

○是　　　　　　　○否

8. 与同行业相比，贵公司的产品改进与创新有非常好的市场反应。［单选题］［必答题］

○是　　　　　　　○否

9. 与同行业相比，贵公司的产品/服务包含最新的技术与工艺。［单选题］［必答题］

○是　　　　　　　○否

10. 与同行业相比，贵公司的新产品/服务开发成功率非常高。［单选题］［必答题］

○是　　　　　　　○否

11. 与同行业相比，贵公司的新产品/服务包含最新的产值率非常高。［单选题］［必答题］

○是　　　　　　　○否

12. 近5年，贵公司有很多新产品或服务推向市场。［单选题］［必答题］

○是　　　　　　　○否

13. 当产品/服务面临变化时，贵公司倾向大调整，而非小调整。［单选题］［必答题］

○是　　　　　　　○否

14. 大体而言，贵公司高管更注重以研发、技术领先和创新扩大市场，而非稳定可靠的产品/服务。［单选题］［必答题］

○是　　　　　　　○否

15. 与竞争对手相比，贵公司经常首先向市场推出新的产品/服务、管理方法与运作流程等。［单选题］［必答题］

○是　　　　　　　○否

16. 与对手竞争，贵公司倾向"给予对手毁灭性打击"的策略，而非和平相处。［单选题］［必答题］

○是　　　　　　　○否

17. 与对手竞争，贵公司采取的行为方式是"先发制人"，而非"防守"。
[单选题][必答题]
　　○是　　　　　　○否

18. 贵公司依托过政府的科技研发计划进行创新。[单选题][必答题]
　　○是　　　　　　○否

19. 贵公司能够从公共科研机构获得创新资源。[单选题][必答题]
　　○是　　　　　　○否

20. 贵公司能够从专业行业协会获得创新资源。[单选题][必答题]
　　○是　　　　　　○否

21. 贵公司享受过政策支持，如税收优惠、财政补贴、政府优先采购等。
[单选题][必答题]
　　○是　　　　　　○否

22. 贵公司能够从公共金融机构获得创新资金支持。[单选题][必答题]
　　○是　　　　　　○否

23. 长期与贵公司有联系的大学与科研院所的数量。[单选题][必答题]
　　○0 ~ 3 家　　　　○4 ~ 6 家　　　　○7 家及以上

24. 长期与贵公司有联系的政府部门的数量。[单选题][必答题]
　　○0 ~ 3 个　　　　○4 ~ 6 个　　　　○7 个及以上

25. 长期与贵公司有联系的行业协会的数量。[单选题][必答题]
　　○0 ~ 3 家　　　　○4 ~ 6 家　　　　○7 家及以上

26. 长期与贵公司有联系的媒体的数量。[单选题][必答题]
　　○0 ~ 3 个　　　　○4 ~ 6 个　　　　○7 个及以上

27. 与贵公司有业务往来的金融机构数量。[单选题][必答题]
　　○0 ~ 3 个　　　　○4 ~ 6 个　　　　○7 个及以上

28. 大学与科研院所经常给贵公司提供帮助。[单选题][必答题]
　　○是　　　　　　○否

29. 政府部门会在各种形式上给贵公司支持。[单选题][必答题]
　　○是　　　　　　○否

30. 行业协会在各种形式上给贵公司支持。[单选题][必答题]
　　○是　　　　　　○否

31. 媒体经常对贵公司进行正面报道。[单选题][必答题]
　　○是　　　　　　○否

32. 金融机构对贵公司的信用评价高。[单选题][必答题]
　　○是　　　　　　○否

33. 每年度，贵公司与大学和科研院所联系合作研发的频繁程度。[单选题]

[必答题]

　　○0~3次　　　　　○4~6次　　　　　○7次及以上

34. 每年度，贵公司与政府部门联系的频繁程度。[单选题] [必答题]

　　○0~3次　　　　　○4~6次　　　　　○7次及以上

35. 每年度，贵公司与行业协会联系的频繁程度。[单选题] [必答题]

　　○0~3次　　　　　○4~6次　　　　　○7次级以上

36. 每年度，贵公司与金融机构联系的频繁程度。[单选题] [必答题]

　　○0~3次　　　　　○4~6次　　　　　○7次及以上

37. 每年度，贵公司与媒体联系的频繁程度。[单选题] [必答题]

　　○0~3次　　　　　○4~6次　　　　　○7次及以上

38. 您认为有政府关系比公司拥有其他资源重要吗？[单选题] [必答题]

　　○是　　　　　　　　○否

39. 对贵公司发展而言，最重要的关系是？[单选题] [必答题]

　　○政府关系　　　　　　　　○产业链内部合作关系

　　○客户关系　　　　　　　　○员工关系

　　○其他关系

40. 贵公司发展过程中的关键期中，以下因素的重要度是什么？请按照1~5打分，"1"表示最不重要，"5"表示最重要。[矩阵量表题] [必答题]

	1	2	3	4	5
政府关系获得行业准入或政策优惠	○	○	○	○	○
靠自我创新取得突破进展	○	○	○	○	○
抓住难得的市场机会	○	○	○	○	○
拥有好的人力资本	○	○	○	○	○

附录 3　科技型企业融资困境问卷

本调查旨在了解科技型企业融资中遇到的难题，本问卷不记名填写，不涉及商业机密，并严格按照《中华人民共和国统计法》的有关规定为您保密，不会泄露任何个人信息。

1. 您的性别。[单选题]［必答题］
○男　　　　　　○女

2. 您的年龄。[单选题]［必答题］
○25 岁及以下　　○26 ~ 35 岁　　○36 ~ 45 岁　　○46 ~ 55 岁
○56 岁及以上

3. 贵公司注册资本。[单选题]［必答题］
○100 万元及以下　　　　　　　○100 万 ~ 500 万元
○500 万 ~ 5000 万元　　　　　　○5000 万元以上

4. 贵公司成立年限。[单选题]［必答题］
○5 年及以内　　○5 ~ 10 年　　○11 ~ 20 年　　　　○20 年及以上

5. 贵公司所属行业。[单选题]［必答题］
○农、林、牧、渔业　　　　　　○采矿业
○制造业　　　　　　　　　　　○电力、热力、燃气及水生产和供应业
○通信及电子设备　　　　　　　○建筑业
○批发业和零售业　　　　　　　○公共管理、社会保障和社会组织
○交通运输、仓储和邮政业　　　○住宿和餐饮业
○信息传输、软件和信息技术服务业　○租赁和商务服务业
○科学研究和技术服务业　　　　○房地产业
○教育　　　　　　　　　　　　○水利、环境和公共设施管理业
○卫生和社会工作　　　　　　　○文化、体育和娱乐业
○居民服务、修理和其他服务业　○新能源
○智慧交通　　　　　　　　　　○智慧医疗
○生物制药　　　　　　　　　　○新材料
○化学制品　　　　　　　　　　○跨行业企业

6. 贵公司所属区域。[单选题]［必答题］

○北京市	○天津市	○上海市	○重庆市
○河北省	○山西省	○辽宁省	○吉林省
○黑龙江省	○江苏省	○浙江省	○安徽省
○福建省	○江西省	○山东省	○河南省
○湖北省	○湖南省	○广东省	○海南省
○四川省	○贵州省	○云南省	○陕西省
○甘肃省	○青海省	○台湾省	○内蒙古自治区

○广西壮族自治区   ○西藏自治区

○宁夏回族自治区   ○新疆维吾尔自治区

7. 您进行融资贷款的渠道包括。［多选题］［必答题］

□银行直接贷款   □通过担保公司向银行贷款

□股东筹借   □新兴众筹模式

□风险投资   □其他筹资模式

8. 您认为以下问题对融资难的影响度是多大？请按照 1～5 打分，"1"表示最不重要，"5"表示最重要。［矩阵量表题］［必答题］

	1	2	3	4	5
缺乏可抵押的有形资产	○	○	○	○	○
无形资产融资制度不完善	○	○	○	○	○
企业信用度不高	○	○	○	○	○
缺失针对科技创业型人才的个人信用信贷机制	○	○	○	○	○
现有信用评级制度不科学	○	○	○	○	○
缺乏信用担保机制	○	○	○	○	○
信用保险融资难度大	○	○	○	○	○
风险投资对初创企业认可度不高	○	○	○	○	○
知识产权融资难	○	○	○	○	○
流动资产融资难	○	○	○	○	○
股权融资难	○	○	○	○	○
供应链融资难度大（包括订单、动产、仓单、应收账款、保兑仓）	○	○	○	○	○
融资租赁难度大	○	○	○	○	○
企业联保互助贷款难度大	○	○	○	○	○
不想接受大型基金并购式投资	○	○	○	○	○

	1	2	3	4	5
政府促进科技企业发展的引导基金不完善	○	○	○	○	○
缺乏针对高科技企业特性的融资模式	○	○	○	○	○
没有渠道获知更多的融资方式	○	○	○	○	○
没有渠道接触到更多高质量投资人	○	○	○	○	○
融资利率过高	○	○	○	○	○
贷款审批流程复杂、时间长	○	○	○	○	○
银行贷款关系过于重要	○	○	○	○	○

参 考 文 献

[1] 阿西莫格鲁、约翰逊、罗宾逊：《制度：长期增长的根本原因》，南京大学出版社 2006 年版。

[2] 艾尔文·古德纳著，顾晓辉等译：《知识分子的未来和新阶级的兴起》，江苏人民出版社 2002 年版。

[3] 安晓彬：《论中小高科技公司融资方式创新——知识产权担保融资》，浙江大学博士学位论文，2011 年。

[4] 白福萍、郭景先：《知识产权评估背景因素与评估方法的选择》，载于《财会月刊》2012 年第 12 期。

[5] 白少布：《面向供应链融资公司信用风险评估指标体系设计》，载于《经济经纬》2009 年第 11 期。

[6] 白少步：《知识产权质押担保供应链融资运作模式研究》，载于《经济问题探索》2010 年第 7 期。

[7] 包双叶：《经济结构转型、社会利益分配与生产要素配置》，载于《齐鲁学刊》2012 年第 2 期。

[8] 保罗·戴维斯著，樊云慧译：《英国公司法精要》，法律出版社 2007 年版。

[9] 彼得·德鲁克：《后资本主义社会》，上海译文出版社 1998 年版。

[10] 边燕杰、芦强：《阶层再生产与代际资源传递》，载于《人民论坛》2014 年第 1 期。

[11] 边燕杰、吴晓刚、李路路：《社会分层与流动：国外学者对中国研究的新进展》，中国人民大学出版社 2008 年版。

[12] 伯纳德·巴伯著，顾昕等译：《科学与社会秩序》，三联书店 1992 年版。

[13] 蔡弘：《产业集群创业人才的保留因素分析》，载于《河南科学》2010 年第 8 期。

[14] 蔡虹、许晓雯：《我国技术知识存量的构成与国际比较研究》，载于《研究与发展管理》2005 年第 15 期。

[15] 蔡伟：《中国知识产权：二十五年检阅》，载于《中国外资》2005 年

第 4 期。

[16] 曹岸、杨德林、张庆锋：《技术属性和合作企业耦合性对技术导入绩效的影响》，载于《中国科技论坛》2003 年第 4 期。

[17] 陈昌柏：《自主知识产权管理》，知识产权出版社 2006 年版。

[18] 陈芳、胡蓓：《产业集群创业人才孵化作用机理——基于中国五大产业集群的实证研究》，载于《中国科技论坛》2012 年第 12 期。

[19] 陈洁、王楠：《全媒体出版时代数字版权保护三要义——纵观英国近年版权制度改革》，载于《中国出版》2016 年第 5 期。

[20] 陈李宏：《我国中小企业债券融资障碍及对策研究》，载于《湖北社会科学》2008 年第 8 期。

[21] 陈闻冠：《创业人才的素质和识别方法研究》，同济大学博士学位论文，2007 年。

[22] 程镝、刘韬：《德鲁克社会管理思想及其对当代中国的启示》，载于《行政论坛》2014 年第 2 期。

[23] 程俊松：《高新技术出资入股法律问题研究》，华中科技大学博士学位论文，2007 年。

[24] 编写组：《辞海（第六版普及本)》，上海世纪出版股份有限公司、上海辞书出版社 2010 年版。

[25] 丛雪莲：《知识产权与人权之法哲学思考》，载于《哲学动态》2008 年第 12 期。

[26] 丹尼尔·贝尔：《后工业社会的来临》，新华出版社 1997 年版。

[27] 丹尼斯·朗：《权力论》，中国社会科学出版社 2003 年版。

[28] 党力、杨瑞龙、杨继东：《反腐败与企业创新：基于政治关联的解释》，载于《中国工业经济》2015 年第 7 期。

[29] 党兴华、孙永磊：《技术创新网络位置对网络惯例的影响研究——以组织间信任为中介变量》，载于《科研管理》2013 年第 4 期。

[30] 德里达著，何佩群译：《德里达访谈录》，上海人民出版社 1997 年版。

[31] 邓好霞：《基于数据包络分析的企业网络组织协同的耦合评价体系研究》，天津财经大学博士学位论文，2010 年。

[32] 董春雨、姜璐：《层次性：系统思想与方法的精髓》，载于《系统辩证学学报》2009 年第 1 期。

[33] 董瑞华、王喆：《天交所的混合型交易制度——做市商制度在中国资本市场的借鉴和实践》载于《产权导刊》2010 年第 1 期。

[34] 董涛：《中国知识产权政策十年反思》，载于《知识产权》2014 年第 3 期。

[35] 董雪兵、朱慧、康继军、宋顺锋：《转型期知识产权保护制度的增长效应研究》，载于《经济研究》2012 年第 8 期。

[36] 多拉·豪维尔、王爽：《批判性思维和创造性思维——推动知识社会前进的主要动力》，载于《全球教育展望》2001 年第 12 期。

[37] 樊纲：《改革、开放与增长》，载于《中国经济论 1990 年学术论文集》，上海三联书店 1991 年版。

[38] 房汉庭：《科技金融的兴起与发展区》，经济管理出版社 2010 年版。

[39] 费孝通：《乡土中国·生育制度》，北京大学出版社 1998 年版。

[40] 冯果：《现代公司资本制度比较研究》，武汉大学出版 2000 年版。

[41] 弗兰克·梯利著，葛力译：《西方哲学史（增补修订版）》，商务印书馆 1995 年版。

[42] 福柯著，严锋译：《权力的眼睛——福柯访谈录》，上海人民出版社 1997 年版。

[43] 高雪：《中国知识产权证券化问题研究》，中国社会科学院研究生院博士学位论文，2010 年。

[44] 高子平：《全球经济波动与海外科技人才引进战略转型》，载于《科学学研究》2012 年第 12 期。

[45] 郭民生、王锋主编：《区域专利发展战略》，知识产权出版社 2005 年版。

[46] 哈耶克著，邓正来译：《个人主义与经济秩序》，三联书店 2003 年版。

[47] 韩俊、任兴洲：《着力发挥市场配置资源的决定性作用》，载于《价格理论与实践》2013 年第 11 期。

[48] 韩玉雄、李怀祖：《关于中国知识产权保护水平的定量分析》，载于《科学学研究》2005 年第 3 期。

[49] 郝春妹：《完善我国中小企业集合债信用增级方式研究》，河北大学博士学位论文，2013 年。

[50] 郝燕平：《中国 19 世纪的商业革命》，上海人民出版社 1971 年版。

[51] 郝宇、陈芳：《我国高新技术产业集群的组织模式探析》，载于《科学学与科学技术管理》2005 年第 6 期。

[52] 贺翔：《基于主成分分析的宁波"海归"高层次人才创业环境评价》，载于《宁波大学学报》（人文科学版）2015 年第 5 期。

[53] 胡军：《知识创新引领未来社会的发展》，载于《科技导报》2016 年第 4 期。

[54] 胡渠：《海归创业人才集聚环境建设的政府主导模式研究》，苏州大学博士学位论文，2012 年。

［55］胡汝银：《中国改革的政治经济学》，载于《经济发展研究》1992 年第 4 期。

［56］黄光国：《面子——中国人的权力游戏》，中国人民大学出版社 2004 年版。

［57］黄剑坚、王保前：《我国系统耦合理论和耦合系统在生态系统中的研究进展》，载于《防护林科技》2012 年第 5 期。

［58］黄毅、文军：《从"总体—支配型"到"技术—治理型"：地方政府社会治理创新的逻辑》，载于《新疆师范大学学报》（哲学社会科学版）2014 年第 2 期。

［59］黄英君、赵雄、蔡永清：《我国政策性科技保险的最优补贴规模研究》，载于《保险研究》2012 年第 9 期。

［60］贾旭东：《基于扎根理论的中国民营企业创业团队分裂研究》，载于《管理学报》2013 年第 10 期。

［61］贾玉娇：《从社会管理到社会治理：现代国家治理能力提升路径研究》，载于《吉林大学社会科学学报》2015 年第 4 期。

［62］江鸿、贺俊：《中美制造业税负成本比较及对策建议》，财经网，2016 年 12 月 28 日。

［63］蒋春燕、赵曙明：《组织学习、社会资本与公司创业——江苏与广东新兴企业的实证研究》，载于《管理科学学报》2008 年第 6 期。

［64］蒋翠清、杨善林、梁昌勇、丁勇：《发达国家企业知识创新网络连接机制及其启示》，载于《中国软科学》2006 年第 8 期。

［65］界屋太一：《知识价值革命》，沈阳出版社 1999 年版。

［66］金吾伦：《迎接知识社会的到来》，载于《社会学研究》1998 年第 6 期。

［67］金吾伦：《知识管理》，云南人民出版社 2001 年版。

［68］金耀基：《金耀基自选集》，世纪出版集团 2002 年版。

［69］金振鑫、陈洪转、胡海东：《区域创新型科技人才培养及政策设计的 GERT 网络模型》，载于《科学学与科学技术管理》2011 年第 12 期。

［70］孔东民、王茂斌、赵婧：《订单型操纵的新发展及监管》，载于《证券市场导报》2011 年第 1 期。

［71］寇东亮：《知识权力：中国语义、价值根据与实现路径》，载于《高等教育研究》2006 年第 12 期。

［72］冷树青、李小林：《论知识社会结构》，载于《江西社会科学》2006 年第 6 期。

［73］黎红雷：《"文化人"假设及其管理理念——知识社会的管理哲学》，载于《中山大学学报》（社会科学版）1999 年第 6 期。

［74］李彬：《论中小企业集合债》，华中师范大学博士学位论文，2011 年。

[75] 李兰冰:《区域创新网络的多层次发展动因与演进机制研究》,载于《科技进步与对策》2008 年第 25 期。

[76] 李路路、朱斌:《当代中国的代际流动模式及其变迁》,载于《中国社会科学》2015 年第 5 期。

[77] 李路路:《从阶层分化到阶层结构化我国社会阶层结构有哪些新变化》,载于《人民论坛》2016 年第 6 期。

[78] 李强:《社会阶层十讲》,社会科学文献出版社 2008 年版。

[79] 李强:《当前中国社会的四个利益群体》,载于《学术界》2000 年第 3 期。

[80] 李强:《为什么农民工"有技术无地位"——技术工人转向中间阶层社会结构的战略探索》,载于《江苏社会科学》2010 年第 6 期。

[81] 李胜文、杨学儒、檀宏斌:《技术创新、技术创业和产业升级——基于技术创新和技术创业交互效应的视角》,载于《经济问题探索》2016 年第 1 期。

[82] 李为章、谢赤:《中小企业集合债券信用增级模式及其改进》,载于《社会科学家》2014 年第 10 期。

[83] 李新春、何轩、陈文婷:《战略创业与家族企业创业精神的传承——基于百年老字号李锦记的案例研究》,载于《管理世界》2008 年第 10 期。

[84] 李学峰、秦庆刚、解学成:《场外交易市场运行模式的国际比较及其对我国的启示》,载于《学习与实践》2009 年第 6 期。

[85] 李学峰、徐佳:《场外交易市场与中小企业互动效应的实证研究——以美国 OTCBB 市场为例》,载于《经济与管理研究》2009 年第 9 期。

[86] 李艳洁:《内蒙古西部回族历史文化资源考察——以呼和浩特市回族历史为例》,载于《内蒙古农业大学学报》(社会科学版) 2011 年第 8 期。

[87] 李燕、肖建华、李慧聪:《我国科技创业领军人才素质特征研究》,载于《中国人力资源开发》2015 年第 11 期。

[88] 李正生:《中国版权制度与版权经济发展关系研究》,华中科技大学博士学位论文,2010 年。

[89] 联合国科技促进发展委员会(UNCSTD):《知识社会——信息技术促进可持续发展》,机械工业出版社 1999 年版。

[90] 梁鲁晋:《结构洞理论综述及应用研究探析》,载于《管理学家》(学术版) 2011 年第 4 期。

[91] 梁漱溟:《中国文化要义》,世纪出版集团 2003 年版。

[92] 廖燕玲、陈玉华、徐天伟:《基于知识质量测量的科研成果评价指标体系》,载于《科技进步与对策》2010 年第 7 期。

[93] 廖重斌:《环境与经济协调发展的定量评判及其分类体系——以珠江

三角洲城市群为例》，载于《热带地理》1999 年第 19 期。

［94］林聚任、李蕴：《知识社会与知识管理革命——论德鲁克的知识社会观》，载于《山东大学学报》（哲学社会科学版）2001 年第 4 期。

［95］林洲钰、郭巍：《我国中小企业集合债融资模式与完善对策研究》，载于《管理现代化》2009 年第 6 期。

［96］刘承良、颜琪、罗静：《武汉城市圈经济资源环境耦合的系统动力学模拟》，载于《地理研究》2013 年第 32 期。

［97］刘春霖：《论股东知识产权出资中的若干法律问题》，载于《法学》2008 年第 5 期。

［98］刘广明、李丹：《发展模式转型：知识社会视域下高等教育自学考试的路径选择》，载于《继续教育研究》2013 年第 1 期。

［99］刘骅：《科技保险的理论与实证分析》，武汉理工大学博士学位论文，2010 年。

［100］刘欢：《瓦解知识权力——马克思主义哲学视域内的阿普尔的批判教育思想解析》，黑龙江大学博士学位论文，2015 年。

［101］刘黎明、王静：《我国高校学术委员会学术权力行使的制度分析》，载于《教育研究与实验》2015 年第 3 期。

［102］刘敏：《生成的逻辑：系统科学"整体论"思想研究》，中国社会科学出版社 2012 年版。

［103］刘容志、翁清雄、黄天蔚：《产业集群对创业人才孵化的协调机理研究》，载于《科研管理》2014 年第 11 期。

［104］刘莎：《我国数字版权保护问题及对策研究》，载于《中国报业》2016 年第 6 期。

［105］刘文海：《技术的政治价值》，人民出版社 1996 年版。

［106］刘云、陈德棉、谢胜强：《创业人才素质的不同境界研究》，载于《现代管理科学》2011 年第 1 期。

［107］柳卸林、段小华：《产业集群的内涵及其政策含义》，载于《研究与发展管理》2003 年第 6 期。

［108］龙静、黄勋敬、余志杨：《政府支持行为对中小企业创新绩效的影响——服务性中介机构的作用》，载于《科学学研究》2012 年第 5 期。

［109］陆晓艺、党杰：《德鲁克知识社会观初探》，载于《科技信息》2008 年第 29 期。

［110］陆学艺：《当代中国社会各阶层研究总报告》，社会科学文献出版社 2002 年版。

［111］逯进、周惠民：《中国省域人力资本与经济增长耦合关系的实证分

析》，载于《数量经济技术经济研究》2013 年第 9 期。

[112] 罗党论、唐清泉：《政治关联、社会资本与政策资源获取：来自中国民营上市公司的经验证据》，载于《世界经济》2009 年第 7 期。

[113] 罗娇、冯晓青：《〈著作权法〉第三次修改中的相关权评析》，载于《法学杂志》2014 年第 10 期。

[114] 罗眠、夏文俊：《网络组织下企业经济租金综合范式观》，载于《中国工业经济》2011 年第 1 期。

[115] 罗素：《权力论——新社会分析》，商务印书馆 1998 年版。

[116] 罗燕、郭芹、吴淼：《德鲁克知识管理思想综述》，载于《科技情报开发与经济》2012 年第 6 期。

[117] 罗月领、何万篷：《基于 HRS – IS 螺旋发展模型的人力资源结构优化研究》，载于《中国劳动》2014 年第 12 期。

[118] 吕薇：《知识产权管理 10 道门槛》，载于《法人》2004 年第 3 期。

[119] 吕文栋：《管理层风险偏好、风险认知对科技保险购买意愿影响的实证研究》，载于《中国软科学》2014 年第 7 期。

[120] 马鸿佳、张倩：《创业团队社会资本、知识社会化与知识分享关系研究》，载于《中国科技论坛》2014 年第 5 期。

[121] 马晓维、苏忠秦、曾淡、谢珍珠：《政治关联，企业绩效与企业行为的研究综述》，载于《管理评论》2010 年第 2 期。

[122] 马毅、左小明、李迟芳：《高新技术中小公司知识产权网络互助担保融资研究——基于集群创新网络与融资创新视角》，载于《金融理论述与实践》2016 年第 3 期。

[123] 迈尔斯、休伯曼著，张芬芬译：《质性资料的分析：方法与实践》，重庆大学出版社 2008 年版。

[124] 迈克尔·阿普尔著，阎光才等译：《文化政治与教育》，教育科学出版社 2005 年版。

[125] 苗东升：《重在把握系统的整体涌现性》，载于《系统科学学报》2006 年第 1 期。

[126] 苗青：《基于规则聚焦的公司创业机会识别与决策机制研究》，浙江大学博士学位论文，2006 年。

[127] 尼科·斯特尔：《知识社会》，上海译文出版社 1998 年版。

[128] 聂辉华、王梦琦：《政治周期对反腐败的影响——基于 2003～2013 年中国厅级以上官员腐败案例的证据》，载于《经济社会体制比较》2014 年第 4 期。

[129] 庞跃辉：《从哲学视角透视知识社会》，载于《上海师范大学学报》（社会科学版）2002 年第 3 期。

［130］彭华涛：《创业公司社会网络的理论与实证研究》，武汉理工大学博士学位论文，2006 年。

［131］彭伟、符正平：《基于扎根理论的海归创业行为过程研究——来自国家"千人计划"创业人才的考察》，载于《科学学研究》2015 年第 12 期。

［132］钱锡红、杨永福：《徐万里企业网络位置、吸收能力与创新绩效——一个交互效应模型》，载于《管理世界》2010 年第 5 期。

［133］钱小刚、马晓燕：《国家治理技术视阈下的知识产权》，载于《求索》2010 年第 8 期。

［134］曲三强：《被动立法的百年轮廻——谈中国知识产权保护的发展历程》，载于《中外法学》1999 年第 2 期。

［135］任初明、付清香：《权力为轴心：我国教育资源配置方式分析》，载于《现代教育管理》2011 年第 12 期。

［136］邵建平、曾勇：《金融关联能否缓解民营企业的融资约束》，载于《金融研究》2011 年第 8 期。

［137］邵永同、林刚：《科技型中小公司知识产权融资路径选择及其对策研究》，载于《现代管理科学》2014 年第 11 期。

［138］施国洪、张继国、宦娟：《领军人才创业企业培育机制研究——以江苏常州为例》，载于《科技进步与对策》2013 年第 18 期。

［139］施一公、饶毅：《经费分配体制该改了》，载于《人民日报》2010 年 10 月 18 日。

［140］斯万·欧维·汉森、刘北成：《知识社会中的不确定性》，载于《国际社会科学杂志》（中文版）2003 年第 1 期。

［141］宋刚、张楠：《创新 2.0：知识社会环境下的创新民主化》，载于《中国软科学》2009 年第 10 期。

［142］宋光辉、田立民：《科技理中小公司知识产权质押融资模式的国内外比较研究》，载于《金融发展研究》2016 年第 2 期。

［143］宋少云：《多场耦合问题的协同求解方法研究与应用》，华中科技大学博士学位论文，2006 年。

［144］宋世明、孙彩红：《建立知识产权治理的国务院综合协调机制研究》，载于《行政管理改革》2016 年第 1 期。

［145］苏发金：《经济转型期政府在市场决定资源配置中的角色定位》，载于《三峡大学学报》（人文社会科学版）2015 年第 5 期。

［146］孙德凤、曹宪章：《北京中关村科技园区创新型融资模式研究——以"07 中关村中小企业集合债"为例》，载于《中外企业家》2014 年第 30 期。

［147］孙红永：《社会转型期人民内部矛盾产生的根源探析》，载于《河南

师范大学学报》（哲学社会科学版）2006 年第 3 期。

　　[148] 孙琳、王莹：《我国中小企业集合债融资和新型担保模式设计》，载于《学术交流》2011 年第 6 期。

　　[149] 孙笑明、崔文田、王乐：《结构洞与企业创新绩效的关系研究综述》，载于《科学学与科学技术管理》2014 年第 35 期。

　　[150] 孙运德：《政府知识产权能力研究》，吉林大学博士学位论文，2008 年。

　　[151] 塔皮奥·瓦瑞斯、冯典翻：《知识社会中的全球大学》，载于《教育研究》2009 年第 6 期。

　　[152] 谈毅：《科技金融》，上海交通大学出版社 2014 年版。

　　[153] 汤玉刚、苑程浩：《不完全税权，政府竞争与税收增长》，载于《经济学》（季刊）2010 年第 10 期。

　　[154] 唐志军、谌莹、向国成：《权力结构、强化市场型政府和中国市场化改革的异化》，载于《南方经济》2013 年第 10 期。

　　[155] 陶德言：《知识经济浪潮》，中国城市出版社 1998 年版。

　　[156] 陶然、陆曦、苏福兵、汪晖：《地区竞争格局演变下的中国转轨：财政激励和发展模式反思》，载于《经济研究》2009 年第 7 期。

　　[157] 托夫勒著，刘江等译：《权力的转移》，中共中央党校出版社 1991 年版。

　　[158] 万玺：《海归科技人才创业政策吸引度、满意度与忠诚度》，载于《科学学与科学技术管理》2013 年第 2 期。

　　[159] 王春光：《当代中国社会流动的总体趋势及其政策含义》，载于《中国党政干部论坛》2004 年第 8 期。

　　[160] 王聪颖：《产业集群发展与创业人才孵化双螺旋模型与仿真研究》，华中科技大学博士学位论文，2011 年。

　　[161] 王大洲：《企业创新网络的进化机制分析》，载于《科学学研究》2006 年第 5 期。

　　[162] 王建华：《知识社会视野中的大学》，载于《教育发展研究》2012 年第 3 期。

　　[163] 王建民：《北京世界城市建设与高端人才发展：实践与对策》，载于《中国行政管理》2012 年第 3 期。

　　[164] 王健：《建构解构知识权力的权力》，载于《自然辩证法通讯》2007 年第 4 期。

　　[165] 王丽：《当代西方知识社会批判思想评析》，载于《南开学报》2002 年第 2 期。

[166] 王烷尘：《难度自增殖系统及其方法论》，载于《上海交通大学学报》1992 年第 5 期。

[167] 王香兰、李树利：《我国科技保险存在的问题与对策》，载于《保险研究》2009 年第 3 期。

[168] 王延荣：《创业动力及其机制分析》，载于《中国流通经济》2004 年第 7 期。

[169] 王莹：《我国中小企业集合债担保问题的探究》，载于《世界经济情况》2010 年第 10 期。

[170] 卫兴华：《关于市场配置资源理论与实践值得反思的一些问题》，载于《经济纵横》2015 年第 1 期。

[171] 乌尔里希·泰希勒、周双红：《德国及其他国家学术界面临的挑战（上）》，载于《现代大学教育》2007 年第 6 期。

[172] 邬爱其、李生校：《从"到哪里学习"转向"向谁学习"——专业知识搜寻战略对新创集群企业创新绩效的影响》，载于《科学学研究》2011 年第 12 期。

[173] 吴冰、王重鸣：《高新技术创业企业生存分析》，载于《管理评论》2006 年第 4 期。

[174] 吴汉东：《利弊之间：知识产权制度的政策科学分析》，载于《法商研究》2006 年第 5 期。

[175] 吴椒军、朱双庆：《入股技术的法律界定》，载于《中国社会科学院研究生院学报》2005 年第 3 期。

[176] 吴凯、蔡虹、蒋仁爱：《中国知识产权保护与经济增长的实证研究》，载于《科学学研究》2010 年第 28 期。

[177] 吴勤堂：《产业集群与区域经济发展耦合机理分析》，载于《管理世界》2004 年第 2 期。

[178] 吴文锋、吴冲锋、刘晓薇：《中国民营上市公司高管的政府背景与公司价值》，载于《经济研究》2008 年第 7 期。

[179] 吴文恒、牛叔文、郭晓东、常慧丽、李钢：《中国人口与资源环境耦合的演进分析》，载于《自然资源学报》2006 年第 6 期。

[180] 吴永忠：《知识社会的概念考辨与理论梳理》，载于《自然辩证法通讯》2008 年第 3 期。

[181] 武增海：《企业家人力资本与开发区经济增长研究》，山西师范大学波斯学位论文，2013 年。

[182] 相丽玲、牛丽慧：《知识管理思想的演化与评价》，载于《情报理论与实践》2015 年第 6 期。

［183］向志强：《企业人力资本投资与人力资本生命周期》，载于《山西财经大学学报》2002 年第 24 期。

［184］肖怡：《中美税制的差异：基于制度视角的比较研究》，西南财经大学硕士论文，2011 年。

［185］谢科范：《科技保险面面观》，载于《中国保险》1994 年第 10 期。

［186］谢凌凌：《大学知识权力行政化及其治理——基于权力要素的视角》，载于《高等教育研究》2015 年第 3 期。

［187］熊伟、奉小斌、陈丽琼：《国外跨界搜寻研究回顾与展望》，载于《外国经济与管理》2011 年第 6 期。

［188］徐丽梅：《我国引进海外创业人才的实践与思考——基于台湾、深圳、无锡的案例研究》，载于《科学管理研究》2010 年第 3 期。

［189］徐业坤、钱先航、李维安：《政治不确定性，政治关联与民营企业投资——来自市委书记更替的证据》，载于《管理世界》2013 年第 5 期。

［190］徐义国：《以创业投资机制为主导，构建科技金融服务体系》，载于《中国科技投资》2008 年第 5 期。

［191］徐永其、王吉春、张宏远：《基于层次递进耦合的高端人才集聚的形成机理研究——以江苏连云港市为例》，载于《科教文汇》（上旬刊）2013 年第 11 期。

［192］许春明、单晓光：《中国知识产权保护强度指标体系的构建及验证》，载于《科学学研究》2008 年第 4 期。

［193］薛崴：《中小企业集合债：成本困境》，西南财经大学博士学位论文，2013 年。

［194］薛晓阳：《知识社会的知识观——关于教育如何应对知识的讨论》，载于《教育研究》2001 年第 10 期。

［195］杨其静、杨继东：《政治联系、市场力量与工资差异——基于政府补贴的视角》，载于《中国人民大学学报》2010 年第 2 期。

［196］杨士弘、廖重斌：《关于环境与经济协调发展研究方法的探讨》，载于《广东环境监测》1992 年第 4 期。

［197］杨艳、胡蓓：《产业集群嵌入对创业绩效的影响研究——创业能力的视角》，载于《科学学与科学技术管理》2012 年第 12 期。

［198］杨莹莹：《人才联盟促进我国产业高端化作用机理研究》，云南大学博士学位论文，2015 年。

［199］杨震宁、李东红、马振中：《关系资本，锁定效应与中国制造业企业创新》，载于《科研管理》2013 年第 34 期。

［200］姚国宏：《权力知识论》，南京师范大学博士学位论文，2008 年。

［201］姚迈新：《社会阶层固化制度化解释与突破》，载于《岭南学刊》2012年第2期。

［202］叶伟巍、高树昱、王飞绒：《创业领导力与技术创业绩效关系研究——基于浙江省的实证》，载于《科研管理》2012年第8期。

［203］于丰园：《知识社会大学教师多元教学能力研究》，载于《沈阳农业大学学报》（社会科学版）2015年第2期。

［204］于蔚、汪淼军、金祥荣：《政治关联和融资约束：信息效应与资源效应》，载于《经济研究》2012年第9期。

［205］余海燕：《"智力成果权"范式的固有缺陷及危机——兼论知识产权统一性客体》，载于《理论导刊》2011年第7期。

［206］余丽嫦：《培根及其哲学》，人民出版社1987年版。

［207］余明桂、回雅甫、潘红波：《政治关联、寻租与地方政府财政补贴有效性》，载于《经济研究》2010年第3期。

［208］余明桂、潘红波：《政治关联、制度环境与民营企业银行贷款》，载于《管理世界》2008年第8期。

［209］余薇、秦英：《科技型公司知识产权质押融资模式研究——以南昌市知识产权质押贷款试点为例》，载于《公司经济》2013年第6期。

［210］余志杨：《政府支持行为对中小企业创新绩效影响研究：服务性中介机构的作用》，南京大学硕士论文，2011年。

［211］袁峰：《网络技术、知识经济在现代社会中的政治效应》，载于《社会科学》2007年第1期。

［212］袁健红、龚天宇：《企业知识搜寻前因和结果研究现状探析与整合框架构建》，载于《外国经济与管理》2011年第6期。

［213］袁利平：《基于知识社会的远程教育发展》，载于《电化教育研究》2011年第3期。

［214］袁信、王国顺：《高科技企业跨国创新网络及风险机制研究》，载于《软科学》2007年第21期。

［215］远见：《巨人论谈知识经济》，中国经济出版社1998年版。

［216］苑泽明：《中小创新型公司知识产权融资核心路径》，载于《公司经济》2010年第9期。

［217］约翰·霍兰：《涌现：从混沌到秩序》，上海科技教育出版社2000年版。

［218］运德：《政府知识产权能力研究》，吉林大学博士学位论文，2008年。

［219］翟学伟：《关系研究的多重立场与理论重构化》，载于《江苏社会科学》2007年第3期。

［220］詹星、李纲：《区域人才素质的影响因素与作用机理——基于多水平结构方程模型的分析》，载于《西北人口》2015 年第 5 期。

［221］张成考：《基于知识社会企业生态系统的管理变革》，载于《科学学与科学技术管理》2005 年第 6 期。

［222］张代军、侯梦娜：《保险与担保集成融资模式研究——中小企业融资创新模式探索》，载于《辽东学院学报》（社会科学版）2013 年第 6 期。

［223］张杰：《构建我国统一性的场外交易市场策略研究》，天津财经大学博士学位论文，2012 年。

［224］张康之：《论主体多元化条件下的社会治理》，载于《中国人民大学学报》2014 年第 2 期。

［225］张乐、张翼：《精英阶层再生产与阶层固化程度——以青年的职业地位获得为例》，载于《青年研究》2012 年第 1 期。

［226］张力岚：《试论知识的基本属性》，载于《怀化学院学报》2002 年第 1 期。

［227］张敏、张胜、申慧慧、王成方：《政治关联与信贷资源配置效率——来自我国民营上市公司的经验证据》，载于《管理世界》2010 年第 11 期。

［228］张鹏：《北京四板市场将与"新三板"联手打造中小微企业"全国展示板"》，载于《中国高新技术产业导报》2015 年 6 月 22 日。

［229］张素平：《企业家社会资本影响企业创新能力的内在机制研究》，浙江大学博士学位论文，2014 年。

［230］张亚泽：《当代中国转型社会的"关系"式利益联结及其政治影响分析》，载于《学术论坛》2008 年第 9 期。

［231］张炎锋、范文波：《中小企业融资及中小企业集合债券发展研究》，载于《经济》2009 年第 6 期。

［232］张耀辉：《知识产权的优化配置》，载于《中国社会科学》2011 年第 5 期。

［233］张宇、肖凤翔：《知识社会高等职业教育课程的理性架构》，载于《西南交通大学学报》（社会科学版）2014 年第 6 期。

［234］张玉利、杨俊、任兵：《社会资本、先前经验与创业机会》，载于《管理世界》2008 年第 7 期。

［235］张元萍、蔡双立：《境外柜台交易市场分析及对我国的启示》，载于《北京工商人学学报》2008 年第 3 期。

［236］张远凤：《德鲁克论非营利组织管理》，载于《外国经济与管理》2002 年第 9 期。

［237］张之沧：《从知识权力到权力知识》，载于《学术研究》2002 年第

12 期。

[238] 赵继伦、赵放：《确立社会治理的三维视阈》，载于《东北师大学报》（哲学社会科学版）2014 年第 4 期。

[239] 赵强强、陈洪转、俞斌：《区域创新型科技人才系统结构演化模型研究》，载于《科学学与科学技术管理》2010 年第 3 期。

[240] 赵息、李文亮：《知识特征与突破性创新的关系研究——基于企业社会资本异质性的调节作用》，载于《科学学研究》2016 年第 1 期。

[241] 赵旭东：《资本制度改革与公司法的司法适用》，载于《人民法院报》2014 年 2 月 26 日。

[242] 赵杨、吕文栋：《科技保险试点三年来的现状、问题和对策——基于北京、上海、天津、重庆四个直辖市的调查分析》，载于《科学决策》2011 年第 2 期。

[243] 郑琦：《创新型创业人才素质模型构建——基于中山市创业孵化基地的分析》，载于《科技和产业》2013 年第 12 期。

[244] 郑山水：《政府关系网络、创业导向与企业创新绩效——基于珠三角中小民营企业的证据》，载于《华东经济管理》2015 年第 5 期。

[245] 志村治美著，于敏译，王保树审校：《现物出资研究》，法律出版社 2001 年版。

[246] 中国人民银行南昌中心支行货币信贷处：《对中小企业开展集合债券融资的可行性探讨》，载于《金融与经济》2008 年第 10 期。

[247] 编写组：《中华人民共和国物权法注解与配套》，中国法制出版社 2014 年版。

[248] 编写组：《中华人民共和国宪法》，中国民主法制出版社 2014 年版。

[249] 周婵：《公共关系视角下的社会资本与企业技术创新绩效关系研究》，浙江大学博士学位论文，2007 年。

[250] 周黎安：《晋升博弈中政府官员的激励与合作：兼论我国地方保护主义和重复建设问题长期存在的原因》，载于《经济研究》2004 年第 6 期。

[251] 周黎安：《中国地方官员的晋升锦标赛模式研究》，载于《经济研究》2007 年第 7 期。

[252] 周婷：《大橡塑"跟风"退出中小企业集合债》，载于《中国证券报》2008 年 11 月 3 日。

[253] 周霞、景保峰、欧凌峰：《创新人才胜任力模型实证研究》，载于《管理学报》2012 年第 7 期。

[254] 周小亮：《新古典市场配置资源论述评》，载于《福州大学学报》（哲学社会科学版）2004 年第 14 期。

［255］周学峰：《验资制度分析》，中国政法大学出版社 2003 年版。

［256］朱佳俊、李金兵、唐红珍：《基于 CAPP 的知识产权融资担保模式研究》，载于《华东经济管理》2014 年第 3 期。

［257］朱晓燕：《创新创业人才价值评估与培育模式组合研究》，载于《甘肃社会科学》2015 年第 3 期。

［258］朱秀梅、费宇鹏：《关系特征、资源获取与初创企业绩效关系实证研究》，载于《南开管理评论》2010 年第 13 期。

［259］朱雪忠、黄静：《试论我国知识产权行政管理机构的一体化设置》，载于《科技与法律》2004 年第 3 期。

［260］朱正茹：《无视知识社会的标准化改革——基于安迪·哈格里夫斯的研究》，载于《江苏教育学院学报》（社会科学）2012 年第 6 期。

［261］庄小将：《高新技术企业科技人才激励机制研究》，载于《财会通讯》2012 年第 1 期。

［262］邹德文、张家峰等：《中国资本市场的多层次选择与创新》，人民出版社 2006 年版。

［263］Aggarwal, R. K., and G. J. Wu, "Stock Market Manipulations" *Journal of Business*, 2006 (79).

［264］Aloini D, Martini A., "Exploring the Exploratory Search for Innovation: A Structural Equation modelling Test for Practices and Performance", *International Journal of Technology Management*, 2013 (1).

［265］Barney J., "Firm Resource and Sustained Competitive Advantage", *Journal of Management*, 1991, 17 (1).

［266］Baumol W., "Entrepreneurship: Productive, Unproductive and Destructive", *Journal of Political Economy*, 1990, 98 (5): 893 – 922.

［267］Bell G G., "Clusters, Networks, and Firm Innovativeness", Strategic Management Journal, 2005 (3).

［268］Ben-Porath, Y. "The Production of Human Capital and the Life Cycle of Earnings", *Journal of Political Economy*, 1967 (4).

［269］Bhide A., "The Origin and Evolution of New Businesses", Oxford University Press, 2000.

［270］Bohme, G., Stehr, N., "The Knowledge Society: The Growing Impact of Scientific Knowledge on Social Relations", Boston: D. Reidel Publishing Company, 1986.

［271］Boost Mertens, "The Conceptual Structure the Technological Sciences and the Importance Action Theory", *Studies in History and Philosophy of Science*, 1992 (5).

［272］Bourdieu P. ，"Outline of a Theory of Practice"，London：Cambridge University Press，1972.

［273］Bourdieu，"Cultural Reproduction and Social Reproduction"，New York：Oxford University Press，1977.

［274］Bradley S，Aldrich H，Shepherd D，et al. ，"Resources，Environmental Change，and Survival：Asymmetric Paths of Young Independent and Subsidiary Organizations"，*Strategic Management Journal*，2011 （5）.

［275］Broadbent M. ，"The Phenomenon of Knowledge Management：What does it Mean to the Information Profession?" *Information Outlook*，1998 （5）.

［276］Brown R D. ，"Knowledge is Right"，Oxford：Oxford University Press，1993.

［277］Burt R S. ，"Structural Holes：The Social Structure of Competition"，Boston：Harvard university Press，1992.

［278］Burton D，Sorensen J，Beckman C. ，"Coming from Goodstock：Career histories and New Venture Formation"，*Research in the Sociology of Organizations*，2002，19 （1）.

［279］Cable D. ，"Network Ties，Reputation，and the Financing of New Ventures"，*Management Science*，2003 （3）.

［280］Carolis D，Litzky B，Eddleston K. ，"Why Networks Enhance the Progress of New Venture Creation：The Influence of Social Capital and Cognition"，*Entrepreneurship Theory and Practice*，2009 （5）.

［281］Chang V，Tan A，"An Ecosystem Approach to Knowledge Management"，7th International Conference on Knowledge Management in Organizations：Service and Cloud Computing. Springer：Ad-var ices in Intelligent Systems and Computing，2013.

［282］Cirlrlans，Anthony. ，"The Class Structure of the Advanced Societies"，London：llhtchinson，1973.

［283］Claessens S. ，Feijen E. and Laeven L. ，"Political Connections and Preferential Access to Finance：The Role of Campaign Contributions"，*Journal of Financial Economics*，2009 （88）.

［284］Collins，C. J. ，Clark，K. D. ，"Strategic Human Resource Practices，Top Management Team Social Networks，and Firm Performance：The Role of Human Resource Practices in Creating organizational Competitive Advantage"，*Academy of Management Journal*，2003 （6）.

［285］Cooper，A. C. ，Folta，T. B. ，&Woo，C. ，"Entrepreneurial Information Search"，*Journal of Business Venturing*，1995 （10）.

［286］Covin J G, Slevin T J, "A conceptual Model of Entrepreneurship as Firm Behavior", *Entrepreneurship Theory and Practice*, 2009, 16 (1).

［287］Cowan R, Jonard N, Ozman M, "Knowledge Dynamics in a Network Industry", *Technological forecasting and Social Change*, 2004 (71).

［288］Cowan R, Jonard N, Zommermann J B, "Bilateral Collaboration and the Emergence of Innovation Networks", *Management Science*, 2007, 53 (7).

［289］Davis G, Cobb A, "Resource Dependence Theory: Past and Future", *Research in the Sociology of Organizations*, 2010 (1).

［290］Dess G G, Lumpkin G T, "The Role of Entrepreneurial Orientation in Stimulating Effective Corporate Entrepreneurship", *Academy of Management Executive*, 2005 (1).

［291］Diamond, "Aggregate Demand Management in Search Equilibrium", *Journal of Political Economy*, 1982 (5).

［292］Don E Kasb, Robert Rycroft, "Emergent Patterns of Complex Technological Innovation", *Technological Fore casting&Social Change*, 2002, 69 (6).

［293］Drucker. P., "The Age of Discontinuity: Guidelines to our Changing Society", New York: Harper &Row, 1968.

［294］Duffle, Garleanu & Pedersen, "Over-the-Counter Markets", *Econometrica*, 2005 (6).

［295］Dyer JH, K Nobeoka, "Creating and Managing a High Performance Knowledge Sharing Network", *Strategic Management Journal*, 2000 (3).

［296］E. Moore, "Indicators of Social Change: Concepts and Measurements", Hartford, CT: Russell Sage Foundation, 1968.

［297］Edwards J A., "Process view of knowledge management: itisn't what you do, it's the way that you do it", *Journal of Knowledge Management*, 2011 (4).

［298］Eisenhardt K M, "Schoonhoven C B. A Resource-Based View of Strategic Alliance Formation: Strategic and Social Effects in Entrepreneurial Firms", *Organization Science*, 1996 (2).

［299］Elfring T., Hulsink W., "Networks in Entrepreneurship: The Case of High-technology Firms", *Small Business Economics*, 2003 (4).

［300］Faccio, M., Masulis, R. W. and McConnell, J. J., "Political Connections and Corporate Bailouts", *The Journal of Finance*, 2006 (61).

［301］Faccis M., "Politically Connected Firms", *The American Economic Review*, 2006 (1).

［302］Feldman M., "Location and Innovation: The New Economic Geography of Innovation", *The Oxford Handbook of Economic Geography*, 2000 (6).

[303] Frank Parkin, "The Social Analysis of Class Structure", London: Tavistock Publication, 1974.

[304] Geroski P A, Mata J, Portugal P., "Founding conditions and the survival of new firms", *Strategic Management Journal*, 2010 (4).

[305] Ginarte JC, Park W G., "Determinants of Patent Rights Across-national Study", Research Policy, 1997 (3).

[306] Goodwin V L, Bowler WM, Whittington J L., "A Social Network Perspective on LMX Relationships: Accounting for the Instrumental Value of Leader and Follower Networks", *Journal of Management*, 2009 (4).

[307] Granovetter, M. S., "Getting a Job: A Study of Contacts and Career", Harvard University Press. 1974.

[308] Granovetter, M. S., "The Strength of Weak Ties", *American Journal of Sociology*, 1973 (6).

[309] Grossman G M, Helleman E., "Quality Ladders in the Theory of Growth", *The Review of Economic Studies*, 1991, 58 (1).

[310] Hansen M, Nitin N., "What's Your Strategy for Managing Knowledge", *Harvard Business Review*, 1999 (3).

[311] Helpman F., "Innovation Imitation and Intellectual Property Rights", *Econametrica*, 1993 (6).

[312] Henry N. Wireman, "Religious Inquiry", Boston: Beacon Press, 1968.

[313] Hill Charley W I., "Establishing a Standard: Competitive Strategy and Technological Standards in Winner-take-all Industries", *Academy of Management Executive*, 1997 (5).

[314] Hillman A, Withers M, Collins B, "Resource dependence theory: A review", *Journal of Management*, 2009, (6).

[315] Horii R, Iwaisako T, "Economic Growth with Imperfect Protection of Intellectual Property Rights", *Journal of Economics*, 2007 (1).

[316] Jiang, G. L., P. G. Mahoney, and J. P. Mei, "Market manipulation: A Comprehensive Study of Stock Pools", *Journal of Financial Economics*, 2005 (77).

[317] Khwaja A I, Mian A., "Do Lenders Favor Politically Connected Firms? Rent Provision in an Emerging Financial Market", *The Quarterly Journal of Economics*, 2005, 120 (4).

[318] Kim P, Aldrich H., "Social capital and entrepreneurship", Now Publishers Inc., 2005.

［319］ Kirzner, LM., "Competition and Entrepreneurship", Chicago: The University of Chicago Press, 1973.

［320］ Kornai J, Eric M, Gerard R., "Understanding the Soft Budget Constraint", *Journal of Economic Literature*, 2003 (4).

［321］ KozaM P, Lewin A Y., "The Co-Evolution of Strategic Alliances", *Organization Science*, 1995 (3).

［322］ Kumaresan A., "Promoting Knowledge Sharing and Knowledge Management in Organisations Using Innovative Tools", 7th International Management Conference on Knowledge Management in Organizations: Service and Cloud Computing. Springer: Advances in Intelligent Systems and Computing, 2013.

［323］ Lane, R., "The Decline of Politics and Ideology in a Knowledgeable Society", *American Sociological Review*, 1966, 31 (5).

［324］ Lee, Hew, Teck S., "Knowledge Management: A Key Determinant in Advancing Technological Innovation?" *Journal of Knowledge Management*, 2013 (16).

［325］ Leydesdorff, L., "A Sociological Theory of Communication: The Self Organization of the Knowledge Based Society", Parkland, FL: Universal Publishers, 2003.

［326］ Lichtenstein B M B, Brush C G., "How do Resource Bundles Develop and Change in New Ventures? A Dynamic Model and Longitudinal Exploration", *Entre-preneurship Theory and Practice*, 2001 (3).

［327］ Lumpkin G T, Dess G G., "Clarifying the Entrepreneurial Orientation Construct and Linking it to Performance", *Academy of Management Review*, 1996 (1).

［328］ Miller D., "The Correlates of Entrepreneurship in Three Types of Firms", *Management Science*, 1983 (7).

［329］ Oates. W. E., and R. M. Schwab, "Economic Competition Among Jurisdictions: Efficiency Enhancing or Distortion Inducing", *Journal of Public Economics*, 1988 (3).

［330］ Parello C P., "A North South Model of Intellectual Property Rights Protection and Skill Accumulation", *Journal of Development Economics*, 2008 (2).

［331］ Patel P, Terjesen S., "Complementary Effects of Network Range and Tie Strength in Enhancing Transnational Venture Performance", *Strategic Entrepreneurship Journal*, 2011 (1).

［332］ Pere Nordtvedt L., "Effectiveness and Efficiency of Cross-border Knowledge Transfer: An Empirical Examination", *Journal of Management Studies*, 2008 (4).

［333］ Pfeffer J, Salanoik G., "The External Control of Organizations: A Resource Dependence Perspective", New York: Harper and Row, 1978.

[334] Polanyi M. , "Problem Solving", *British Journal for the Philosophy of Science*, 1957 (8).

[335] Rajan R G, ZingalesI L. , "Right in a Theory of the Firm", *The Quarterly Journal of Economics*, 1998 (2).

[336] Risk K F. , "Uncertainty and Profit", New York: Houghton Mifflin, 1993.

[337] Rowland T, Moriarty Thomas J. Kosnik, "Hightech Marketting: Concepts, Continuty and Change", *Management Review Summer*, 1989 (1).

[338] Sandra, Charlotte F. , "Challenging the Status Quo: What Motivates Proactive Behavior", *Journal of Occupational and Organizational Psychology*, 2007 (4).

[339] Savorya C. , "Building Knowledge Translation Capability into Public-sector Innovation Processes", *Technology Analysis & Strategic Management*, 2009 (2).

[340] Schumpeter J. , "The Theory of Economic Development", Oxford: Oxford University Press, 1996.

[341] Shane S, Stuart T. , "Organizational Endowments and the Performance of University Startups", *Management Science*, 2002 (48).

[342] Uzzi B, "Social Structure and Competition in Interfirm Networks: The Paradox of Embeddedness", *Administrative Science Quarterly*, 1997 (42).

[343] Xiong G, Bharadwaj S. , "Social Capital of Young Technology Firms and Their IPO Values: The Complementary Role of Relevant Absorptive Capacity", *Journal of Marketing*, 2011 (6).

[344] Yli-Renko H, Autio E, Sapienza H. , "Social Capital, Knowledge Acquisition, and Knowledge Exploitation in Young Technology-based Firms", *Strategic Management Journal*, 2001 (6).

[345] Zaheer A, Bell G G. , "Benefiting from network position: Firm Capabilities, Structural holes, and Performance", *Strategic Management Journal*, 2005 (9).

[346] Zavodska A, Sraraovd V, Aho A M. , "The Role of Knowledge in the Value Creation Process and its Impact on Marketing Strategy", 7th International Conference on Knowledge Management in Organizations: Service and Cloud Computing Springer: Advances in Intelligent Systems and Computing, 2013.

[347] Zhou K Z, Li C B. , "How Strategic Orientations Influence the Building of Dynamic Capability in Emerging Economies", *Journal of Business Research*, 2010 (3).

后　　记

当今的中国正处于快速变革阶段，创造了诸多世界科学技术以及经济发展的奇迹。作为这一代经济学和管理学的研究人员，我们非常幸运，大量风起云涌又独具中国魅力的科技创业人才，为我们提供了先发国家不曾观测到的人才发展范式；同时，我们又非常急迫，部分经典的西方经济学和管理系理论已经不能全面、科学地解释中国人才发展现象，这就需要我们探索适合中国情境的经济学和管理学研究范式，积极探寻基于中国伦理社会大背景下的人才发展的约束变量。

正是基于如上原因，我们以科技创业领军人才这一社会发展关键力量为研究主体，历时三年的数据调研与政策分析，基于科技创业领军人才最迫切的需求，提出了"智慧权力""知识产权""金融股权"和"税制税权"的"四权耦合"人才发展战略。认为"四权耦合"包括如下机理：基于场的耦合、旋进耦合、涌现耦合等。进而得到了这样的传导路径："四权耦合"→提升领军人才人力资本数量和质量→人力资本系统与社会经济系统耦合→领军人才实现产业跨越发展→社会经济与人力资本耦合正向发展，形成了基于"四权耦合"的社会发展多维度、多层次的耦合复杂巨系统。在具体研究中，我们针对性地提出了资源网联的内卷与破冰、以智慧权力为轴心的创新网络的建设、科技创业领军人才知识产权制度优化、科技创业领军人才金融股权制度优化、科技创业领军人才个人所得税制度优化的相关对策建议，相关政策建议也获得了有关部门的认可。

除此之外，我们目前又在本书的理论与模型的基础上，进一步优化了实证模型，同时遴选了具有典型代表意义的中关村科技园、张江高科技园区、武汉东湖新技术开发区，并初步完成数据采集工作，现阶段进正在进行数据清洗整理工作，计划下一步开始实证研究，希望能通过典型区域的实证研究挖掘更多有理论价值和实践价值的发展规律，为更多范围推广应用相关理论及政策建议奠定坚实基础。

本书是世界银行课题《国际视域中大国治理现代化的财政战略主动研究》、教育部课题《创新型国家建设中的知识权力和创新网络研究》、国家行政学院课题《政府性资产管理与国家治理现代化》、河北省自然科学基金课题《雄安新区人才集聚多主体系统模型构建及演化研究》、华北理工大学出版基金及博士基金的阶段性成果，我们后期将继续沿着这一方向进行更多的深入研究。但是由于研究水平有限，难免有诸多不足，还望理论界和实践界的朋友们多多提出宝贵的批评和建议。

杜宏巍

2018 年 6 月